从阅读到批评
——"日内瓦学派"的批评方法论初探

郭宏安 著

商务印书馆
2007年·北京

图书在版编目(CIP)数据

从阅读到批评——"日内瓦学派"的批评方法论初探/郭宏安著.—北京:商务印书馆,2007
ISBN 7-100-05315-3

Ⅰ.从… Ⅱ.郭… Ⅲ.日内瓦学派(文学批评)-研究 Ⅳ.B84-069

中国版本图书馆 CIP 数据核字(2007)第 002150 号

所有权利保留。
未经许可,不得以任何方式使用。

从阅读到批评
——"日内瓦学派"的批评方法论初探
郭宏安 著

商务印书馆出版
(北京王府井大街36号 邮政编码 100710)
商务印书馆发行
北京瑞古冠中印刷厂印刷
ISBN 7-100-05315-3/B·716

2007年9月第1版　　开本 880×1230 1/32
2007年9月北京第1次印刷　印张 10⅛
印数 5 000 册
定价:20.00元

目　录

导　论
　　"日内瓦学派":学派的困惑 …………………………… 1
第一章
　　马塞尔·莱蒙与认同批评 …………………………… 47
第二章
　　形式:巴洛克与装饰主义 …………………………… 94
第三章
　　阿尔贝·贝甘:作为使命的阅读 …………………… 127
第四章
　　乔治·布莱:《批评意识》和意识批评 ……………… 158
第五章
　　让·鲁塞:总体的读者,全面的阅读 ………………… 197
第六章
　　让·斯塔罗宾斯基:目光的隐喻 …………………… 221
第七章
　　让·斯塔罗宾斯基:批评的轨迹与阐释的循环 …… 246
第八章
　　让·斯塔罗宾斯基论"随笔" ………………………… 285
主要参考书目 ………………………………………… 314

导　论
"日内瓦学派"：学派的困惑

　　内容提要：在文学批评史上，"日内瓦学派"这个称谓，文学史家历来有很大分歧。一般说来，被认为属于"日内瓦学派"的批评家本人都持否定态度，或者作为既成事实接受下来。关于批评的认同、形式、朗松及文学史、文学批评的理论依据等问题上，"日内瓦学派"的批评家们有着各自不同的观点，保持着鲜明的个人风格。不过对于"文学是什么"这个根本的问题，他们却有着近乎一致的看法，即他们都认为，文学是人类的一种意识现象，文学批评就是一种关于意识的意识，所以，"日内瓦学派"的批评是意识批评，只是批评的意识有所不同。他们的传承不同，对他们影响最大的人，与其说是胡塞尔，不如说是柏格森。他们都同意，文学批评是一种对作品进行的"创造性的阐释"，是一种"阅读的艺术"，批评是阅读的延续和升华。总之，日内瓦的批评家是一个同气相求、同声相应的批评群体，不是一个有着共同的纲领和口号的学派。在批评史上，批评家的重要远甚于学派。

　　一些学者、作家或批评家为了遵循一个共同的理论，为了传播一种共同的美学理想，为了推进一种共同的研究、创作或批评的倾向，或聚集在一起，或分散在各地，实际上组成一个或紧密或松散的团体。他们有一个或数个导师或精神领袖，有弟子，有相近的风格、主题或题材，有共同致力的出版物或文化机构。或自卫，或进攻，他们往往对相异的理论或倾向进行论争,所谓"党同伐异"。我们把这样的团体叫做学派。如《辞海》上所说,学派是"一门学问中由于学说师承不同而形成的派别"。在法国文学及批评史上,15世纪的"修辞学派",16世纪的"七星诗社"和"里昂派",17世纪的"古典派",18世纪的"百科全书派",19世纪的"浪漫主义"、"现实主义"、"象征主义"和"自然主义",以及批评方面的实证主义,所谓"朗松派",都是著名的流派、思潮和运动。20世纪更是思潮迭起,流派纷呈,什么"未来主义"、"一致主义"、"新小说"、"新批评"、"荒诞派"、结构主义、符号学,林林总总,不一而足。学派的产生,以及因之而起的论争,说明学术的繁荣,对于学派的明晰的界定标志着学术发展的阶段;但是,由于界定不清而导致学派的泛滥,则会给学术的发展带来混乱。就文学批评而言,尤其如此,因为它使学科的发展面目不清,尤其是它使批评家的独特个性湮没不彰,而在文学批评上,批评家的重要远在学派的重要之上。那么,上个世纪六七十年代人们经常谈论的文学批评的"日内瓦学派"究竟是怎样的一个派别呢?换句话说,文学批评的发展是否以学派的出现为唯一的或主要的标准呢?

(一)

文学批评的"日内瓦学派"(语言学上另有"日内瓦学派"一说),又称现象学文学批评或意识批评,其称谓最早大概诞生于上个世纪50年代中期的美国,其后才传到欧洲,尽管主要说的是欧洲的或法语的文学批评。

1959年2月7日,巴尔的摩的约翰·霍普金斯大学的比利时文学批评家乔治·布莱在给日内瓦大学教授马塞尔·莱蒙的一封信中写道:

"……想到我和日内瓦大学有了联系(他刚刚收到日内瓦大学校长的一封信,通知他已成为日内瓦大学的名誉博士——笔者注),我是那样地高兴,因为这是您工作的大学,因为由于您(尽管您否认),在这里形成了一个批评流派,可以说,我一想到成了它的一员,就感到自豪和幸福。我给您举一个例子,几个月前,我收到一本谈狄更斯的书,作者是巴尔的摩的一位年轻教员,他在给我的信中写了这样一句话:我的希望是这本书能够成为日内瓦学派的一条微末的、外省的小枝。"[①] 信中提到的"年轻教员"指的是美国批评家希利斯·米勒,他曾经是布莱的学生,他的《狄更斯的小说世界》被美国批评界认为是一部现象学文学批评的力作。乔治·布莱于 1952—1957 年担任约翰·霍普金斯大学法国文学教授,我们有理由相信,"日内瓦学派"一语早经布莱之口传进了米勒的耳中。从此,以马塞尔·莱蒙为首的一批日内瓦大学的教授如让·鲁塞、让·斯塔罗宾斯基,还有比利时人乔治·布莱、法国人让－彼埃尔·里夏尔就被称为"日内瓦学派"的批评家了。当然,还要算上瑞士人阿尔贝·贝甘,他是马塞尔·莱蒙的朋友,已于 1957 年去世。

但是,"日内瓦学派"的称谓,在批评界并非没有异议,尤其是当事人。

"日内瓦学派"的批评被称为现象学批评或意识批评,这种观点在美国比较流行,有几种著作出版,例如萨拉·N.拉瓦尔的《意识批评家》(1968 年),约翰·K.西蒙主编的《现代法国批评:从瓦莱里到结构主义》(1972 年)和罗伯特·R.马格廖拉的《现象学与文学》(1977 年),这几本书都出现过"日内瓦学派"的字样,有的还可以说是关于"日内瓦学派"的专著,但是,这几本书都把"日内瓦学派"直接称为意识批评或现象学

---

① 《马塞尔·莱蒙与乔治·布莱通信集》,法国约瑟·科尔蒂出版社,1981 年,第 34 页。

文学批评。在法国,1987年出版的《20世纪文学批评》(作者是让-伊夫·塔迪埃)称"日内瓦学派"为"主体意识批评",排斥了让-彼埃尔·里夏尔,将其归入"客体意象派"。在瑞士,1974年出版的《瑞士法语新文学史》(作者是曼弗雷德·葛斯泰格)提到了"日内瓦学派",将其定义为对作品进行"创造性的阐释"。1997年,由西方近30所高校的36位教授集体编写的《诗学史》出现了"日内瓦学派"的字样,但只是在《题材批评与精神分析批评》一节中,并没有作任何解释,执笔者是来自比利时根特大学的威尔弗里德·斯梅康斯。《法语瑞士文学史》(1998年出版,罗杰·弗朗西庸主编)将其一章冠名为"日内瓦学派",只是论述了日内瓦大学的几位批评家,对"学派"的含义则未着一字。我们可以看到,除了美国的批评史家之外,其余的批评史家或文学史家在使用"日内瓦学派"这一称谓时,往往是一带而过,对其内涵则不作任何的说明或铺陈。

1966年9月在巴黎举行了一次关于"批评的目前倾向"的研讨会,会期十天,可以说是法国新批评的各种流派的代表人物的一次大聚会,会后出版了论文集《批评目前的道路》。值得注意的是,会议自始至终没有出现"日内瓦学派"的提法,通常被认为属于"日内瓦学派"的批评家被称为"主题批评家"。乔治·布莱于1971年出版了《批评意识》,被人称为关于"日内瓦学派"的"全景及宣言"式的著作[①],可是这本书里通篇不见"日内瓦学派"的字样,尽管乔治·布莱是提出"日内瓦学派"的始作俑者。1978年出版的罗杰·法约尔的《批评史》是一本广泛用于法国高校的著作,1987年出版的由莫里斯·德尔克鲁瓦和费尔南·哈林主编的《文学研究导论》是比利时高校使用的一本教材,这两本书都没有提及"日内瓦学派",而同样地采用了"主题批评"的说法。1974年出版

---

① 让-伊夫·塔迪埃:《20世纪的文学批评》,法国贝尔封出版社,1987年,第77页。

的阿尔贝·雷奥纳的《20世纪法国文学观念的危机》一书则把那些批评家称为"存在批评家",同样放弃了"日内瓦学派"的称谓。1979年在瑞士卡尔蒂尼举行了阿尔贝·贝甘和马塞尔·莱蒙学术思想的研讨会,本来是论述"日内瓦学派"的大好机会,孰料包括乔治·布莱、让·斯塔罗宾斯基、让·鲁塞、让–彼埃尔·里夏尔在内的会议参加者根本没有提到这个词。讨论的时候,有人说,乔治·布莱承认他提出"日内瓦学派""几乎是犯了一个错误"①。1989年由法国大学出版社出版的《问题与观点》一书,是由国际比较文学学会组织编写的,副题是"20世纪文学理论综论",却对"日内瓦学派"只字未提。也许编者认为"日内瓦学派"是一个文学批评的流派,不具有文学理论上的意义,故不予提及,也未可知。可以说,欧洲的批评史家在使用"日内瓦学派"的说法上,是心存疑虑的。

综上所述,我们可以看到,"日内瓦学派"并非一个为批评界普遍接受的称谓。批评史家们或者接受这一概念,然而立即指出其成员之间的分歧,而对其总的倾向则泛泛而谈;或者拒绝这一概念,或者对这一概念保持沉默,也许从礼貌的角度考虑,不使用某一概念就是拒绝这一概念了。

(二)

在这种情况下,不妨看看当事人对"日内瓦学派"的称谓的态度,或许有助于事实的澄清,虽然批评史家有权置被批评者的个人表白于不

---

① 《阿尔贝·贝甘与马塞尔·莱蒙,卡尔蒂尼研讨会论文集》,法国约瑟·科尔蒂出版社,1979年,第256页。

顾。

《微观与宏观》是在罗马出版的一本杂志,在1975年第一期上刊登了所谓"日内瓦学派"五大成员的访问记,访问记的作者是弗朗克·贾克纳,日内瓦大学的意大利文学讲师。题目很有意思,是《"日内瓦学派":神话还是现实?》。成员的身份不同,问题也就有微妙的差别。杂志只是提问,需要读者自己作出判断和回答。不妨让我们看看,他们如何回答主要的问题。

我们先来看看马塞尔·莱蒙。

问:人们经常谈论"日内瓦学派",您是这个学派的创立者,依您之见,这个学派的特点是什么?

答:我从未想过要创立学派,因为我从未想过强加给我的学生一种方法;另一方面,要知道有哪些批评家属于"日内瓦学派",我觉得他们之中主要的批评家都有鲜明的个性,他们很快又变成他们自己了。

至于这个学派的特点,我只能首先谈谈我自己;我只能跟您谈谈我对两件事情感兴趣:第一件是语言的艺术品的本体论内容,内容和形式不可分,内容深刻地包含在形式之中;第二件是文化的大的运动(那时是指"思想史"),这在很大程度上是受了我在1926至1928年期间遇见的德国人的影响,是那种在一定的时刻、在精神的不同的产品中,例如文学、绘画、音乐等,产生的有机的东西,这只是一种可能性,而并非一种必然性。

一件语言艺术品的内容是内在于形式的,而形式并非一件衣服,一件外套,它是一件压制品的等价物,其中可以明白地读出一种内在的结构。这件作品放在、处于一个世界之中,这个世界如同在一个小宇宙中被反映出来;其中交织的形象是一些模糊的象征;这些象征所体现的东西归根到底是形而上的现实,是一种人们无论费多大的力气也翻译不出来的具体的现实,也不能使之进入一种模式,在这种模式中,现实是注定无效的。

一件语言的艺术品就一位作家相对于世界的存在方式来说,不能被归结为一个物的状态,或者一种简单的材料。它就是一种存在,人们应该试着让它和自己并在自己身上一起生活,但是应该和它一样,不违背它的特性。……

问:您的批评思想是逐渐形成的吗?是否可以区分出某些阶段?是否可以指出在形成的过程中所受的影响?

答:是的,当然可以。首先是索邦大学,索邦大学的实证主义,因为我有好几年在索邦大学接受教育。然后有夏尔·杜博斯和雅克·里维埃的远为主观的批评反对这种索邦大学的实证主义,里维埃是《新法兰西评论》的主编,我本人认识他们。然后是德国文化哲学家和文化史学家的影响,特别是狄尔泰的《体验与理解》和贡道尔夫的《莎士比亚和德意志精神》;是这两本书使我朝绘画和音乐看一看,以便试着想象大的整体,特别是巴洛克引起我长期的兴趣;以后我就断然地从巴洛克转向装饰主义:在这方面,我认为最令我满意的是一部诗集的前言《法国诗和装饰主义》,这部诗集于五年前出版。

问:在目前批评的形势下,您认为日内瓦的使命是什么?

答:您的意思无疑是说在让·鲁塞和让·斯塔罗宾斯基的手中,有时候也包括让－彼埃尔·里夏尔,"日内瓦学派"还剩下什么。当让－彼埃尔·里夏尔送我他的第一本书的时候,他告诉我,书中的论文,如果没有《从波德莱尔到超现实主义》的话,是一篇也写不出来的。但是,现在他以那么明显的方式变成了他自己……。

日内瓦的使命,首先是用法文而不是用术语写作,其次,对斯塔罗宾斯基来说,是要取一种中心的而不是系统的立场;不把自己封闭在意识形态之中。鲁塞现在可以作形式主义的批评,但是他也不应该封闭在结构主义的系统中。如果人们看看他最近的著作,可以看出他明显地改变了批评的方法,越来越注意到语言学的发展。

四

从马塞尔·莱蒙的回答中,我们可以看出,作为已经流行了近20年的一个概念,他是被迫地接受了"日内瓦学派"的说法,但是表现出一种"但开风气不为师"的态度,所以,谈到这个学派的特点时,他只能谈谈自己,而不能论及他的学生。他虽然指导过让·鲁塞和让·斯塔罗宾斯基的博士论文,却不能对他们的方法置一辞。至于让-彼埃尔·里夏尔,我们明白为什么让-伊夫·塔迪埃要把他归入"客体意象派"了。对于日内瓦的使命,他有一句妙语,谓"用法语而不是用术语写作",这是"日内瓦学派"诸人唯一的共同之处,然而这却不是学派的特点,其含义可意会而不可言传。

让我们看看让·鲁塞。

问:人们经常谈论您作为成员的"日内瓦学派",这个学派包括些什么?它的特点是什么?它的成员有什么共同点和不同点?

答:还需要说这一称谓没有任何正式的东西、不代表任何有组织的倾向吗?我想,这个念头来自乔治·布莱,他由于和马塞尔·莱蒙的友谊和意气相投而自愿地属于这个群体,在他认识莱蒙之前,后者的著作就照亮了他的行动。当然,由于作品的重要性和人格的光辉,应该把马塞尔·莱蒙置于这个群体的中心和开始。让·斯塔罗宾斯基和我都曾经是他的学生,而后成为他的朋友。他在各方面都给予我们很多,这是肯定的。

马塞尔·莱蒙尊重别人,关心差别,从不想在他周围聚集任何类似于学派的东西,因为"学派"这个词意味着某种系统和理论的东西。人们接受的是在一些基本点上的一种不言自明的一致:文学被看做一种认识自我和世界的具有特权的工具;注意作者和作品的独特性,而非文类和关系;不否认历史,但是要以服务于批评的方式处理,这种批评是乔治·布莱所说的"意识批评";也就是说,在一部作品和一种语言中有一个中心主体抓住的那种批评;这就是对于形式和风格效果的兴趣,对于文学和其他视觉艺术之间的关系的兴趣:装饰主义,巴洛克(马塞尔·莱蒙和我),十八世纪,新古典主义(让·斯塔罗宾斯基)。

问:人们知道,对于法国文学批评来说,日内瓦在很长一段时期内处于尖端地位。在批评的目前形势下,您认为日内瓦的使命是什么?

答:说"处于尖端地位"显然是夸大其词。我不认为在文学批评上有什么"日内瓦的使命";在日内瓦工作的人常常是出于一种友谊,每个人都有他自己的倾向,而且并非不知道人们在外国做了些什么。如果说"日内瓦的使命"的话,除了它使用法文外,大概就是它向德国和意大利的文化和研究开放吧。

问:您的批评思想是逐渐形成的吗?是否可能将其分做几个"阶段"?在其形成过程中受到哪些影响?

答:当然,它是逐渐形成的;开始时有些幼稚;对于正在做或已经做过的事情的意识在工作之后,而不是在工作之前。我在完成《巴洛克文学在法国》之后,才意识到这本书可能是对于文本与造型作品之间的关系的集体想象力的历史的一种贡献。的确,我以后写的书与更精致的理论前提有关。一方面,这种精制化反正也不是很严格的,是根据阅读的经验渐渐形成的,另一方面,近二十年来,批评的热闹和理论的思考也增加了相遇和影响;同时——这是一切的起源——马塞尔·莱蒙的巨大影响,后来又有乔治·布莱的影响。

在其回答中,让·鲁塞明确地反对"日内瓦学派"的提法,指出"这一称谓没有任何正式的东西,不代表任何有组织的倾向",他只承认一个由友谊而形成的"群体",群体中的"每个人都有他自己的倾向",而这个群体的中心人物是马塞尔·莱蒙。值得注意的是,鲁塞对于前辈批评家,他只指出马塞尔·莱蒙和乔治·布莱曾给予他"巨大影响",这说明了他的师承。同时,乔治·布莱声称要"摧毁"形式,而让·鲁塞恰恰要进行形式的研究,把这样的人看做老师,这其中的理由不是一两句话能够说清楚的。他还指出,所以没有一个刊物,恰恰因为不存在一个学派。这是一个相当有说服力的理由。他反对日内瓦的批评处于批评界的"尖端地位"的说法,这不仅仅是出于谦虚,而是一个批评家的冷静而客观的看法。

让我们来看看让·斯塔罗宾斯基。

问:人们经常谈论您作为成员的"日内瓦学派",这个学派包括些什么?它的特点是什么?它的代表人物的相同点和不同点是什么?

答:对于从外面谈论的人来说,"日内瓦学派"的概念无疑是很方便的。习惯上将其归入的人(贝甘,莱蒙,鲁塞,布莱,我本人)并不把自己看做是由一种共同的理论联系在一起的一个学派的成员。他们从事文学批评,既不把它看成实证的科学,也不把它看成是一种信条的应用。如果要在他们中发现一个共同点的话,那就是:技巧(语义学的,语法的,描述的)从属于个人的意图,这种意图或是宗教的(贝甘,莱蒙),或是美学的,或是人类学的,等等……缺乏一种方法论的共同点也许正是一种共同忠于自由阐释文化的文本和材料的迹象。

问:您的批评思想是否逐渐形成的？是否可以区分出某些阶段？在形成过程中受到哪些影响？

答:我没有建立一种批评思想的打算。我20岁的时候有几个大的"主题"吸引了我:真诚,面具的吸引和拒绝(如人们在典型的作品中碰到的那样),忧郁(它抱怨只同那些面具打交道)……我研究的方式逐年增多。我学习的人的名单很长:莱蒙和布莱,萨特和卡西尔,弗洛伊德和斯皮策。影响我的作者是那些启发我思考的人,常常是"反对"他们的著作的一个方面……还有,学习医学,实践的医学,使我对证据和证明要求很严。医学(以及对医学史的某些了解)使我对那些江湖骗术和伪科学很放肆,我认为这是健康的。

问:在目前的形势下,您认为什么是日内瓦的使命？

答:倾听人们在别处做了些什么。保持独立的精神。警惕教条主义,警惕把一小堆窍门和秘诀当做正统的诱惑,并非一件小事。由于它的机构不大,日内瓦向我们提供了独立的可能性。这不过是运气,不是使命。任何事情都不是事先决定的。同样(正如您暗示的),寻求隐藏在作者"后面"的人是没有用的,在完成工作之前确定一种使命是没有用的。

斯塔罗宾斯基把"日内瓦学派"看成是局外人的一种"方便"的谈论,这很有道理。方便者,肤浅也,"游谈无根"之谓也。所谓"日内瓦学派"的唯一共同点,乃是方法服从目的,目的不同,方法也就各异了,所以他说所谓"日内瓦学派""缺乏方法论的共同点"。目的不同,方法各异,谈何学派？看来,斯塔罗宾斯基是从根本上否定了"日内瓦学派"的概念了。有趣的是,他学习的人的"名单很长",但是没有提到一个现象学家。他行医多年,是个精神分析大夫,这使他"对证据和证明要求很严",也使他对居斯塔夫·朗松抱有好感,虽然居斯塔夫·朗松是法国新批评攻击的主要对象之一。意味深长的是,他之谓"学习",乃是从他反对他所学习的人的学说的一个反面开始的。

让我们来看看乔治·布莱。

问:让·鲁塞说您是"日内瓦学派"这一称谓的创造者,您说您很愿意属于这一学派。这个学派包括些什么?其特点是什么?其成员相同的和不同的又是什么?

答:说到创造者,显然我是第一个谈论"日内瓦学派"的;您可以想象,这几个日内瓦人以这种方式来称呼自己是困难的,特别是我感到我和这个群体是休戚与共的,所以我才称之为"日内瓦学派"。

……"日内瓦学派"的组成主要是马塞尔·莱蒙,他是创建者,阿尔贝·贝甘,他已经去世,鲁塞和斯塔罗宾斯基,我也属于这个学派,后来还有让-彼埃尔·里夏尔。我认为,还有一些人属于这个学派,他们不是法国文学教授,但是他们或多或少地运用这个学派的原则和倾向,例如博申斯坦,他是日内瓦的德国文学教授。

我认为,"日内瓦学派"的特点是反对"朗松派",反对一个在生活的事件和一个作者的文学作品之间建立因果关系的学派;这样的方法必然用传记来解释文学。相反,"日内瓦学派"是一个主题学派,它的基本方向是主题,我称之为作者的范畴,例如在我是时间、空间、自我意识、数、关系,还有其他的。所有这些亚里士多德的大范畴关系到精神的功能,这些功能通过属于这个学派的人的著作的某些总是相似的表达方式,必然地表现为循环、重复。找出莱蒙的主题,斯塔罗宾斯基的主题,里夏尔或鲁塞的主题,是很有意思的,甚至是不可或缺的。共同点表现在指向对于作品的深度阐明而不是传记事实的解释的同样的主题学关怀和同样的需要。不同点是,组成日内瓦学派的不同的批评家具有不同的范畴。……

问:您的批评思想是逐渐形成的吗？可否区分出某些"阶段"？在形成过程中受到哪些影响？

答:我一直对批评感兴趣,我发表批评文字的时候还很年轻,在1922至1923年,我20岁的时候;我那个时候在比利时有着小小的名声,我给一个青年人的叫做《选择》的杂志写东西,我有相当重要的位置。当时,我写的批评文字和我以后写的很不相同;我没有任何方法,我只相信我的印象。我曾经很受印象派的批评家儒勒·勒麦特的影响,我还是一个中学生的时候反复阅读他的著作;1922至1923年间,我试图模仿《新法兰西评论》的首席批评家阿尔贝·蒂博代;我受蒂博代很大影响,以至于我起了一个笔名(我署名乔治·蒂亚莱);人们在比利时皇家图书馆的《选择》中还可以找到这些文章,它们从未结集出版。这是我的第一阶段,我的批评思想还处于一片混乱之中,因为我相信一系列无序的精神活动,连续地、没有目标地投入到我看中的作家的精神生活中去。

1933至1937年,我受到莱蒙和贝甘的强烈影响。这时,我正准备关于邦雅曼·龚斯当的论文,我好像发现他的基本因素是时间:我觉得他深深地被时间性的经验打上了烙印。为了更好地写这篇论文,我开始研究在浪漫派文学中出现的时间的主题,这种探索使我渐渐地向后回溯到很远的地方,也就是说,我首先研究浪漫派时期的时间观念,这使我又回到18世纪,我似乎在那里发现了这种时间观念的源头。我开始就卢梭和狄德罗写文章,我觉得他们是这方面的关键作者,由此,我又沉入宗教问题,我发现时间的概念与基督教的宗教经验有最紧密的联系,最后,我觉得一切都来源于人们在圣奥古斯丁和经院哲学家的著作中发现的某种时间性的观念,不仅仅是圣奥古斯丁,而是我倾心研究的所有中世纪的经院哲学家。

这种在中世纪和圣师时期的基督徒中的时间概念,在我看来由时间性的形式的三种区别构成的,一种是神圣的永恒,一种是天使的年岁,第三种是人类的时间,以几乎是根本的连续性为特征。还有一种复杂性,因为这种复杂性不可能有时间,如果这种时间不由创造性活动随时地加以更新的话:这是持续的创造的概念,或者不断地随时地更新的时间的概念。于是,我开始在文学中寻找不同的时间的表现,文学在我看来是一种体验时间的不同方式的反映。在某种程度上,我们每个人都体验着天使的年岁,甚至永恒,但根本上我们是人类时间的囚徒。

问:人们知道,日内瓦曾经长时间处于法国文学批评的尖端地位。在目前形势下,您认为什么是日内瓦的使命?

答:您的问题好像意味着日内瓦今天已不再处于尖端地位了;我不接受,因为我认为马塞尔·莱蒙是当今最大的批评家。在我看来,斯塔罗宾斯基和里夏尔是新一代批评家中的佼佼者,特别是斯塔罗宾斯基,人们在他那里看到一种在莱蒙和我这里看不到的东西,即适应现代批评的东西,吸收最新的批评,结构主义的批评,由于他们以及他们的后继者,主题批评更有前途了,主题批评没有被超越,尽管表面上看来如此。至于鲁塞,甚至可以说,在结构主义的方向上,他已经提前表明了某些结构主义的立场。

毫不含糊,乔治·布莱肯定了"日内瓦学派"的存在,因为他是始作俑者。他提出这一称谓的原因,是因为日内瓦的批评家不能自称"学派",得由他这个外来人出面,是否有些感情用事?不过,他认为"日内瓦学派"的特点是反对"朗松派",即反对传记批评,却未免有些过于狭隘了。"朗松派"不能概括为传记批评,所谓"日内瓦学派"的其他成员也不是一般地反对"朗松派"。法国的新批评都是反对"朗松派"的,所以反对"朗松派"不能成为"日内瓦学派"的特点。在他接受影响的人中,他没有提到任何现象学家的名字。人们常常称文学批评的日内瓦学派为现象学文学批评,但是要找出这种批评与现象学之间的联系,恐怕只能满足于一般和肤浅了。

让我们再来看看让－彼埃尔·里夏尔。

问:人们经常谈论"日内瓦学派",根据马塞尔·莱蒙和乔治·布莱的说法,您属于这个学派;这个学派包括些什么?它的特点是什么?什么是它的成员之间的共同点和不同点?

答:我认为不存在一种可以称之为"日内瓦学派"的东西,即一个群体意识到自己,有导师,有弟子,有共同的理论。更应该谈论的是某些倾向为某些作家所分享,他们成了朋友。这些倾向我认为是:一种对于文本、思想或出现于其中的想象的直接的敏感,一种把作品看做某些世界观的场所的处理方式,要再建或描述其独特性。在这个共同的计划中,每个人当然地表现出他的不同。

问:您的批评思想是逐渐形成的吗?是否可能区分出某些"阶段"?在其形成过程中受到什么影响?

答:我不能肯定具有您所说的"批评思想"……但是我接触文本的方式,就是说我和文本的接触风格,在这20年中肯定有所变化。最初我受到三种影响:首先是与萨特的作品相遇(萨特的最初的作品《波德莱尔》和《存在与虚无》中有关存在的精神分析的篇章),发现了加斯东·巴什拉,尤其是和乔治·布莱的友谊,我是在1946至1949年在爱丁堡认识他的。基本上是由于他我开始写作,写作的过程中我逐渐地感到了批评活动提出的所有的问题,实践的和理论的。我阅读文本的方式——如果我有的话——在和文本的接触和喜爱中渐渐地形成了:这是我提到的作者给了我可以阅读其他作者的工具,还有其他的作者,在阅读的某种连续不断的链条中。最近10年,我终于意识到由于人文科学的"突破"所带来的一切:语言学,精神分析,等等。然而,今天所进行的对于文本的重视并没有使我真正地转向,至少是我的阅读的最初实践,我觉得。

问:人们知道日内瓦长期处于法国文学批评的尖端地位。在目前形势下,您认为什么是日内瓦的使命?

答:我不会为一个地方(尽管我对风景有兴趣)指定一种使命……重要的是与这个地方有联系的人,一些人联系着另一些人。一些如此有独创性的批评家如马塞尔·莱蒙、让·鲁塞、让·斯塔罗宾斯基,现在又有了米谢尔·布托尔,相会在一起肯定具有一种含义。什么含义?只有未来会对我们说,未来的(如果有)文学史家会对我们说。

在这篇被马塞尔·莱蒙认为"最好的"[①] 回答中,让-彼埃尔·里夏尔明确地反对"日内瓦学派"的提法,并且给出了不容辩驳的理由。日内瓦这个群体中的批评家都是独立的,他们唯一的共同点是对于文本的感知方式,即"直接的敏感",而如何处理,则因人而异了。他特别强调批评家的"独立"和"独创性"。至于他所接受的影响,他举出了三个人:萨特、巴什拉尔和布莱。这三个人诚然都与现象学有瓜葛,但是似乎难以用现象学来概括让-彼埃尔·里夏尔的批评。他被看做是客体意象派的批评家,看来是有道理的,因为他认为,"作家的意识并不是先

---

① 《马塞尔·莱蒙与乔治·布莱通信集》,第275页。

天带来的,而是在'改造生活'中、在揭开'我们真正生存的那个世界'的面纱中形成的"①。批评的地方性由于人与人之间的联系而削弱甚至化为乌有,这是他对于日内瓦学派的提法的致命一击。

(三)

那么,"日内瓦学派"究竟是一个"神话"呢,还是一个"现实"?弗朗克·贾克纳提出的问题很多,我这里只选取了两三个问题以及受访人的回答,不过,相信读者足以从中看出些端倪。1977年9月2日在卡尔蒂尼研讨会的最后一天的讨论会上,弗朗克·贾克纳对与会者不曾提到"日内瓦学派",大感惊讶②,时不过两年,且研讨会的主题是学派创立者的批评思想,与会者该不会如此健忘吧。

在《批评意识》一书的"引言"中,乔治·布莱说:"从各方面看,文学事件表现为出现了某种团体,这团体由不同的人组成,但他们对类似的问题表现出类似的兴趣。……团体的一致性取决于对于意识现象的共同关怀。"③ 他所说的"文学事件",指法国出现了"新批评";他所说的"团体",其中之一就是"日内瓦学派",尽管书中并没有出现"日内瓦学派"的字样;他所说的"类似的兴趣",就是批评家"都力图亲身再次地体验和思考别人已经体验过和思考过的观念";他所说的"共同关怀",乃是"两个意识的重合",即:"新的批评(我不说新批评)首先是参与的批

---

① 让-伊夫·塔迪埃:《20世纪的文学批评》,法国贝尔封出版社,1987年,第113页。
② 《阿尔贝·贝甘与马塞尔·莱蒙,卡尔蒂尼研讨会论文集》,法国约瑟·科尔蒂出版社,1979年,第256页。
③ 乔治·布莱:《批评意识》,中译本,郭宏安译,百花洲文艺出版社,1993年,第3页。

评,甚至是认同的批评。没有两个意识的遇合,就没有真正的批评。"①他所说的"日内瓦学派"的批评,就是这种关注意识的批评,就是参与的批评,就是认同的批评,所谓"两个意识",就是读者的意识和作者的意识。但是如何实现这两个意识的遇合,作品在两个意识的遇合过程中起什么样的作用,在日内瓦的批评家中却有很大的分歧,例如他和马塞尔·莱蒙。

乔治·布莱认为,文学是"一组形象",而产生形象的原动力是意识,在意识借助想象力产生形象的行动中才能把握这组形象。所以,他说批评之所为乃是"承受他人之想象,并在借以产生自己的形象的过程中将其据为己有"。这种替代,"一个主体替代另一个主体,一个自我替代另一个自我,一个我思替代另一个我思,文学批评如若进行,只能在它所研究的想象世界引起的赞叹中,在一种与最慷慨的热情无异的一致的运动中无保留地和这想象世界及其创造者认同"。② 简言之,他所说的认同批评乃是批评家的意识和作家的意识之间的认同,而作品不过是两个意识认同之间的过渡或跳板。认同实现了,作品就消失了。马塞尔·莱蒙不同,他紧紧地抓住作品不放。他对于批评的定义是:"认同他人,足以模仿他的动作,重复他的话,同时指出肌肉的秘密的联系和从思想到话语的内在的喷射","喷射"的结果乃是作品的产生。"真正的批评是一种创造,一种艺术品的再造,只是更加自觉,更加透明。"③批评家必须是艺术品的"爱好者",而"爱好者"的基本含义是:"有爱的能力、对艺术品显示其在场、全身心地承受其作用的一些人",决不仅仅是一些观察者。"通过一种苦行,进入一种深刻的接受状态,其中人极

---

① 《批评目前的道路》,法国联合出版社,1968年,第7页。
② 《批评意识》,中译本,第190页。
③ 马塞尔·莱蒙:《盐与灰烬》,法国约瑟·科尔蒂出版社,1976年,第35—36页。

端地敏感,然后慢慢地达到一种具有穿透性的同情。最后,试图上升到一种独特的认识的状态。"这就是对于批评家的全部活动的一种概括的描述。这种主体与客体之间的认同只不过是一种"试图"而已,永远不会达到"完美"的程度,永远有一种"内在的距离"。"但是,最警觉的、最细微的智力的全部工作应该保证这种对于艺术品的真实的接近;通过一种暂时的消失和中断,智力在它完成了珍贵的效劳之后,应该使这种在场的行动成为可能。"① 所以,他在给彼埃尔－亨利·西蒙的信中才说:"如果我没有弄错的话,关于认同这个概念,我的朋友乔治·布莱还在坚持着,而我则退回到批评家和作品的密切关系的概念中。"② "退回"一语,说明了莱蒙的批评始终在批评者与作品的亲密接触中进行,读者的经验接近作者的经验,"如其在作品中表现的那样"。因此,这个词深深地刺伤了乔治·布莱,他原以为他的认同批评与马塞尔·莱蒙的认同批评是一样的,其实两者有根本的差别。他在给莱蒙的信中说:"您的认同与我试图进行的认同明显地不同。实际上,对我重要的是一种从属的活动暂时地取代了我自己的精神活动,我服从这种从属的活动,它向我提供了支持,它只是在他人思想的内部的一种精神生活的运动,在某种意义上说,这种精神生活在我的思想中延伸。我认为,就一种思想对另一种思想来说,替代更甚于认同。这种替代根本不是您追求的那种替代(也许您早期的文章除外,例如 1919 年的那篇)。实际上,您每次谈到的,是一种主体(我)对客体的认同,而在我,或对我来说,认同只能在两个主体之间进行,即批评者的主体尽可能地变成他所处理的作家的主体;我认为,认同只有在两个主体摆脱了与任何客体的

---

① 马塞尔·莱蒙:《存在与言说》,瑞士拉巴考尼埃出版社,1976 年,第 277—278 页。
② 《马塞尔·莱蒙与乔治·布莱通信集》,第 238 页。

关系的时间和情况下才能达到完全的融合;在这个时间和情况下,两个主体变成了在其深度上相对与认同而出现的同一种思想着的活动。换句话说,我说的认同只能出现在纯粹主观性的层面上。"① 乔治·布莱认为认同批评是马塞尔·莱蒙的批评思想的基本特点,后来,他的观点有些变化,认为莱蒙进行的是一种"双重的认同批评"②,先是两个主体之间的认同,后是主体和客体的认同。总之,他的认同批评并不是马塞尔·莱蒙的认同批评,在这个基本特点上,两个人的分歧已经是很明显的了。

(四)

与认同批评直接相关的问题,是"形式"的问题,正如乔治·布莱对马塞尔·莱蒙所说,"您所进行的认同,使您接近'形式',而使我远离形式"③。对于"形式"的看法,是现代批评和传统批评的一条分水岭。现代批评认为,形式和内容不可分割,形式本身具有意义,所谓"有意味的形式",这是形式和内容的一元论。传统批评则认为形式是内容的包装,形式从属于内容,坚持形式和内容的二元论。在这个问题上,乔治·布莱和马塞尔·莱蒙虽然都反对形式和内容的二元论,但在如何对待形式上却是根本对立的,一个要"摧毁"④ 形式,一个是"具有意识,就是

---

① 《马塞尔·莱蒙与乔治·布莱通信集》,第 239 页。
② 《阿尔贝·贝甘与马塞尔·莱蒙,卡尔蒂尼研讨会论文集》,法国约瑟·科尔蒂出版社,1979 年,第 37 页。
③ 《马塞尔·莱蒙与乔治·布莱通信集》,第 239 页。
④ 《批评意识》中译本,第 275 页。

具有形式"①。

乔治·布莱虽然也承认形式的存在，但是他把形式看做是一种遮蔽精神实体的外在的屏障，是一种需要打破甚至否定的东西，所以他说："我觉得形式是一道屏幕，遮掩着内心世界的现实。超越形式到达一个没有形式、至少没有确定的形式的地方，写这些诗或这些小说的人的隐秘生活在那里进行着，……""小说就是小说，诗就是诗，悲剧就是悲剧，这使我极为不悦。在我看来，一部作品不是一部作品，而是一种简单的流动物质，总是变化多端，却又总是像它自己，因为它是一种纯粹的精神实体。简言之，我的打算是抹去一切形式的区别，把一切文本都归结为作者的一种语言形象。"② 诗、小说、悲剧等等，只不过是一种外壳，外壳下面隐藏着思想，捕捉这种思想才是批评家的目的。一旦捕捉到思想，外壳就可以扔掉了。据说，有一次乔治·布莱欣赏丁托列托的画，脱口而出："这不是画，这简直是绘画!"在他的眼里，一幅幅具体的画消失了，只剩下了抽象的"绘画"，也就是现象消失了，只剩下了本质。因此，"在形式的后面，在结构的后面，在语词的不断的水流后面，只剩下了一种东西：一种没有形式的思想"③。无论乔治·布莱如何发现这种"精神之流是有许多停顿点和新的出发点的"，这种停顿点和出发点都是一些没有形式的赤裸裸的思想，诗、小说、悲剧等形式本身所具有的美感和乐趣消失了，或者被抛弃了，文学成了一种纯粹主观的东西。"一切精神上的东西都是思想。思想并不是观念或观念体系的同义词。有无观念的思想，正如有无形象的思想一样。也许这才是最好的思想。感觉，想象，欲望，爱，需要，都是思想。思想乃是精神生活的行动本身。

---

① 亨利·弗西雍语，见《盐与灰烬》，第164页。
② 《批评意识》中译本，第277页。
③ 同上。

思想是心灵的唯一属性,心灵在其中认识自己,感到自得,化为同一。"① 精神至上,思想至上,而"形式是供吮吸的。一旦人们榨出其汁液,也就是生活,就应该把它的皮扔掉。尤其不该,绝对不该停留在形式上。形式最好也不过是一种暂时的支撑,不稳定的结构,我们可以靠着它跨越深渊,到达另一边"②。所谓"跨越深渊",乃是超越文学的客观面;"到达另一边",乃是到达文学的主观面;所以乔治·布莱说:"客观上说,文学是由具有形式的作品组成的,其轮廓或多或少清晰地显现出来。这是诗,是格言,还有小说,剧本。从主观上说,文学毫无形式可言。它是一种思想的现实,这种思想永远是独特的,先于或后于任何客体,它通过这些客体不断地显示出它居于其中的奇特的和自然的不可能性,它永远也不会有一种客观的存在。"③ 乔治·布莱是一个主观的批评家,视形式为躯壳,作为以小说、诗等为形式而存在的文学只不过是一枚供他"吮吸"的果子而已,吮吸之后,其皮也就如敝屣可以弃之不顾了。这显然是一种内容和形式的二元论。马塞尔·莱蒙则不同,他"绝对地"、"激烈地"反对布莱关于"吮吸"的说法,而认为"在艺术品中,说什么和怎样说是不可分割的。怎样说告诉我们说什么,反之亦然。这甚至是具有艺术价值的语言和普通语言或者科学语言的区别之所在。一个词代替另一个词不可能不改变意思,不改变内容。我认为,形式永远是不可穷尽的,因为使它活跃起来的精神是不可穷尽的"④。他并不胶着于形式,"停留在形式上",而是通过形式超越作品,但是超越作品并不否定形式,因为"对具体的爱,在我身上是很强烈的,不允许我

---

① 《马塞尔·布莱与乔治·莱蒙通信集》,第 61 页。
② 同上。
③ 乔治·布莱:《人类时间研究》第二卷,法国峭壁出版社,1952 年,第 1—2 页。
④ 《马塞尔·莱蒙与乔治·布莱通信集》,第 66 页。

抽象"。他说："我读得很慢,我只有清晰地读出元音和辅音才能真正地阅读。我的肌肉必须和我的精神一起工作。只有这样我才能欣赏味道、色彩、风格的力量和文学语言的生动的品质。这只是初步的接触,但是不可缺少。我并不急于超越。我再说一遍,一切都是相联系的,说什么和怎样说是不可分割的。"① 他认为,文学作品从它开始酝酿的时候,就已经具有某种"形式"了,也许并不为作家本人所知,一种内在的结构就决定着表达方式、词汇、节奏、韵律等的选择,决定着作品完成时的外在形式。作品的外在形式不是一件套在内容身上的"衣服",不是一种使内容显现的"修辞工具"②,它"产生自内容本身"③,"任何破坏一种形式的企图都必然地导致创立新的形式"④。所以,"在内在的形式,内容的不可分离的部分,和表达的最微小的细节之间,有一种必然的联系"⑤。这种"必然的联系"外化为作品所具有的形式,要求读者必须全神贯注于文本,仔细地阅读文本,马塞尔·莱蒙甚至提供了一种阅读的方法,他说:"眼睛关注! 余皆不在。力图忘掉自己,直至平息静气,为了诗能够自己呼吸,用它自己的生命活跃起来。……慢,在这里自然是很可贵的。……不可或缺的是高声地读,驯服耳朵,用舌头和腭接触词语的肌肤。一切都会从一种'文本解释'的延伸和深入中产生出来。"⑥ 正如我国旧时的蒙童诵读经典如四书五经一样,意义会随着反复的诵读自然地甚至自动地呈现出来。总之,艺术的真正乐趣在于这种"没有道路的纯粹快乐",即无目的性,而"为了深入这种快乐,应该首先通过

---

① 《马塞尔·莱蒙与乔治·布莱通信集》,第 67 页。
② 同上。
③ 《存在与言说》,第 281 页。
④ 《盐与灰烬》,第 165 页。
⑤ 《马塞尔·莱蒙与乔治·布莱通信集》,第 67 页。
⑥ 《盐与灰烬》,第 94 页。

精心加工过的、轮廓分明的语言的曲折的道路"①。马塞尔·莱蒙主张的是内容和形式的一元论,与乔治·布莱的主张根本不同,乔治·布莱的主张实际上有浓厚的形式与内容二元论的色彩。

(五)

乔治·布莱在回答《宏观与微观》的提问时说:"'日内瓦学派'的特点是反对'朗松派',反对一个在生活的事件和一个作者的文学作品之间建立因果关系的学派;这样的方法必然用传记来解释文学。"反对"朗松派",反对用传记来解释文学,是所有的"新批评派"的主张,例如马克思主义批评、精神分析批评、社会学批评、结构主义批评、存在主义批评等等,所谓现象学批评的"日内瓦学派"是新批评的一种,自然也不能例外。"日内瓦学派"诸人对于朗松、圣伯夫以及实证主义的看法有许多个人的不同,不能以"反对"一词了结。所以,"反对朗松派"不能表明"日内瓦学派"的特点。

乔治·布莱没有写过朗松和朗松派的专论,他对朗松和朗松派的看法似乎停留在一般公众的大而化之的看法上,例如认为朗松的批评方法就是传记批评法,不过他对朗松所师承的圣伯夫倒有过零星的批评,例如对圣伯夫的所谓"认同批评":"这是一种若即若离的、迂回曲折的、模棱两可的批评,其目的不是向他人的精神世界慷慨地开放,而是攫取其所具有的好处。因此,这显然是一种通奸的批评,因为它在其全部活动中用模仿者代替了被模仿者。……觊觎他人的财富,这就是它的出

---

① 《马塞尔·莱蒙与乔治·布莱通信集》,第69页。

发点。其终点也丝毫不是一种同情的运动,即两个意识的结合。这是一个意识取代另一个意识,前者置身于后者的家园中,侵入者将后者赶出家门。批评家成了栖身在作者的窝里的杜鹃。"① 乔治·布莱以一种从主观到主观的批评观评论圣伯夫的从主观到客观的批评观,自然认为圣伯夫的认同批评是一种"可疑的、不成功的"认同批评。至于圣伯夫的"传记批评法",更不能不加分析而弃之若敝屣。他的传记批评法要求描绘一个作家的"肖像","而他所描绘的肖像首先是一个普通的传记,保留了简洁的手法和未说过的东西。相对的简短和轻快的节奏是其魅力的条件。他并不讲故事,或很少讲故事。一旦传记的机器通过庄严地提及出生日期和讲几个童年的小故事发动起来,很快肖像就开始掠过作品,根据年代寻找命运的重大转折和线索的虚弱部分。他寻找的是'难以确定的缺口'、'痛苦的内心褶皱'。并非什么都讲,而只是停留在'生活的凹凸'上。"② 我觉得这是圣伯夫的传记批评法的实事求是的描述。乔治·布莱把"日内瓦学派"的特点归结为"反对朗松派"的批评,能否得到"日内瓦学派"诸成员的同意是大有问题的,因为他们对朗松和朗松派的看法值得分析。即以马塞尔·莱蒙为例。

1977年7月初,乔治·布莱给马塞尔·莱蒙写信,说他把《从波德莱尔到超现实主义》(1933年)看做是莱蒙的著作的顶峰是一个错误,应该把它看做是一个"入门",是莱蒙以后所完成的一切的"门槛",莱蒙的著作从头至尾是"一个完整的著作"③。这说明,布莱眼中的莱蒙,作为"日内瓦学派"创始人的莱蒙,是从《从波德莱尔到超现实主义》这本书

---

① 《批评意识》中译本,第5—6页。
② 圣伯夫:《论批评》,阿妮·普拉索洛夫和约瑟-路易·迪亚兹编选,法国伽利马出版社,1992年,"导言",第48—49页。
③ 《阿尔贝·贝甘与马塞尔·莱蒙,卡尔蒂尼研讨会论文集》,第194页。

开始的。但是,在 1933 年之前,马塞尔·莱蒙已有著作发表,已经开始了一个文学批评家的生涯。1927 年,马塞尔·莱蒙出版了他的博士论文《龙萨对法国诗歌的影响》,在 1977 年 9 月召开的关于贝甘和莱蒙的研讨会上,乔治·布莱承认,他对这本书一无所知,"完全忽视了这本书"①;而罗马尼亚文学批评家马塞亚·马丁则在他的论文中证明:"没有《龙萨对法国诗歌的影响》而能写出《从波德莱尔到超现实主义》是难以想象的。"② 马丁指出,莱蒙的《龙萨对法国诗歌的影响》从准备到出版,正处在朗松的实证主义在法国大获全胜的时期,因此,"他对法国大学的官方的理论的接受是环境使然",但是,"他在服从方法的严格要求的同时,又根据其使用加以验证",实际上,"他有意识地抵制任何'印象主义'或者思辨的诱惑,屈服于考证研究的严格,正是为了获得日后无拘无束的权利"③。《龙萨对法国诗歌的影响》在"拒绝普遍的模式和批评行为的抽象性"上,在"给予具有时代的代表性的小作家以应有的重视"方面,在"警惕保存或毁灭证据的偶然性"上等等,都有浓厚的实证主义色彩。总之,"马塞尔·莱蒙并不拒绝实证主义,而是超越了它;他不是用一种纲领的超越时代的暴力来超越它,而是用一种严格的服从,首先是竭尽传统的各种可能性"④。因此,"《龙萨对法国诗歌的影响》不是一种让步,而《从波德莱尔到超现实主义》也不是一种放弃。这两本书实际上成了由两部分组成的作品,它们内在的一致性来源于作者的关注的同时性……"⑤。马塞亚·马丁的结论是:"马塞尔·莱蒙的第

---

① 《阿尔贝·贝甘与马塞尔·莱蒙,卡尔蒂尼研讨会论文集》,第 172 页。
② 同上书,第 180 页。
③ 同上书,第 179 页。
④ 同上书,第 188 页。
⑤ 同上书,第 189 页。

一本书(《龙萨对法国诗歌的影响》——笔者注),从某种意义上说,他的第二本书(《从波德莱尔到超现实主义》——笔者注),是一个双重的共同经验的连续的结果:没有它们相互投射的光亮就不能完全地理解它们。"[1] 马塞尔·莱蒙 1924 年 3 月 28 日在日记中写道:"我不擅长考证,今天我坚信这一点。但是,酒瓶既然开了,就应该喝下去。也许有一天我将不后悔写了这篇论文。"他说:"索邦大学令我失望。确切地说,法国文学的教学令我失望。他们或向我提供事实,那是新索邦的猎物,或者向我提供语句,那是老索邦的遗风,或者一些不触及本质的课文分析。"[2] 这说明,他当时并不是心甘情愿地接受流行的理论和方法,但是,他不能不承认,实证主义注重事实和来源的文学教育给他打下了坚实的基础,使他终生受用不尽。例如他主编的卢梭作品的批评版,大量的注解和异文,考证文句,详尽的介绍和评论,力图给读者一个最好的版本,这一切就是基于实证主义的要求对文本所进行的基本工作。据他的学生的回忆,例如让·鲁塞和让·斯塔罗宾斯基,他在教学中对实证主义采取既遵循又超越的态度,也就是说,"有意识的实证主义被摧毁了,或者至少这里那里有时是暗中有时是表面地被质疑了,但是实证主义从未被绝对地否定。……他从未忘记研究必须有一个历史的基础"。在他的讨论课上,他试图让学生们明白什么是一部作品的批评版,不是为了知道它是如何做成的,而是为了阅读和利用。为了这一点,他会让学生们阅读龙萨的同一首诗的两个不同的版本,考证异文,追随源流,研究修辞的手法,等等。"总之,这里有朗松的一整套工具,他根本就不排斥他,而认为对于开始阅读的大学生来说是非常有用的。"[3] 所以,

---

[1] 《盐与灰烬》,第 47 页。
[2] 《阿尔贝·贝甘与马塞尔·莱蒙,卡尔蒂尼研讨会论文集》,第 259 页。
[3] 同上书,第 259 页。

就马塞亚·马丁的论文,他能够说:"他从我的论文中发现了一些我本人不曾注意到的东西,特别是我超越了纯粹的实证主义,同时又力图忠实于它。"① 在他自己的研究中,他也"留出位置给历史,给重大的文化状态,给人文时期,给借以产生的神话:文艺复兴,巴洛克,古典主义等等"②。让·鲁塞反对用作家的生平解释作品,但是他指出:"不要把这看做对文学史宣战或轻蔑;我坚持认为,对于研究过去的作品来说,它是不可或缺的,它是前言或栏杆;它只是服务于批评和阐释的一种途径。"③ 至于让·斯塔罗宾斯基更是对居斯塔夫·朗松抱有明显的好感,他说:"历史的方法,求助于文献资料,就其本身来说,非赞扬一词所能了结。"居斯塔夫·朗松"决不是一个方法狂"。他"提出了一个历史的大纲,把文学的历史纳入社会的历史,是非常协调的"。一句话,"人们让他承担了太多的罪过"④。总之,所谓"日内瓦学派"诸人对"朗松派"的态度是非常复杂的,既有质疑,又有赞同,或者说在质疑中有赞同,在赞同中有质疑,远非一句"反对朗松派"所能范围。乔治·布莱把日内瓦学派的特点归结为"反对朗松派",看来是过于简单了。

(六)

所谓"日内瓦学派"的批评家像大部分西方的批评家一样,都是实践的批评家,不是什么文学理论家,没有就"文学是什么"或"文学的本

---

① 《马塞尔·莱蒙与乔治·布莱通信集》,第288页。
② 《盐与灰烬》,第122页。
③ 让·鲁塞:《形式与意义》,法国约瑟·科尔蒂出版社,1982年,第XI页。
④ 让·斯塔罗宾斯基:《邀请的诗》,瑞士拉多加纳出版社,2001年,第12—17页。

质"等问题作过专门的阐述,但是,我们可以在他们的著作中发现其批评借以进行的理论依据。恰恰是在这一点上,我们很难说他们有一个共同的、一致的哲学或文学的理论来指导他们的批评实践。这里仅以四个批评家为例。

乔治·布莱认为,"文学完全是一个想象的世界。它是一种行为的非常纯粹的结果,作家通过这种行为把事物变成思想,同时让所有不再是思想的东西消失"①。"任何文学作品都意味着写它的人做出的一种自我意识行为。写并不单纯是让思想之流畅通无阻,而是构成这些思想的主体"②。这就是说,文学是一种脱离了物质世界的"纯粹的精神主体"活动的王国。所以,他把文学作品仅仅看做是作家的"我思",而产生"我思"的客观对象则不见了,或者是可以忽视其存在,文学作品不再有小说、诗、剧本等等的区别,统统成了一种"精神"。这样,文学的形式成了毫无意义的东西,"审美"也就成了一种无的放矢的行为了。

阿尔贝·贝甘是一个主观的批评家,也是一个关注社会现实的介入的批评家,力倡诗的"在场",所谓"在场",是说诗始于"同物质世界的接触"。他说:"对于诗也许并没有一个放之四海而皆准的定义。相反,也许应该将其定义为投向人类命运的最现实主义的目光……而另一方面,这目光用对于彼处的怀念从反面界定尘世的命运。"③"现代诗试图借此达到人类经过长时间才获得的那种理性的认识,即与物之间的直接的、直觉的交流,如原始人那样的交流。"④ 也就是马塞尔·莱蒙所

---

① 见乔治·布莱为让-彼埃尔·里夏尔的《文学与感觉》所作的序,法国瑟伊出版社,1954年。
② 《批评意识》中译本,第279页。
③ 1943年10月9日《文学评论》,1958年第6期,第29页;转引自《批评意识》中译本,第132页。
④ 见阿尔贝·贝甘:《关于在场的诗》,第16页;转引自《批评意识》中译本,第126页。

说的:"诗发生于精神和物的结合部。"① 不难看出,这种观点与乔治·布莱的观点相去不可以道里计。

马塞尔·莱蒙不是一个理论家,在批评上也采取一种多元化的态度,他感兴趣的作品多为自传性作品,尤其是诗,因此,他对诗的看法就在很大程度上代表了他对文学的看法。他说:"诗的创作是一种全面的活动,是全部生命的集中的一种产物。""诗是言语,诗是言语的艺术。无论人们多么希望它是一种炼金术,它终究是无比微妙的过程的总和的一种产物,这是一种自然和它之外的事情合作的过程;也就是艺术的,尽可能是直觉的,自然的。""一部语言艺术的作品不能归结为物的状态,或简单的资料,关于一个作家'在世界上的存在方式'。"② 文学作品"被放在、处于一个世界之中,这个世界如同在一个小宇宙中被反映出来"。他把文学(诗)看做是主观和客观的一种"无比微妙的过程的总和",在这一点上与乔治·布莱完全不同,与后期的阿尔贝·贝甘也有不同,所以他说,自1940年以后,阿尔贝·贝甘改宗天主教,成了一个介入的作家,就"离开了通常人们说的日内瓦学派的立场"③。

让·鲁塞是马塞尔·莱蒙的学生,其研究专注形式和结构,他说:"自然,现实——现实的经验和对现实的影响——一般并非与艺术毫不相干。但是艺术求助于现实只是为了取消它,并用新的现实来代替它。与艺术接触,首先便是承认新现实的到来。跨过一道门槛,进入诗歌领域,开展特殊的活动,对作品的观赏意味着对我们的生活方式的怀疑和我们的全部观点的转移,用稍加改动的瓦莱里的话说,就是从混乱向秩序过渡,即便这秩序是有意的混乱;从毫无意义到涵义的协调一致,从

---

① 转引自《批评意识》,第117页。
② 《盐与灰烬》,第273页。
③ 《宏观与微观》,1975.1.罗马,第83页。

无形向有形，从空洞向充实，从不介入向介入过渡，经过有组织的语言的介入，精神对形式的介入。"这种看法与上述三人的看法都有不同，与乔治·布莱相比，让·鲁塞肯定了自然和现实在艺术中的位置；与阿尔贝·贝甘相比，他指出艺术是"从混乱向秩序过渡"；与马塞尔·莱蒙相比，他强调了艺术是"用新的现实来代替现实"。所谓"新的现实"，乃是作家创造的新的世界，与现实存在的世界不同，中间隔着"一道门槛"。

总之，所谓"日内瓦学派"的成员各个不同，除了他们的个性、才能之外，他们对文学的看法不同起了很大的作用。文学观不同，采用的批评方法自然也就不同了。

（七）

为了与先已存在的语言学的"日内瓦学派"相区别，文学批评的"日内瓦学派"又被称为"新日内瓦学派"，在当代批评史著作中，它更常常被称为"存在批评"、"发生批评"、"主题批评"、"本体论批评"、"现象学批评"、"意识批评"和"深层精神分析批评"。如此众多的称谓既反映了内涵的丰富和复杂，说明了发展的过程中有侧重点的变化，也透露出把如此不同的批评家扭结在一起在批评史家中间引起的困惑，这种困惑造成了混乱，出现了一个身份有待确定的"学派"，而批评家的独特性则被抹杀了。例如，"日内瓦学派"被称为"现象学批评"或"意识批评"，而意识批评不过是现象学批评的具体化罢了。那么，能否用现象学批评概括"日内瓦学派"呢？罗伯特·R.马格廖拉著有《现象学与文学批评》一书，书中说："实在论和存在主义现象学是影响日内瓦学派的最重要的两股理论潮流，因此，称日内瓦学派为现象学，是再合适不过的了。"

并且说,马塞尔·莱蒙和阿尔贝·贝甘"只是现象学文学批评的先驱,而不能算做真正的现象学文学批评家",乔治·布莱的"批评活动纯粹是现象学的",而让-彼埃尔·里夏尔、让·鲁塞和让·斯塔罗宾斯基"都是不折不扣的现象学批评家"①。要论述所谓"日内瓦学派"的理论来源,要确定上述批评家是否或在多大程度上是现象学批评家,可能需要整整一本书,现只从他们的师承来确定一个方面,对于澄清"日内瓦学派"可能是比较好的办法。

马塞尔·莱蒙在谈到他的学术思想形成的过程时说,最初的阶段是"索邦大学的实证主义",接着的是"夏尔·杜波斯和雅克·里维埃的远为主观的批评",最后是德国人"狄尔泰的《体验与理解》和贡道尔夫的《莎士比亚和德意志精神》"的影响。其实,在"索邦大学的实证主义"之前,他有一个非常重要的阶段,那就是亨利·柏格森的影响。他说:"柏格森的思想在我看来是一种典型的非系统化的思想,它建立在最直接的经验之上。我好像探到了源泉。我甚至没有看清楚,若干年之内,我所有在哲学上获得的东西都在柏格森的范围内。"他从柏格森哲学中获得的最大启发是:只有从事物内部获得的认识才可能是绝对的认识,"人们由于一种同情深入到一个客体的内部,以便与它所具有的唯一的、因此也是难以表达的东西重合,人们把这种同情称做直觉"。这是马塞尔·莱蒙的认同批评的来源。至于他和现象学的联系,他说:"德里埃什②,我从远处看得更清楚些,他是跟着笛卡儿和胡塞尔(他的思想在1936年后才在法国传播)往前走。我从他那儿知道意识总有一个对象,人们总是意识到什么东西。他在学生面前打下了存在现象学的基础。"如果

---

① 见罗伯特·R.马格廖拉:《现象学与文学》,中译本,春风文艺出版社,1988年,第31、32、38页。

② 当时的一位哲学教授,生卒年不详。

说他与现象学有什么关系的话,那只是与存在现象学有些表面的联系,即他的现象学是一种"实用现象学"①,与胡塞尔关系不大,马格廖拉的说法还是有些根据的。那么马格廖拉说"纯粹是现象学的"乔治·布莱又如何呢?

在他长期的批评生涯中,乔治·布莱提到了许多对他产生影响的人物,例如儒勒·勒麦特,阿尔贝·蒂博代,马塞尔·莱蒙,阿尔贝·贝甘和中世纪的经院哲学家。儒勒·勒麦特是一个印象派的批评家,只对初入道的乔治·布莱有过暂时的影响,他那时写的文章从未结集出版,可以略下不表,但是对阿尔贝·蒂博代,他承认是他的先行者之一,承认他的"批评行为开始于对他人的思想的立刻的、全面的、无保留的参与"。但是,他也同时指出,作为批评家的阿尔贝·蒂博代,其思想一旦与他人的思想认同,就立刻波及到此人其他的作品,例如"作为文类的小说的创造精神",从而对其进行历史和地理的分类。正是在这里,乔治·布莱远离了阿尔贝·蒂博代,他认为,蒂博代的批评是从"中心到边缘、从内部到外部"的批评,最终"背离了真正的批评,即意识到他人的意识"②。马塞尔·莱蒙、阿尔贝·贝甘和中世纪的经院哲学家对他的影响,不是现象学的影响,而是通过莱蒙和贝甘的德国"思想史研究"的影响。有两个人对他有着深远的影响,那就是夏尔·杜波斯和加斯东·巴什拉尔,让·斯塔罗宾斯基对此有明确的论述,他称乔治·布莱为"柏格森、里维埃、杜波斯的学说培养出来"的批评家,指出他的著作《圆的变形》和巴什拉尔的《空间诗学》"相当接近","可堪比较"。他说:"它们之间主要的区别并不在巴什拉尔宣称的现象学和乔治·布莱进行的认同感应。

---

① 让·斯塔罗宾斯基语,见《阿尔贝·贝甘与马塞尔莱蒙,卡尔蒂尼研讨会论文集》,第254页。
② 《批评目前的道路》,第7—8页。

其不同更在于布莱的一定是多元化的方法和巴什拉尔设想的一种最终是统一的描绘。巴什拉尔的现象学把众多的活动归于同一种空间想象力,而布莱却要保留每一个作家的"独特的世界"①。至于乔治·布莱的批评中的核心概念"我思",则显然来自笛卡儿。看来,乔治·布莱否认自己是"现象学批评家",并非空穴来风。至少,他的批评并非"纯粹是现象学的",虽然他是一个现象学色彩很浓(也许是日内瓦群体中现象学色彩最浓)的批评家。

马格廖拉说让－彼埃尔·里夏尔、让·斯塔罗宾斯基和让·鲁塞"都是不折不扣的现象学批评家",我们来说说让·鲁塞吧。在《宏观与微观》杂志对他的采访中,让·鲁塞只提到两个人对他有影响,那就是马塞尔·莱蒙和乔治·布莱,这说明两个人在他心目中的地位。但是在《形式与意义》这本书中,他一口气提到了许多人的名字,诸如马塞尔·莱蒙、夏尔·杜波斯、阿尔贝·贝甘、加斯东·巴什拉尔、乔治·布莱、莱奥·斯皮策、加埃唐·皮孔、让·斯塔罗宾斯基和让－彼埃尔·里夏尔,这里有他的前辈,有他的同事,有他的朋友,他们或给他以影响,或给他以教益,或给他以启发,总之,他认为他从他们那里获益匪浅。他深信,批评家无非是"一个帮助阅读的读者,一个善于伸长耳朵的读者,一个作为翻译者的读者,一个音乐上的解释者"。这种批评观是马塞尔·莱蒙告诉他的,他也以这种批评观来看待马塞尔·莱蒙的批评。他这样评价莱蒙的批评:"这种批评从来也不脱离这样一个基本的事实,即文学是一个创造主体通过词语和形式的显现;文学是那种罕见然而充满了意思的运作,它把一个想象的世界和一种言语联系在一起。"② 让·鲁塞的批评

---

① 让·斯塔罗宾斯基:《圆的变形》序,法国弗拉马里庸出版社,1979年,第10页。
② 《马塞尔·莱蒙的著作和"新批评"》,载《法兰西水星》,1963年7月号。

注重语言、形式和结构,"透过形式抓住涵义"一语,最好地概括了他的批评思想。乔治·布莱说:"在鲁塞身上,一切都从静观开始,也就是说,像莱蒙一样,一切都始于全部个人特性的暂时泯灭和目光面对对象的排他性的关照。"① 他指出了让·鲁塞的师承。如果说让·鲁塞是一个"现象学批评家",肯定是要打一个不小的"折扣"的。

  日内瓦的批评家,从马塞尔·莱蒙开始,一直受到亨利·柏格森的影响,至于实证主义,他们是超越,而不是拒绝。由于他们都是很好的日尔曼学者,中间又接受了德国学者、特别是狄尔泰的阐释学和斯皮策的语义学的影响,这使他们的批评有着思想史的特点。柏格森与胡塞尔是同时代人,正如《二十世纪法国思潮》所说:"胡塞尔的现象学非常接近于柏格森的哲学,而柏格森的哲学又如我们所指出的,除了它的外表有所不同外,在某些方面却是梅洛-庞蒂和萨特的哲学的根源。"② 所以,与其说日内瓦的批评家是胡塞尔现象学的批评家,倒不如说他们是柏格森影响下的主观批评家,因为他们所接受的现象学的影响主要是来源于萨特和梅洛-庞蒂的存在主义现象学,而并不是来源于胡塞尔的纯粹现象学。此外,勒内·威勒克谈到阿尔贝·蒂博代时说:"蒂博代认为,没有两个人是生活在同一种时间里,一种深入的心理学能够发现每一个人的时间形式,此种观念大概成了乔治·布莱的思辨的起点。"这说明,乔治·布莱的思想来源之一是蒂博代,而蒂博代恰恰是柏格森的亲密弟子,他的全部批评思想来源于柏格森的生命哲学。可见一种哲学的流行并不具有纯粹的形态,不能因为现象学自1936年始在法国流行,就把一切与现象学观念相类似的观念都说成是现象学的影响,正如

---

① 《批评意识》中译本,第144页。
② 约瑟夫·祁亚理:《二十世纪法国思潮》,吴永泉等译,商务印书馆,1979年,第56页。

钱锺书所说:"盖人共此心,心同此理,用心之处万殊,而用心之途则一。名法道德,致知造艺,以至于天人感会,无不须施此心,即无不能同此理,无不得证此境。或乃曰:此东方人说也,此西方人说也,次阳儒隐释也,此援墨归儒也,是不解各宗派同用此心,而反以此心为待某宗某派而后可用也,若而人者,亦苦不自知其有心矣。心之作用,或待某宗而明,必不待某宗而后起也。"① 所以,把所谓的"日内瓦学派"说成是因现象学而起的文学批评,起码是以偏概全,不那么严谨。

(八)

胡塞尔的现象学是一种对法国哲学产生过直接影响的哲学派别之一,特别是经过萨特和梅洛-庞蒂的阐发而法国化之后,对法国文化界产生了一种弥漫性的辐射,渗透到了文化活动的各个领域,几乎形成了言必称现象学的局面,例如五六十年代兴起的新小说,就被人称做"现象学小说"。因此,对于几乎同时形成规模的日内瓦的批评而言,局外人称之为现象学文学批评是不足为怪的。但是,像马格廖拉的《现象学与文学》那样,把日内瓦的批评径直判为现象学的,甚至是胡塞尔的现象学的,笼统地说日内瓦学派如何如何,日内瓦批评如何如何,则非但不能明了日内瓦的批评家的批评实践,反而使日内瓦的批评家的独特个性淹没在一种抽象的术语之中,批评家的个性没有了,其共性也就成了没有依托的空洞言辞了。

日内瓦的批评家都是实践的批评家,其理论和方法的诉求都在对

---

① 钱锺书:《谈艺录》,中华书局,1984年,第286页。

具体作品的品评和阐释中表现出来,除乔治·布莱(虽然他是比利时人,但是人们一般认为,他属于日内瓦的批评群体)写过一本《批评意识》以外,很少有人对批评的理论和方法直接地发表意见,也很少就此问题与人发生争论。就以批评方法而言,《现象学与文学》的概括就难以突显日内瓦的批评家的真实面目,譬如一张网眼很大的网,罩住的鱼纷纷逃脱,网是撒下去了,可拉上来一看,空空如也,有什么用呢?

例如,《现象学与文学》用胡塞尔的"现象还原"和"本质还原"来印证日内瓦学派的批评方法论,其结果是,"将胡塞尔的方法过程与日内瓦批评的方法进行比较,就会发现其中多有类同之处"[①]。但是,我们却发现,日内瓦的批评家各个不同,具有鲜明的个性,其批评的方法也因作品的不同而呈现出一种多元性。正如让·斯塔罗宾斯基所说,所谓的"日内瓦学派"由于"共同忠于自由阐释文化的文本和材料"而"缺乏一种方法的共同点",言外之意,如果有"日内瓦学派"的"共同点"的话,那就是对于"文化的文本和材料"进行"自由阐释"。阐释的自由与严格的现象学方法是很难统一的,我们不妨举几个例子。

如马塞尔·莱蒙。

任何批评都是一种阅读的艺术,批评家就是一个教别人阅读的读者,一个善于张开耳朵倾听的读者,一个受了感动的读者,一个翻译者,一个阐释者。马塞尔·莱蒙认为,面对一个文本,首先应取的态度是毕恭毕敬的,充满了敬意和认真。读者应该全身心地沉入作品之中,取一种无拘无束的、等待的姿态,仿佛某种近乎神圣的行动:"读者陷于神奇的圆圈之中,渐渐地体会到一种高超的诗歌可能产生的最为纯粹的感情……我们的悬着的、表面的活动使内在的目光更加深入、更加广

[①] 《现象学与文学》中译本,第81页。

阔……。"① 这是由自我剥夺和参与其中形成的"一种苦行"。为了描述这种任何深刻的阅读必然具有的阅读,马塞尔·莱蒙使用了"凝神观照"一词。凝神观照意味着认识,一种实验性的认识,认识的主体消失了,以便和创造的主体认同、相遇,也就是说,认识的主体理解创造的主体,同时也被创造的主体理解。马塞尔·莱蒙说:"要进入一种深深的接受的状态,其中主体极端地敏感,然后渐渐地让位于一种深刻的同情。"接受并非被动,真正的凝神观照是一种行动,"我们从一个反映的世界、从众多的表象中走出来,人们假定这些表象使我们对真实有一种客观的看法,进入一个象征的世界,这些象征对它们所表现的真实既不是外在的,也不是绝对外来的"②。凝神观照的对象不是一种客观的真实,而是一种凝聚在作品中的主观象征,凝神观照实际上是一种"爱的能力,是表明对艺术品的在场,是全身心地呈现于它的行动……最终的目的在它自己身上重新创造出艺术品,但是与艺术品相一致。一种价值只有在精神中使之诞生或出现才完满地存在"③。这种对于作品的在场,这种使作品在自己身上获得生命的意愿,造成了一种参与的批评,创造的批评,把对于文学作品的批评变成了文学作品。贯穿并控制批评行为的全过程的是一种创造的直觉,它使得阅读可以揭示作品的感觉和意识状态,跟随其梦境和全部的内在运动。这是马塞尔·莱蒙的基本的批评方法,与其说是受到了胡塞尔的影响,不如说是受到了柏格森的影响。

比如说让·鲁塞。

---

① 马塞尔·莱蒙:《法国的天才》,1942 年,第 159 页;转引自让·鲁塞:《马塞尔·莱蒙的著作和"新批评"》,载《法兰西水星》,1963 年 7 月号。
② 马塞尔·莱蒙:《存在与言说》,瑞士拉巴考尼埃出版社,1970 年,第 279 页。
③ 《存在与言说》,第 32、49 页。

让·鲁塞对批评的要求是:"透过形式抓住涵义,指出给人以启示的布局和格式,发现文学结构中那些显示实际经验及其运用同时并进的关节、形象、新颖突出的特点。"① 因此他说:"评论工具不应在分析之前就存在。读者将无拘无束,但始终保持敏感和警觉,直至风格信号、始料未及但给人以启示的结构现象出现的时刻。……作品是一个整体,作为整体来体验对作品来说总是有利的。富有成果的阅读应该是总体的阅读,对认同、应和、比喻、对立、反复、变化、结构集中或展开的关节和交叉保持敏感的阅读。"② 但是,书和画不一样,书的意义和结构是在空间中一个片段接一个片段地显露出来,表现出一种时间和空间的延续性,所以,"苛求的读者的任务就在于把书的这一自然倾向颠倒过来,使之整个呈现于思想的目光下。把书变成一张同时并存的相互关系网的阅读才是完整的阅读;这时突然出现幸运的惊喜,作品浮现于我们眼前,因为我们有可能准确地演奏一首词语、形象和思想的奏鸣曲"③。体验和评判是两种不同的行为,体验需要感同身受的认真的阅读,而"认真阅读的人在阅读时停止评判";而要评判则"必须保持距离,身处局外,使作品沦为物品,没有活力的机体";所以,"深刻的读者待在作品中,随着想象力遨游,循着结构的图案行进;他聚精会神地参与,无法恢复镇定,他专心致志地经历一场人生奇遇,无法摆脱旁观者的姿态"。正如乔治·布莱所说:"在鲁塞身上,一切都从静观开始,像莱蒙一样,一切都始于全部个人特性的暂时泯灭和目光面对对象的排他性关照。"④ 但是一位批评家泯灭个性沉入作品之后,他要做的是什么呢?

---

① 让·鲁塞:《形式与意义》,法国约瑟·科尔蒂出版社,1982年,第1页。
② 同上书,第12页。
③ 同上书,第13页。
④ 乔治·布莱:《批评意识》,中译本,广西师范大学出版社,第137页。

在鲁塞,他要做的是发现作品的结构和形式,直到确认他所沉入的作品是一件艺术品:"结构与思想同时充分发展,形式与经验相互融和,二者的产生与成长互相关联。"① 什么是作品的结构呢? 那是一些"形式的常数,透露出精神世界并由每位艺术家根据其需要重新创造的联系",这些"常数"和"联系"包括:"一种协调或关系,一条动力线,一种萦绕不去的形象,一种在场或回应的线索,一种会聚的网络"。总之,是"会聚,联系,布局",但不是"那种部分对于整体的关系"②。例如,他在福楼拜的《包法利夫人》的第6章中发现了一种"转调的艺术"③。何谓转调的艺术? 就是作者的视角和女主人公的视角之间的组合,以及它们之间的交替和相互影响。这一章说的实际上是由爱玛的视角引出其他的人物,如查理·包法利、雷翁、郝麦、罗道尔夫等,而作者的视角则随着爱玛活动,视角的转换并不中断小说自身的运动。其实,这就是"一种协调和关系"。可是,马格廖拉的《现象学与文学》一书却说:"罗塞特的批评首先从情节与人物入手,即从小说提供的经验世界入手,考察其风格的自然发展过程。然后,在第121页到122页,罗塞特又转而从讨论表现于小说之中,并从'内部'组织小说的作者意识入手,继续探讨风格的发展。"④ 这是他为所谓日内瓦学派批评的"第二个步骤"所举的例子,这"第二个步骤"是:"描述了作品的经验世界,他们还要进一步发掘作者的、表现于作品之中的经验的模式。"⑤ 为了与他的论断相应,他不得不在鲁塞的批评中寻找"经验世界"、"作者意识"之类的东西,其结果只

---

① 《形式与意义》,第10页。
② 同上书,第8页。
③ 同上书,第117—122页。
④ 《现象学与文学》,第79页。
⑤ 同上书,第78页。

是使读者感到一头雾水而已。

再来看看让·斯塔罗宾斯基。

让·斯塔罗宾斯基被认为是所谓"日内瓦学派"中最讲究方法论的批评家,但他更是一位最灵活、最善于兼收并蓄的批评家。他最初在文学批评上的贡献是创立了一种"注视美学",就是说,他关于"注视"的主题学研究最终使他形成了一整套文学批评理论。

让·斯塔罗宾斯基关于"注视"的研究是从语义学开始的。他与当代许多标榜先锋的批评家不同,从未把语义学在文学批评上的作用视为过时,而是将其作为一切阐释活动的必不可少的基础。在关于"注视"的研究中,他首先考察的是"注视"的词源。他发现表示定向的视觉的 le regard 一词其词根(-gard)最初并不表示"看"的动作,而是表示等待、关心、注意、监护、拯救等,还有加上表示重复或反转的前缀 re 所具有的一种"坚持"的含义。因此,注释作为动词(regarder)表示的是"一种重新获得并保存之的行为"[1]。这是一种冲动,一种获取的欲望,一种继续深入的意愿。人的注视面对的是他人和世界,也面对文学作品(文本)。这种注视是主动的,同时也是被动的。主动的时候,注视就是探询;被动的时候,注视就是应答。因此,注视乃是眼睛这种感觉器官的一种有意向性的行为。注视的对象如果是一个被遮蔽的文本,那么遮蔽与去蔽就成为文本与批评之间的最基本、最经常的关系。斯塔罗宾斯基指出:"被遮蔽的东西使人着迷。……在遮蔽与不在场之中,有一种奇特的力量,这种力量使精神转向不可接近的东西,并且为了占有它而牺牲自己拥有的一切。"[2] 文本要求于批评的,正是超越文字的表

---

[1] 让·斯塔罗宾斯基:《活的眼》,法国伽利马出版社,1961年,第11页。
[2] 同上书,第9页。

面,探求隐藏在某个深处的"珍宝",即"被隐藏的东西"。这种"对于被隐藏的东西的激情"就是批评的原动力,理论的任务乃是"解释这种激情"。注视天然地包含着某种愿望和要求,不可避免地要对视觉的原始材料进行"全面的批判"。所谓批判,乃是判定第一视觉所看见的表象是虚假的,是一种"假面具和伪装"。然而第二视觉的境界又是"与表象相协调"的,并且认可表象本身所具有的诱惑力。因此,注视在穿过表象深入实质之后,又必须"返回直接的明显之物",一切又从这里重新开始。斯塔罗宾斯基的注视是一种历险的开始,是认识世界和他人的开始。这意味着对主体间性的承认,承认其存在既是实在的,又是不连续的,两者互为前提。注视有一种奇妙的作用,既造成了人与人的距离,又促使人与人接近。注视的这种作用与主体间的功能揭示了表象与真实互为表里的关系,进而达到一种对于对象的全面的把握。

在让·斯塔罗宾斯基关于"注视"的描述中,包含了他关于文学批评的隐喻,这就是说,如果对象是一部文学作品,那么注视就是阅读,而阅读就是批评的"注视"。批评家面对文本,既是被动的,又是独立的,他一方面"接受文本强加于他的诱惑",一方面又"要求保留注视的权利"。他的注视说明他预感到在明显的意义之外还有一种潜在的意义,他必须"从最初的'眼前的阅读'开始并继续前进,直到遇见一种第二意义"。在这种对于意义的追寻中,批评的注视实际上指向两种极端的可能性。一种可能性要求批评家全身心地沉入作品使他感觉到的那个虚构的意识之中,所谓理解,就成了逐步追求与创造主体的一种完全的默契,成了对于作品所展示出的感性和智力经验的一种热情的参与。然而,无论批评家走得多远,他也不能完全泯灭自身,他将始终意识到自己的个性。也就是说,无论他多么热烈地希望,他也不能与创造意识完全地融合为一。如果他真地做到了忘我,那么,结果将是沉默,因为他将只能完全地重复他所面对的文本。因此,要完成批评,要对一个文本说出某种感受和体验,与创造主体认同是必要的,但不可能是完全彻底的,要作出某种牺牲。另一种可能正相反,就是在批评家和批评对象之间拉开距离,以一种俯瞰的目光在全景的展望中注视作品,不仅看到作品,也看到作品周围的历史的、社会的、文化的、心理的诸因素,以便"分辨出某些未被作家觉察的富有含义的对应关系,解释其无意识的动机,读出一种命运和一部作品在其历史的、社会的环境中的复杂关系"①。然而,这种俯瞰的注视将产生这样的后果,即什么都想看到,最后什么也看不到;作品不再是一个"特殊的对象",而是"变成了一个时代、一种文化、一种世界观的无数表现之一",终至消失。因此,"俯瞰的胜利也不过是一种失败的形式而已:他在声称给予我们一个作品沉浸其中的世界的同时,使我们失去了作品及其含义"②。

　　阅读的经验证明,让·斯塔罗宾斯基提出的这两种对立的可能性都是不可能实现的,如果批评家固执地追求此种理想的境界,必将导致批评的失败,即形成一种片面的、不完整的批评。那么,完整的批评如何能够形成呢?让·斯塔罗宾斯基指出:"完整的批评也许既不是那种以整体性批评为目标的批评(例如俯瞰的批评所为),也不是那种以内在性为目标的批评(例如认同的直觉所为),而是一种时而要求俯瞰时而要求内在的注视的批评,此种注视事先就知道,真理即不在前一种企图之中,也不在后一种企图之中,而在两者之间不疲倦的运动之中。"③这里提出了斯塔罗宾斯基的批评方法论的核心,即阅读始终是一个双

---

① 《活的眼》,第 26 页。
② 同上。
③ 同上书,第 16 页。

向的动态过程,而其目的则是:"注视,为了你被注视。"① 这就是说,阅读最终要在阅读主题和创造主体之间建立起联系,在这种联系中,两个主体都是主动的,又都是被动的,都是起点,同时又都是终点,一切都在不间断的往复的运动之中。因此,批评最好是认为自己永远是未完成的,"甚至可以走回头路,重新开始其努力,使全部阅读始终是一种无成见的阅读,是一种简简单单的相遇,这种阅读不曾有一丝系统预谋和理论前提的阴影"②。批评在这种未完成的状态中往复运动,有可能上升为一种文学理论,走向批评的自我理解和自我确定。

这就是让·斯塔罗宾斯基的批评方法的核心部分,与马塞尔·莱蒙的批评方法有联系,也有区别,与让·鲁塞的批评方法也不相同,与马格廖拉在《现象学与文学》中描述的日内瓦学派的批评方法则有很大的区别。在让·斯塔罗宾斯基的批评中,实证的方法、历史的方法、形式的方法、语义学的方法、社会学的方法、精神分析的方法、结构主义的方法等等,都曾为了回答不同的问题而得到过灵活的、有成效的运用。他说:"倘若需要界定一种批评的理想,我就提出严格的方法论(与操作方法极其可验证的程序有联系)和自省的随意性(不受任何体系的束缚)之间的一种组合。"③ 让·斯塔罗宾斯基是一位超越了所谓"日内瓦学派"的意识批评的自由的批评家。

总而言之,就批评方法而论,日内瓦的批评家各个不同,有着鲜明的个性,各自"保持独立的精神"。马塞尔·莱蒙追求批评主体与创造主体的认同,而这个创造主体是指作者表现在作品中的创造意识。让·鲁塞更多的是一个形式主义的批评家,有着某种结构主义的特色。让·斯

---

① 《活的眼》,第 27 页。
② 让·斯塔罗宾斯基:《批评的关系》,法国伽利马出版社,1970 年,第 13 页。
③ 《批评的关系》,第 31 页。

塔罗宾斯基是一个讲究方法论的自由的批评家,其批评最具文学性。乔治·布莱则是一个有现象学色彩的笛卡儿主义者。"创造性的阐释",也许是能够概括他们的共同点的一个合适的词,而阐释的创造性,在他们每个人都是不同的。

至此,我们似乎可以得出这样的结论:"日内瓦学派"不是现实,是"神话"。

作为神话存在的"日内瓦学派",首先被看做是现象学文学批评,即将胡塞尔的现象学的哲学理论运用于文学批评的实践活动。实际上,日内瓦的批评并不固守于某一种哲学,由于时代的氛围和批评家个人的兴趣,日内瓦的批评接受了多种思潮的影响,例如19世纪的实证主义、狄尔泰的阐释学、弗洛伊德精神分析学、萨特和梅洛-庞蒂的存在主义、柏格森的直觉主义、胡塞尔的现象学等等,而日内瓦的批评家都取一种批评本位的思想,认为批评就是阅读,阅读而后阐释,阐释中投射着个人的经验,他们从不依附于某一种哲学门派,因此,将其称为现象学文学批评则大大地限制了它作为文学批评的广度和深度。其次,作为"学派",必有统一的或大体一致的理论追求,其结果是批评家独特的阐释风格不见了,批评家磨平了棱角,被塞进一种共同的理论或纲领之中。如果事实证明不存在这种共同的理论或纲领,批评家的独特个性同样会湮没不彰。批评史家把日内瓦的批评家作为一个"学派"来研究,势必追寻他们的共同点,忽视他们的相异点,日内瓦的批评呈现出来的丰富多彩的面貌视而不见了。再次,日内瓦的批评家个个都是讲究文学性的作家,他们的人生体验都通过阐释投射在他们的批评文字之中,而他们的批评文字具有一种批评之美,因此是需要或值得再度阐释的。让·斯塔罗宾斯基说:"使得帕诺夫斯基的某些研究或者乔治·布莱的《圆的变化》——还有其他例子可以指出——如此之美的,是研究工作都是通过严肃和谦逊来完成的。(批评之)美来源于布置、勾画清楚的道路、次第展开的远景、论据的丰富与可靠,有时也来源于猜测的大胆,这一切都不排斥手法的轻盈,也不排斥某种个人口吻,这种个人口吻越是不寻求独特就越是动人。应该事先想到这种'文学效果':应该仿佛产生于偶然,而人追求的仅仅是具有说服力的明晰……"①,他在谈到批评文字"与诗的成功相若"的"批评之美"时说:"在这种情况下,诗的效果越是不经意追求,则越是动人。它来自所处理的问题的重要性、探索精神的活跃和经由世纪之底通向我们时代的道路的宽度。它来自写作中的某种震颤的和快速的东西、连贯的完全的明晰和一种使抽象思想活跃起来的想象力。它从所引用的材料的丰富和新颖上、从其内在的美上、从其所来自的阅读空间的宽广上所获亦多……"②,凡是将日内瓦的批评当做一个"学派"来研究的,几乎都忽视了这种"批评之美",因而具有一种抽象难解的品质。把日内瓦的批评家作为"日内瓦学派"的研究的不足之处,还有许多,此三者为其荦荦大者。

所以,日内瓦的批评家是一个批评群体,而非批评流派。但是,本文在以后的论述中还将使用"日内瓦学派"这一称谓,不过,它的内涵已经变了。传统是公认的习惯,本文不打算违反。

---

① 《文学杂志》,1983年2月号,《运动中的让·斯塔罗宾斯基》。
② 《圆的变形》序言,第7页。

第 一 章

马塞尔·莱蒙与认同批评

内容提要：马塞尔·莱蒙的第一部批评著作是《龙萨对法国诗歌的影响》，这是一部在实证主义的精神笼罩下的作品，但是没有这部作品，就不可能有他的被认为是反实证主义的《从波德莱尔到超现实主义》。在这部开法国新批评先河的著作中，马塞尔·莱蒙摆脱了诗人的生平和社会的环境的束缚，直入诗歌的内部，探索现代诗歌的秘密，即诗人通过诗寻求人的命运的答案。《从波德莱尔到超现实主义》当时主要在诗人中间引起震动，由此开创了一种新的批评方式，即认同批评，这也许是他对他那个时代的批评的"本质的贡献"。马塞尔·莱蒙的批评是一种阅读的体验，忘我、吸纳、参与、认同，是他的批评的具体途径。他的认同是一种"双重的认同"：批评者以作者为中介直指作品，实现批评者与作品的认同，而且这种认同不可能是完全的，只有不断地进行才有可能接近完全的认同。这种认同观与乔治·布莱的认同观是不同的，后者的认同是在批评者和作者之间进行的。

文学批评家很少写有自传，马塞尔·莱蒙写了一本，名为《盐和灰烬》，叙述他的精神发展的历程。他说："我不情愿地回到我的生活的开始。回忆不会自己就呈现出来。"所以，他的回忆是从17岁开始的，那时他是"一个自我怀疑和不安"的中学生。他自幼对地理颇感兴趣，幻

马塞尔·莱蒙

想着海港和太平洋,但是他却一生几乎都在日内瓦大学里教书。1936年,他接替阿尔贝·蒂博代,成为日内瓦大学的教授,直到退休。他一生笔耕不辍,著述很多,主要的有:《龙萨对法国诗歌的影响》(1927年),《从波德莱尔到超现实主义》(1933年),《法国的天才》(1942年),《保尔·瓦莱里和精神的诱惑》(1946年),《质的意义》(1948年),《巴洛克与诗的复兴》(1955年),《让-雅克·卢梭,寻找自我与梦幻》(1962年),《真与诗》(1964年),《存在与言说》(1970年),《论雅克·里维埃》(1972年),《浪漫主义和梦幻》(1978年),以及《晚霞中的写作》(1980年)。他还是伽利马出版社的七星版卢梭全集的编者。1980年,马塞尔·莱蒙逝世于日内瓦。

(一)

1927年,马塞尔·莱蒙30岁。按照我们中国人的说法,30岁是一个"立"的年龄。应该说,马塞尔·莱蒙是一个"三十而立"的人。

这一年,马塞尔·莱蒙出版了《龙萨对法国诗歌的影响(1550—1580)》。这是一部全面论述龙萨的诗及其影响的厚厚的著作,充满了细密的考证和精致的分析,至今,关于龙萨的研究,这部著作仍是每一个龙萨的研究者必须参考的一本书。但是,他自己并不满意,嫌它实证主义的气味过于浓厚,他说,倘若减少四分之一的篇幅,他的论文可能会好一些。这其中包含了对巴黎索邦大学的批评:"索邦大学令我失望。更确切地说,是法国文学的教学令我失望。人们教给我一些事实,这是新索邦大学的猎物,或者一些句子,这是老索邦大学的回忆,或者一些不关本质的文本分析。"① 然而,这是莱蒙 1976 年 79 岁时出版的一本回忆录中的文字,而那本《龙萨对法国诗歌的影响》正是他在索邦大学的教授指导下写成、提交给索邦大学并获得通过的博士论文。

　　法国文学批评界,特别是 20 世纪 50 年代以后的批评界,各种不同倾向的批评流派,如结构主义批评、精神分析批评、现象学批评、甚至马克思主义的社会学批评等等,把矛头一齐指向了实证意味甚浓的朗松主义,指向了居斯塔夫·朗松,他们都有意无意地忽略了《龙萨对法国诗歌的影响》的存在。追求新理论、新方法、反对实证主义的新批评家们把注意力投向马塞尔·莱蒙于 1933 年出版的新作《从波德莱尔到超现实主义》,把他看做是一个反对实证主义的先行者,从而把他推向倡导意识批评或主题批评的所谓"日内瓦学派"的创始人的位置。他们大部分人没有认识到,假如没有《龙萨对法国诗歌的影响》,就不大可能有《从波德莱尔到超现实主义》,没有实证主义,就不大可能有马塞尔·莱蒙的认同批评。马塞尔·莱蒙与实证主义或文学史方法的关系远非"反对"一词所能了结,就是他自己也未必认识得很清楚。罗马尼亚文学批评家米塞亚·马丁指出:"马塞尔·莱蒙的第一本书(指《龙萨对法国诗歌的影响》——笔者注),从某种意义上说,他的第二本书(指《从波德莱尔到超现实主义》——笔者注),是一个双重的共同经验的连续的结果:没有它们相互投射的光亮就不能完全地理解它们。但是,《龙萨对法国诗歌的影响》同时又是一本独立的书,本身自有价值。作者在写作中暴露了自己,结束之时已经具备了构思下一步的能力。"② 他说得有道理。

　　马塞尔·莱蒙是 1920 年到巴黎索邦大学求学的,准备将来做一个

---

　　① 马塞尔·莱蒙:《盐与灰烬》,法国约瑟·科尔蒂出版社,1976 年,第 47 页。
　　② 《阿尔贝·贝甘与马塞尔·莱蒙,卡尔蒂尼研讨会论文集》,法国约瑟·科尔蒂出版社,1979 年,第 189 页。

中学教员。他于1916年在日内瓦大学文学系注册,在一次考试中,他解释亨利·贝克①的《乌鸦》未获通过,于是便改修历史并以一篇史学论文获得学士学位。在他的课程表上,法国文学不过是一门选修课,他选择了16世纪的诗歌作为研究对象。他在论述龙萨的一首十四行诗时,获得了最好的分数,这大概坚定了他从事文学批评的信心,同时,他从阿尔贝·蒂博代②的一篇文章中受到启发,从而决定了他在巴黎的研究方向:龙萨对法国诗歌的影响。但是,他的主要兴趣不在古典文学,而在现当代文学,波德莱尔以后直至当代的诗人的作品成了他心爱的读物,特别是纪德、克洛代尔、瓦莱里和普鲁斯特处于他和同学们讨论的中心。他和几个同学组成了一个阅读的团体,从中获益匪浅,他说,他从这种共同的阅读和交流中"学会了自由地思想"③。在他看来,文学就是他的生活,他的生活就是文学,文学并不是一种抽象的、游离于生活本身之外的活动。

巴黎的生活清苦而孤独,唤醒了他的"人的意识",对他来说,"人剥削人"、"劳动者的异化"等,不再是一些抽象的空洞词汇了。他的父亲对他说:"你成了个社会主义者。"④ 但是,他的社会主义只不过是对工人们讲一讲关于罗马历史的认识,而并不付诸任何的行动,他的"社会主义"因"个人主义"而丧失了一切实践的意义。他是一个反抗者,而不是一个革命者,他是一个渴望解放的年轻的资产者,一个极左派的自由主义者,一个无政府主义者,他说:"某种大拒绝聚集在我的心中。"⑤

---

① 亨利·贝克(1837—1899),法国剧作家,代表作是《乌鸦》、《巴黎女人》等。
② 阿尔贝·蒂博代(1874—1936),法国20世纪30年代最著名的文学批评家,论文主作家的独特个性和历史、地理环境之间的综合,以同情和品鉴为要。
③ 《盐与灰烬》,第26页。
④ 同上书,第31页。
⑤ 同上书,第32页。

因此，他满足于做一个社会的反对者，一个孤身作战的"骑士"。

他开始写作了，写散文，写诗，甚至写小说，但是他自认缺乏想象力，与社会现实没有直接的联系，对人与人的关系也少有足够的经验，因此，他对文学批评，所谓文学的文学感到更为亲切。他在1919年9月的一篇日记中写道："缺乏想象力使我感到不快；我没有表达和思想的勇气。勇气，我理解为创新的能力；我认识到我永远也不能成为另一个人，我只能成为一个教师。这已经不少了，但我希望更多。更多的什么，我知道吗？当然，不是希望文学的光荣，只不过是声望，甚至也不是声望，只是名声，但这不也是发疯吗？做一个好教师，就是阐述、解释和评论别人思想的东西、别人创造的东西。只有一个目的，只有一种抱负：与他人有足够的认同，用展示他的肌肉的秘密的联系和导致言辞的思想的隐秘喷射来模仿他的行动，重复他的话。这是批评家的才能，胜于教师的才能，因为这的确是一种才能；我意识到，如果我放弃一切的话，我就什么也没有放弃。如果我有这种批评家的才能的话，也是在一种很低的水平上，因为真正的批评是一种创造，是再造一件艺术品，比原来的艺术品更清醒，更透明。"① 他写下这些话的时候，正是他准备学士论文之时，也是他打算在执教中学的过程中向文学批评迈进之时。在他心目中，认同的努力，模仿的行为，对研究对象的意识的把握，再造一件比原来的艺术品"更清醒，更透明"的艺术品，已经成为文学批评的目标。"认同"（s'identifier, l'identification）一词第一次出现在他的笔下，所谓"认同"，是指"与某人某物视为同一、与某人某物同化"，也就是说，在文学批评中，批评者要与他的批评对象达到意识上的同化。

这一切的哲学基础，是柏格森主义。早在中学时代，马塞尔·莱蒙

---

① 《盐与灰烬》，第35—36页。

就已经接触了柏格森的著作,例如,《论意识的直接材料》、《论笑》和《形而上学引论》等。他说:"在我看来,柏格森的思想是非体系化的思想的典型,它建立在最直接的经验之上。我觉得我是从泉源上汲水。"①"非体系化",投合了他的内心需求,正是他日后批评的一个显著的特点。他从这种思想中听到了一种流动的、持续的、迷人的音乐,所有的意识的和潜意识的状态在人的心灵深处相互交流、融合。这种思想告诉他,有两种方式认识一件事物:"围着一件事物,或者进入它。"第一种认识,止于相对;第二种认识,则有可能达到绝对。柏格森的话:"我们把这种同情叫做直觉,通过这种同情,人们进入对象的内部,以便和对象独具的、因此也是不可表达的东西相一致。"使他认识到,批评要以直觉为起点,直接地进入作品的内部,与作品同呼吸、共生死,批评的过程就是一种主客认同的过程。但是,柏格森说,经由同情而获得的直觉认识的出发点不是"观察的角度",不以任何"象征"为支撑,马塞尔·莱蒙不能接受这种观点,巴黎观画的经验告诉他,必须选择一个"排他性的"角度,才能打开"最广阔的视野",而象征性的表达方式正是诗人所特有的方式。不过,他真正不能接受的,是柏格森的乐观哲学,其中没有给悲剧性,例如死亡,留下任何位置。不容否认,他与被研究的作品认同的愿望,来自柏格森,柏格森是他当时的导师。柏格森对马塞尔·莱蒙的影响是深远而持久的。

  1923 年是最灰暗的一年,因为马塞尔·莱蒙要开始撰写论文了。这是一篇穷尽一切现存资料的论文,要对所有与龙萨有关系的大小作家及其作品进行透彻的分析和评述,对作品的来源及其影响作全面而客观的考证和梳理。但是,工作进行得颇为不顺,除了没日没夜地在巴

---

① 《盐与灰烬》,第 41 页。

黎国家图书馆里查阅资料,有时像没头的苍蝇到处乱转,还要时时给自己打气,因为他缺乏把握一个巨大的主题的勇气和热情。1924 年 3 月 28 日,他在一则日记中写道:"今天,我确认,我不是博学的材料。但是酒已打开,必须喝掉。也许有一天我不会因写了这一篇论文而遗憾。难道这是两年多来我感到不舒服的唯一原因吗?应该承认:从我开始深入这项巨大的工作那个时刻起,我就不再对生活、对观念真正地感兴趣了,我不再为它们而感到激动了。但是,强大的精神搅动了物质,具体地说,超越了博学而回到了观念!显然,如果我感到被压倒了,那是因为我缺乏综合的能力。另一方面,我意识到,并非只是我的弱点使我不能在博学方面成功,还有我的品性:我不能约束自己,我不能对一件既不关我的情感又不关我的观念的事情感到乐趣。我不应该着急,我应该咬住另一件工作,批评的或创造的工作,而不是历史的工作。不过,远景已经开始展开了。"① 他认为,文学批评是一种创造的工作,不是历史资料的堆积和整理。不过,他终于按照当时大学的要求,完成了厚厚的两部论文,主论文是论述龙萨的诗及其影响,副论文是关于龙萨的论文索引。他决定不向日内瓦大学而向索邦大学提交自己的论文,结果论文以优异的成绩获得通过,论文的导师是阿贝尔·勒弗朗。

阿贝尔·勒弗朗教授是一个本性大度和正直的人,厌恶哗众取宠,不摆权威的架子,在马塞尔·莱蒙最困惑的时候,是勒弗朗教授给了他最亲切的关怀。阿贝尔·勒弗朗的理论是,批评在任何文学作品中,都要找出"真实的成分",找出取之于作者生平中或者作者可以作为见证的东西。他崇尚的是博学和作品的来源,可是马塞尔·莱蒙恰恰觉得正是这博学和来源压得他喘不过气来,他追求的是文学的感觉和阐释的

---

① 《盐与灰烬》,第 46—47 页。

权利。我们不知道马塞尔·莱蒙为什么选择一个性格和追求完全不同的人来做他的导师,但是,我们知道,他在实证主义统治一切的风气中完成了并通过了他的论文,并且获得了一致的好评,说明他对实证主义的精髓有着深刻的理解。不过,他在论文中也隐约地表达了他的独特的追求,他说,"有时候方法不能不让位于个人的阐释"①。我们知道,所谓"个人的阐释"包含有价值的判断,这是实证主义的方法所绝对不能允许的。这句话的含义是,他对实证主义的方法(某种程度上也就是文学史方法)的接受是有条件的,条件是不能排除个人的阐释,而个人的阐释中所包含的"自由"是他从事文学批评伊始就萦绕脑际的一个概念。所以,"个人的阐释",实际上为他以后的认同批评埋下了一颗种子。

在法国,直到上个世纪的 50 年代,文学研究的主导方法仍然是实证主义的文学史方法,即以客观的、可以验证的"真实"(事实)为基础,以尽可能详尽、周全的考证为先行、通过围绕着作品的社会、历史、文化甚至政治、经济等因素来考察文学作品的方法。文学研究的文学史方法是与居斯塔夫·朗松的名字联系在一起的。上个世纪初年,居斯塔夫·朗松完成了他的主要著作,并于 1904 年担任法国文学史研究会的副会长,把他的名字"和文学史的科学方法联系在一起,紧密得不可分开",在法国文学史的理论和实践方面产生了持久而深远的影响,其方法论的哲学基础是实证主义,因此被人称做"朗松主义"。一种方法一旦被人冠以姓名,往往就是走向极端的开始,操作有了严格的程序性,本来具有相当的灵活性的方法也就失去了新鲜的活力。居斯塔夫·朗

---

① 马塞尔·莱蒙:《龙萨对法国诗歌的影响》,序言,瑞士斯拉特金出版社,1993 年,第 3 页。

松与朗松主义的关系就是如此。朗松提出了文学研究的原则、问题、困难和需要警惕的错误,不再专注于考察作家的生平,也不再致力于构筑大规模的人类精神体系,但是,他强调的是研究者必须首先沉潜于作品的"品鉴"。他说:"谁也不能仅凭化学分析和专家报告,自己不亲自尝一尝,就对一种酒有所认识。文学也是一样,任何东西都无法代替'品尝'。艺术史家必须面对《最后的审判》或《夜巡》进行观察,任何目录上的描写和技巧分析都代替不了眼睛的感觉,我们也只能先直接地、老老实实地领略一部文学作品的功用,才有资格确定它的资质,衡量它的分量。"① 因此,他在文学研究中为印象主义保留了适当的位置,所谓"印象",乃是一个读者对文学作品的直接的感受,所谓"适当",就是文学研究要清除主观的成分,但是这种工作"也不能做得太彻底",因为"真正的印象式批评可以让人看出一个心灵对一本书的反应",而这种反应是进行文学研究的必要的前提。他的弟子们恰恰忘记了这一点,他们追随的是朗松主义,而不是朗松,居斯塔夫·朗松与朗松主义是有区别的,不可混为一谈。马塞尔·莱蒙的论文《龙萨对法国诗歌的影响》正是在朗松主义甚嚣尘上的氛围中写成的,但是他也在行文过程中不由自主地表达了些许个人的感受和阐释的自由,可以说,他得之于朗松的远远超过了朗松主义。

1928年至1929年,马塞尔·莱蒙在德国莱比锡大学讲授了两年法国文学。在德国的两年打开了他的眼界,原来他在巴黎感到不满足的东西,在德国的大学里已经不新鲜了,例如以精神史研究为特征的"新批评"正在那里如火如荼地开展着。19世纪末年以来,法国文学批评界追求科学化,要求事实,而且是可以验证的事实,结果实证主义大行

---

① 居斯塔夫·朗松:《法国文学史》,法国巴黎阿歇特书局,1951年,第41页。

其道,意义的阐释,精神的自由,只在大学以外的批评中可以见到,例如雅克·里维埃、夏尔·杜博斯、拉蒙·费尔南德斯、甚至阿尔贝·蒂博代的批评;而在德国的大学中,批评却是浪漫主义的,有时甚至是柏格森主义的,沿着狄尔泰的阐释学开辟的方向发展着,浪漫的、印象的、直觉的倾向得到保护和发扬,批评要阐发精神的力量,最后要达到对于各种形式的艺术的哲学理解。马塞尔·莱蒙阅读了大量的、法国读者闻所未闻的语言学家的著作,德国的批评家们在歌德提出的"世界文学"的概念的鼓舞下,打破了文学和艺术、和哲学之间的壁垒,力图作出新的综合。不管成功与否,这种努力给了马塞尔·莱蒙非常深刻的印象。他说:"我面前有两条道路:一条是进行形式和风格的分析,一条是我瞥见了精神科学的幻影,它建立在思想和艺术的创造之互为条件的观念之上,这种观念要比种族、环境、时代的理论具有无可比拟的灵活性。"① 也就是说,德国的批评以其"无可比拟的灵活性"吸引了他,帮助他最后战胜了实证主义,于是,他选择了"幻影",从此他的著述和教学都在这"幻影"的照耀下进行,"形而上的焦虑那时就在我的工作中获得了公民权"。对他的影响和支援最大的有两本书,一本是狄尔泰的《体验与理解》,一本是贡道尔夫的《莎士比亚和德意志精神》。第一本书说明了诗歌是一种生命体验,是一种诗学想象的现象学表现。第二本书告诉他,一件伟大的艺术品具有无限的创造性,一代一代的人像在镜子里一样从中看到他们自己的面目,新的作品通过嫁接产生于以莎士比亚为源头的生命本原。狄尔泰带给他的是一种形而上的心理学,而贡道尔夫带给他的则是与强烈的活力论结合在一起的具体化象征的含义。他从汉斯·

---

① 《盐与灰烬》,第81页。

德里埃什① 那里知道,意识总是有一个对象,人们总是意识到什么东西,也就是说,他有了胡塞尔的现象学的基本知识。这时,他看待文学,就不仅仅看它的历史,也看它的形而上的意义。于是,文学批评的目标有了变化,批评不再寻求建立关系,理清继承的脉络,解释文学的现象,而是寻求与一种现实进行直接的接触。德国思想从此成为马塞尔·莱蒙的思想的一个有机的组成部分,法国思想和德国思想的交汇给了他的批评思想以强大的动力。

(二)

从德国回来以后,马塞尔·莱蒙在巴塞尔谋得一个教职。德国两年的经验,巴塞尔生活的寂寞,产生了一部在诗人而非批评家中间引起颇大轰动的著作:《从波德莱尔到超现实主义》。他开宗明义,亮出了当时非常新鲜的旗帜,说:"重要的是,创造出一种做法:它与教训相反,不给传记任何地位,把历史的成分压缩到最小。……永远要揭示出每一个诗人、每一首诗的特性,把它最准确地表达出来,而不作泛泛之论。对于事实的参照应该委婉地暗示出来,应该以最直接的方式抓住根本。"② 在本书的一篇很长的《引言》中,马塞尔·莱蒙指出,在法国诗歌运动中,存在着两条线,一条从波德莱尔开始,经过马拉美,再到瓦莱里,这是"艺术家"的传统;另一条从波德莱尔开始,经过兰波,再到以后的冒险者,这是"通灵者"的传统。艺术家和通灵者两大传统交替发展,

---

① 当时德国的一位哲学教授。
② 《盐与灰烬》,第92页。

代表了自波德莱尔始到超现实主义止的法国诗歌的运动轨迹。19世纪下半叶以来,诗歌渐渐地变成一种伦理,一种获得形而上的知识的"非正规手段",它渴望着"改变生活",渴望着改变人并使之抓住存在,渴望通过象征超越自我与世界之间的二元对立,从而到达一个区域,在那里语言不再是抽象的符号而直接参与事物,参与精神和心理的现实。但是,现代的诗人要脱离真实的世界,就意味着他要失去某些东西,所以,"真实,如果愿意的话,也可以说是绝对,不可能在概念或辩证法的连环的尽头找到,而只能在精神的具体中才能发现。一种新的、无比微妙的、朝向源于一种元心理学的现象的感觉,这才是现代诗人特有的能力,这种能力帮助诗人在自我中发现世界,并想象这个世界的意义"①。人们意识到,在最高的和最低的之间,在无意识的要求和高层的渴望之间,存在着一种深刻的联系,即意识到了精神生活的统一性。例如波德莱尔,他进入了一种主客交融的"普遍的一致"的境界。波德莱尔的诗的"精神性"要远远超过其"情感性",它更多地向"灵魂"或者"深层的我"而不是向"感情"倾诉,它试图搅动我们的精神的更隐秘的区域,这个区域比我们的感觉更深刻。波德莱尔、马拉美和兰波梦想着"超越生活"、"超越人",但是他们都失败了,留待后人继续他们的足迹。

  法国的现代诗歌运动以《恶之花》为充满活力的源头,所以,自波德莱尔以来的历史作为远景笼罩全书(本书所涉及的历史自波德莱尔始到超现实主义止,实际上主要谈的是20世纪的第一个25年),纷繁复杂的诗歌创作和诗学观念则按照时代的顺序聚集为三大序列:《回潮》、《寻求法国的新秩序》和《冒险与反抗》,这三大序列有一个共同的基础,

---

① 马塞尔·莱蒙:《从波德莱尔到超现实主义》,法国约瑟·科尔蒂出版社,1982年,第45页。

即波德莱尔、马拉美和兰波,"他们犹如三盏灯塔,……其光芒扫过一块块处女地,另有一些人继他们之后前进在这些处女地上"。"但是,本书的目的并不在于讲述历史的顺序;我们不必去确定因果关系,或者弄清楚师承和影响。对我们来说,问题在于要看到相当一部分幸运的人曾参与或正在参与的一次冒险或一场悲剧的基本主题,在于指出一种辩证法的前提,这种辩证法在历史的过程中发展,在人类的延续中为其完成借得地方和可能,以求在精神的层面上画出理想的循环、一套做法和期望,其间显露出一种神秘的协调。"① 也就是说,本书的目的在于描绘现代诗人在如何把诗变为一种"生存的行动"的冒险或悲剧中所经历的欢乐和痛苦。

从《波德莱尔到超现实主义》的第一部分题为《回潮》,四章:《关于象征主义》、《罗曼派和自然派》、《一个年轻的世纪的诗》和《在戴头盔的密涅瓦的影响下》。《回潮》覆盖了象征主义阶段,针对众说纷纭、人言言殊的象征主义,马塞尔·莱蒙提供了一种富有启发性的说明:"精神的深层生命的含义,对神秘和现象外的某种直觉,从本质上抓住诗并从中引出教训和感觉的激动的一种新的意志(至少是在法国)",这就是象征主义诗歌的"来源"②。所谓"回潮",是指20世纪初的诗歌虽然花样翻新、光怪陆离,但是其基本精神仍可在19世纪前半期的诗歌中找到它的源头,就是说,1900年前后的诗歌在试图一新其面目的时候,仍需要在波德莱尔、马拉美、兰波等人的作品中汲取营养,以为发扬其反抗和冒险的精神准备土壤。他指出,1885年和1890年一代的诗人,即所谓的象征派的诗人,是一批"探索者",他们沿着前辈诗人即波德莱尔、马

---

① 《从波德莱尔到超现实主义》,第13页。
② 同上书,第49页。

拉美和兰波开辟的道路深入挖掘,试图探到诗的本质,正是这三位诗人"大胆地把诗提到了生存的水平,把诗当作了一种超验的活动",而他们的继承者中大部分人却把诗又"拉回到文学的水平上"①,虽然他们并不自知,也不自愿。这大部分人的领袖是让·莫雷亚斯,他在1886年发表《象征主义宣言》,又在1891年发表第二个宣言,倡导"罗曼派",声言:"法国罗曼派要求恢复希腊、拉丁的原则,这是法国文学的根本原则,盛行于11、12、13世纪的行吟诗人、16世纪的龙萨及其诗派、17世纪的拉辛和拉封丹的诗中。14、15以及18世纪中,希腊、拉丁的原则中断了其灵感的源泉,只表现于几个杰出的诗人如纪尤姆·德·马寿、维庸和安德烈·谢尼埃的诗中。是浪漫主义在观念上和文体上破坏了这个原则,使法兰西诗神不能继承她们的合法的遗产。法国罗曼派接续了这一被浪漫主义及其后代帕纳斯派、自然主义和象征主义中断了的高卢链条……"②。罗曼派从诗歌的意象、韵律、节奏、语言、感情和观念诸方面全面地回到了古典主义。稍晚些,有另一种新的潮流渐渐明确起来,那就是对自然的崇拜。1895年,莫里斯·勒布隆发表文章《论自然崇拜》称:"够了。人们欣赏波德莱尔和马拉美的时间已经够长了!……我们的前辈颂扬对非现实的崇拜、梦的艺术和对新的震颤的追寻。他们喜欢有毒的花、黑夜和幽灵,他们是一些没有条理的唯灵论者。对于我们,彼世感动不了我们,我们相信巨大的、辉煌的泛神论。……在宇宙的拥抱中,我们愿意使我们的个人变得年轻。我们回到自然。我们寻求健康的、神圣的感情。我们嘲弄为艺术而艺术……"③。无论是罗曼派,还是自然崇拜派,他们都试图摆脱世纪末的象征主义,

---

① 《从波德莱尔到超现实主义》,第55页。
② 同上书,第58—59页。
③ 同上书,第65—66页。

一个回到传统,一个融入自然,而在象征主义中,"人们看到一种诗,它试图表达事物的'灵魂',从一种耐心的分析工作中产生出深层生命的运动,看到一个诗人,他想要'暗示神秘'而脱离真正的神秘,通过兴趣、对珍奇、谜一般的事物的爱好来创造别的神秘"①。因此,针对这种转向自我、逃避社会、充满了恐惧、疲倦和厌恶的诗,罗曼派和自然崇拜派提供了明朗、自然、热爱生活的诗,虽然是一种短暂的存在,却对后来的诗人产生了持久、深远的影响。20世纪初年前后的代表性诗人是让·莫雷阿斯、夏尔·莫拉、亨利·德·雷尼埃、维埃雷-格里芬、弗朗西·雅姆和埃米尔·凡尔哈仑。莫雷阿斯和莫拉主要在理论上阐明了罗曼派诗歌的观念,认为部分和整体、词语和句子、句子和篇章、篇章和书之间的内在的依附关系是一切美的条件,而美是和谐、形式和风格。"一切价值存在于人类的行动之中,而行动是由理性照亮和决定的。"②雷尼埃的诗以已经被时间和传说诗化的往昔、从梦中浮现出来的梦幻的往昔为主题,一种返祖的回忆纠缠着诗人的想象力,在诗人身上反映着它们彼此的应和。维埃雷-格里芬以戏剧诗和轻史诗著称,其活力、完美的节律和自由的诗节的艺术引人注目,不重孤立的诗句,而把功夫下在更为广阔的运动上面,这运动仿佛是人类举动的风格化和自然声音的抑扬。雅姆的意图似乎是使关于理想和意识深处的诗回到事物和简单的情感的世界之中,在他清澈的目光前面,象征和寓意消失了,事物不以诗人的思想为转移地重新活跃起来,一种新的春天萌发了,大自然像露珠一样新鲜和无邪。凡尔哈仑则在道德层面上反对现代世界,致力于"价值的转换"和表现痛苦的欢乐,这种外向的巨大运动与第一次世界

---

① 《从波德莱尔到超现实主义》,第57页。
② 同上书,第61页。

大战前的象征主义时代的精神变化彼此呼应。总之,这些诗人的主题是"生活、自然、现实、人性"①。这些古典主义或称新古典主义的追求与波德莱尔、马拉美和最优秀的象征主义诗人的追求并无二致,"在这片土地上,旧美学和新美学有益的相遇应该产生出一种波德莱尔和马拉美的艺术传统所代表的美学"②。

《从波德莱尔到超现实主义》的第二部分题为《寻求法国的新秩序》,五章:《新象征主义》、《新旧美学的婚姻》、《保尔·瓦莱里或象征主义的古典派》、《保尔·克洛代尔或总体世界的歌者》和《善意的人们的诗》。1906 年 7 月,《法朗吉》杂志创刊,标志着一种新流派——新象征主义——的诞生,吹响了向法国新秩序进军的号角。作为杂志的主编,让·卢阿耶尔捍卫了波德莱尔取自艾德加·坡、马拉美发扬光大并得到瓦莱里支持的一些诗歌观念,例如"纯诗"的观念,他说:"象征主义过去是、现在仍然是深入诗的本质的一种意志。""诗原本是高傲的,哲学的,因为它充满了观念,诗的观念,也就是说,感性的观念;还有,它是宗教的。它的本质上的晦涩来源于它是灵魂的历史,它想保持其神秘;然而这晦涩是明亮的……"③《法朗吉》杂志鼓励了一种新印象主义,一种以海洋和天空为主题的诗浸透了"现代的地理感"。诗歌首先致力于发现"地下的源泉"和"精神的深度",于是,诗歌成为一种认识事物的方式,这正是波德莱尔、马拉美和兰波的诗歌所要求的。在纯诗的美学和古典主义之间出现了一种整合的努力,一种新的综合,只不过是这种象征主义和古典主义的相遇主要是在形式方面进行的。

这个时期有三个主要的诗人,他们是保尔·瓦莱里、保尔·克洛代尔

---

① 《从波德莱尔到超现实主义》,第 78 页。
② 同上书,第 113 页。
③ 同上书,第 119 页。

和"善意的人们"的代表儒勒·罗曼。瓦莱里是象征主义中的古典主义者,具有极端清醒的意识,他的每一首诗都是"做"出来的。"为了达到对自我的绝对意识,必须脱离自然和生活,必须在自我身上不断地否定它们。从这个角度看,人们可以把瓦莱里界定为一个奇特的神秘主义者,极其注意把自己从一切感情和精神生活中解脱出来,一个自我意识的神秘主义者。"做诗,对于瓦莱里来说,实在是一件不得已的事情。他说:"我宁可在完全有意识地、完全清醒地写某种贫瘠的东西,也不愿意在精灵附体、不能自已的情况下创造最美的东西。"① 他乐于接受诗律和诗法的一切严格的规定,并且认为严格的束缚是产生杰作的必要的条件。他拒绝非理性和无意识,追求知识(认识),但是,他所追求的知识(认识)并不是那种定型化、体系化的知识(认识),而是一种初起的知识(认识),一种萌芽的思想,一种无意识和意识之间的过渡状态。"诗,特别是关于知识(认识)的诗,只能产生于精神和事物、意识和无意识、理性和非理性的相交处和相切点上。"② 如果它们相遇的话,那只能发生在试图"生活"、试图忘却、试图消失的时候。例如,"在《年轻的命运女神》和《海滨墓园》,在许多方面还有其他一些主要的诗中,总是出现同样的主题;在两种姿态中发生争斗:一种是纯粹(绝对)的姿态,在其孤独中茕茕孑立的意识的姿态;另一种是相反的姿态,或者不纯粹的姿态,这种精神接受生活、变化和行动,它放弃其完全融入的梦想而被事物所诱惑,纠缠于它们的变化"。③ 因此,在这两首诗中,最后的胜利者是生活。"真正地生活,就是迷失在其欲望和行动之中,合二而一,不再看见对方。"所以,"写一首诗,就是认识自我。诗的艺术同时也是自我

---

① 《从波德莱尔以超现实主义》,第158页。
② 同上书,第168页。
③ 同上书,第162页。

完成的艺术,其方式是产生一首诗的行动,同时也是战胜'熟悉的混沌'(心理生活的混乱)、给由于自然而缺乏的东西、给思想以形式和风格的艺术"①。瓦莱里并不是一个新诗的开创者,毋宁说他是一个新诗的完成者。他的立场已是绝境,任何使精神进一步纯洁化的企图,都只会带来精神的死亡。"对于今日诗歌来说,瓦莱里的影响可能是一种反作用的影响。"②

如果说瓦莱里的诗是一座纯粹意识的孤岛的话,那么保尔·克洛代尔的诗就是一系列坚实而具体的纯粹事物,由万能的上帝创造和加以圣化的事物。他选择了一条通往上帝的道路,不仅仅是为了得救,而是为了能够生活,能够相信世界,能够完成一个诗人的使命。"美学观和神秘观彼此认同。因为事物首先生活在上帝身上,具有一种绝对的生命,它们有上帝的局部的、可以理解的、令人愉悦的形象,为了抓住赤裸的真实,诗人必须使这些事物摆脱习惯和古老的俗套的厚厚的组织。""他的使命是消除精神和世界之间的对立。"③ 因此,由于自我的信念和牺牲,世界和生命同时给予了诗人;相反,世界和生命的牺牲也成为一种新的生命的存在的钥匙。浪漫派的颂扬自我的诗被超越了,克洛代尔的诗的唯一目的乃是人与世界的冲突。诗人是众人之中的选民,他从上帝那里获得了参与、见证和在精神上聚集所有形象的特权,因此,诗人是教士,也是通灵者。"总之,一种神圣的精神在他身上,分享语言的能力的某种能力,他为一种事物命名,他召唤它,创造它……"④。一首诗是一种释放,一种解脱,其工具是词语和节奏,"诗的

---

① 《从波德莱尔到超现实主义》,第158页。
② 同上书,第169页。
③ 同上书,第174页。
④ 同上书,第177页。

创造从原则上说是一种本质上生死攸关的反应"。克洛代尔的诗是一种巨大的综合,为此他独创了一种诗体,叫做"诗节"(le verset),不求押韵,没有格律,但节奏十分明快,他甚至不惜采用散文的做法。"比喻的强度,句子的结构,直到语法的技巧,总之,一切区别于克洛代尔的辩证法和通用法语、学院派法语的东西,大部分都可以从诗人的意愿中得到解释,这意愿便是使语言和诗的所有资源都服务于他意图表达的全部现实。"① 表面上看,克洛代尔是一个杂乱无章的诗人,他什么也不放弃,什么都要表现,但实际上,规范着他的是一种平衡,一种生动的平衡,一种对于相互对立的冲动的清醒的控制,一种化解不同的文学传统的冲突的意图,一种寻求超越一切矛盾的新秩序的方式。"他的诗,他的神秘的现实主义,他的光焰四射的天主教,他的悲剧感,他的创作甚至是抒情的创作的戏剧性面貌(常常是高贵的戏剧性),他的激情,激励着他的紧张,这一切都有助于使他成为一个伟大的巴洛克诗人,具有法国式的和谐,浸透了人道主义的多种潮流。"② 总之,"克洛代尔是法国自有雨果以来最强有力的诗人"③。

儒勒·罗曼代表着一些彼此间倾向很不相同的诗人,但是他们都试图摆脱象征主义和理智主义的束缚。他们大部分出入于克雷泰伊修道院,他们提出了一致主义。这些诗人不能拒绝世界,不能屈从于人造天堂的吸引,不能心甘情愿地追述传说的往昔,对他们来说,现在、真实等等,都是明明白白的可感之物,使他们心神愉悦或痛苦。正如杜阿梅尔所说:"必须放弃书本上的灵感的艺术,说出我们的切身的体验。"所谓"体验","说的是一种可靠的感觉,它深入整个存在,像启示一样使之激

---

① 《从波德莱尔到超现实主义》,第 183 页。
② 同上书,第 187 页。
③ 同上书,第 188 页。

动；一种惬意的状态，它好像把世界给了人，使人相信拥有了它"①。对他们来说，"诗不在梦中，不在虚幻中，不在想象中，而在现实中，在真正体验到的现实中，在没有被简单化的、传统的现实中"②。总之，一致主义的诗人们宣称，一切事物都包含着灵魂的养料，看起来最不幸的人的生活都有其隐秘的高贵，这是他们最基本的信条，而他们的目的则是人道主义。在儒勒·罗曼看来，"一切都是不可见的存在，秘密的运动，潜在的吸引，无形中的有形的开始，精神活动的聚集，而文学的问题在于使这一切变得具体、可触可摸"③。所以，罗曼用他强有力的手创造了一个巨大的宇宙，人牢牢地居于其中，感到有力的、英雄般的幸福，于是，"诗成了对于宇宙的'诗的认识'的一种行动"，而这种认识是"绝对"的，是"一种真实宇宙的深刻的直觉，非理性的、立即可感的直觉，或者至少是一种接近这种直觉的精神"④。总之，"最狭窄的意义上的一致主义，或更确切地说，这种激励着修道院的伙伴的'友好'的诗的精神，在形式上不是诗的作品中散布开来；因此，人道主义的信息渐渐地获得了一种很广泛的兴趣"，也就是说，"'善意的人们'，就这群作家来说，首先是伦理的憧憬的原则"⑤。20世纪初年，一致主义的诗在以下两种倾向上发生了影响：其一，社会和人道主义的诗，这些诗是讽刺的，战斗的，革命的；其二，现实的完全的表现，其中团结了倾向不同的作家；"在这两种情况下，作家的举动有着超文学的、道德的、全方位'生命的'目的，其后果是有助于一种史诗般的抒情性的产生"⑥。

---

① 《从波德莱尔到超现实主义》，第194页。
② 同上书，第195页。
③ 同上书，第201页。
④ 同上书，第202页。
⑤ 同上书，第205页。
⑥ 同上书，第212页。

《从波德莱尔到超现实主义》的第三部分,也是最后的部分,题为《冒险和反抗》,七章:《新诗的源头,纪尤姆·阿波利奈尔》《走向一种现代行动和生活的诗》《精神自由的作用》《达达》《超现实主义》《超现实主义诗人》和《超现实主义之外》。20世纪初年,无论诗人对新的生活,也就是现代世界,采取什么态度,是热情地拥抱,还是讴歌无所不在的上帝,都在"具体的事物"中寻求某种"生存的力量",他们在其中生活,并显示诗人的权利。意大利未来主义诗人马利奈蒂的话颇有代表性,他说,未来的诗人只歌唱"现代都会中革命的多种色彩、多种声音的激浪,在黑夜强烈的电灯下兵工厂和工地的震动,聚集着喷火的蛇的贪婪的火车站,浓烟滚滚的高抵云天的工厂……"。但是,在这种征服的欲望中,飘荡着一种不易察觉的"尘埃",这尘埃是来自浪漫主义和象征主义的"梦幻"。因此,在诗的活动中,有两种相反的倾向:"一方面,是试图适应实在的现实,适应我们时代的'机械'世界;另一方面,是封闭在自我的中心、梦幻的世界中的愿望。"但是,这两种倾向并非彼此隔绝封闭的,或者逃离,或者隐藏,两种运动根据情况可以成为征服或逃遁的道路,这在很大程度上调和了现实与想象、实证与非理性、生活与梦幻之间的矛盾,于是打开了自由精神的王国,事物之间产生了一种神秘的联系,一切都趋向于混为一体。"内在生活和外在生活之间产生了遇合;内在和外在之间有和谐彼此呼应,符号应答着符号;一种隐而不彰的统一体,其中所有的物体和存在都化为乌有,渐渐地在要求一种意义的现象之外、在构成梦幻的形象之外得到理解。"[①] 纪尤姆·阿波利奈尔在1905—1920年的法国诗坛上,可以被看做是一个崭新的诗人。尽管他声称只有"我"是真诚的,但是他有一种神秘化的倾向。"他首先是

---

① 《从波德莱尔到超现实主义》,第223—224页。

一个思想的冒险者,而且这个词应该在其完整的意义上来理解;他把自由、危险、冒险等概念做成了真实的、刺激的、危险的事物。"① 他的诗源于象征主义,取古典的形式,充满冷僻的词语,声音响亮,但是其内部却混乱不堪,句子仿佛自我生成,远离一切固有的模式,由此"创造出意外和偶然"。"而这偶然,阿波利奈尔远非如马拉美那样试图消灭它,而是崇拜它。他必须说明存在于思想和语言之间的神秘的相似性,通过哪怕是人为的方式方便其交流;总之,他必须体验偶然,体验本质上是武断的、无法预见的诗学,体验任何推理所不能产生的联想,体验新的发现,体验醉酒的鸟儿所带来的从未见过的美丽形象。"在如此稀薄的空气中,阿波利奈尔所代表的艺术能否"坚持和生存"?这是现代艺术提出的一个"最有魅力的问题"。② 为了直面当代火热的、新的生活,他必须从传统的诗法中解脱出来,必须抛弃过去、回忆和纠缠着他的梦幻。"《区域》中有一些所谓立体的、综合的、'同时的'的诗篇,在一个唯一的平面上,并立着一些没有远景、没有过渡、没有表面的逻辑联系的杂乱的元素、感觉、判断和回忆,它们在心理生活的起伏中混合在一起。"于是,"现实变成了幻觉,而幻觉被感觉为现实;这幻觉创造着事实,或者强加于诗人,具有一种不再是纯粹的虚构、不再是谎言的色彩;它在醒与梦之间的过渡平面上发展着;人们不能依附于它或保持清醒,陷入一种冒险而从此必须经历它。"③ 这是一种值得仔细研究其心理过程的特殊的行为。"在摧毁了一种固定的游戏的所有可能性之后,他的关于任意和惊奇的诗学,他的为了碰运气而随时抛掷色子的愿望,这一切都要求千方百计地避免失败的诗人有丰富的、微妙的、能够从事物

---

① 《从波德莱尔到超现实主义》,第229页。
② 同上书,第233页。
③ 同上书,第236页。

中解脱出来但又贴近于它们的想象力,能够和它们的表达同时产生出一切怪物和幻想的想象力。""总之,这位革命者并非一个纯粹的否定者,在他身上有着预言家和'通灵者'的成分。如果他鼓励了'大胆的文学体验',那是因为这些体验应该向他提供他所谓的'新现实主义',即超现实主义,他是第一个这样说的。"①

1909年是现代主义的狂飙突起的年代,人们醉心于"决不会第二次看到"的粗暴的伟大和瞬间的魅力。"是战争引起了与旧世界、与事物的亘古不变的存在方式的断裂。"抽象的、濒于死亡的景物,大量的钢铁,突然变成国际性的、倾尽全力于过剩的生产的城市,既是'机械的'又是军事的胜利,所有这些不同寻常的事物使得一些人相信和听命于过去,使另一些在这段时期内成年的人感觉到他们与旧世界的联系一个个崩溃,他们看到的是一个需要解读其面目的文明。在他们的思想中,新的神话发现了一块可以耕种的、并且翻得很深的土地,这些神话是战争、革命、机器、速度、人与物的联系、体育运动等等,总之是现实中的行动。这个时期的诗句法贫瘠而词汇丰富,科技的、行话的、民间的词汇大量出现,视觉的形象和原动的形象层出不穷。人为物役,还是物为人役?这是诗人面临的问题。现实生活由奇妙转为噩梦,"至少许多的年轻诗人,他们接受机械文明的冒险的愿望落空了"。逃往物的世界的企图突然停止了,建立在物质进步之上的意识形态露出了破绽,在由其工业创造的物的世界中,人反而受其控制,关于人的力量的幻想破灭了。"诗的演变在某种程度上是受到时代的命运控制的。"② 到了超现实主义兴起的1924年,诗的这种倾向已经开始式微,总之,这种倾向产

---

① 《从波德莱尔到超现实主义》,第238页。
② 同上书,第249页。

生不了好的诗。"诗除非发现了一种形式,它的形式,与诗共存的内在的秩序,否则是不能存活的。"① 这种形式,这种秩序,这个时期的诗都不见存在。

在阿波利奈尔周围出现并发展了一种看起来非常自由的诗,对可感的事物和人类的一切遗产都充满了不信任,其作用仿佛是在生活和梦幻之间寻求一条通道,在战时为1914年和1919年的先锋派之间建立联系。阿波利奈尔和马克斯·雅可布一类的诗人所追求的是从现实中解脱出来,正如雅克布所说:"人认不出来的,正是他的自我。"精神拒绝相信任何事物,宁愿"什么也不是",它的一种自卫的反应,就是反讽。雅克布的"精神的自由"可能只不过是无能的反面,他什么也不能拥有,什么也不能创造,但是,他确实需要创造什么东西,确实需要使什么存在活跃起来,只要这个"东西"和这个"存在"不是他自己。"重要的是观察的角度,在这个角度下,出现了景物、事件、表面上毫无意义的社会新闻。一切都仿佛存在着一个精神的地方,人们从那儿在纯粹诗意的面貌下发现了事物,也就是说,在完全抽象和新颖的面貌下。"② 诗人的任务乃是把他整个的一生化作一系列的冒险,化作一系列的状态,最终使他相信世界的永久的奇异性。诗并不产生于词汇、节奏,或者某种炼金术,形象往往被直接的符号所代替,可以说,诗产生于口头的表达。"重要的是,聚合几个足够深刻地脱离根底的、周围有着充足的空白的心理事件,以便它们一下子就能暗示在现实的中心存在着非理性的元素、不安的先兆、甚至科学世界的补偿世界。"③ 但是,雅克布这样的诗人并不否定作诗的艺术,表示要通过"有选择的方式表达自己",他甚至

---

① 《从波德莱尔到超现实主义》,第250页。
② 同上书,第258页。
③ 同上书,第260页。

提出过散文诗的规律,写过一本《诗艺》。

1919年3月,以特里斯当·查拉为首的一批年轻人创办了一份杂志,名为《文学》,其实他们的目的是反对和否定一切文学传统,甚至文学本身。这就是达达运动。"生活摧毁了他们对于'现实'世界的一切幻想:既成的道德,迷路的宗教,在弹道的计算中获得全胜的科学,人类历史从未见过的对最大的'士人的背叛',这就够了。"达达运动表现为一种狂热的、系统的怀疑主义,直接指向否定一切的思潮。人什么也不是,任何行动都毫无意义,任何词汇的意义都不是固定的。否定一切之后,达达主义的诗全部淹没在遗忘之中,但是总有一些留下来,它们表现了人的生存条件的脆弱,在接受或拒绝其命运之间徘徊的人的痛苦。"在一片白板之上,还有一种现实留下。当然不是理性,不是智力,也不是情感,而是一种滋养着生命的、控制着我们的最高的行为的无意识的隐秘源泉,即精神。"① 达达主义的先行者彼埃尔·勒韦尔蒂说:"诗人的处境是困难的,常常是危险的,在非常锋利的两种刀刃的平面相交之处,一种平面是梦幻,一种平面是现实。他因于表面现象,被局限在这个世界之中,而这个世界纯粹是想象的,满足于庸常的,他得超越其障碍而达到绝对和真实;在那里,他的精神可以悠然自得地活动。"② 勒韦尔蒂深入梦与醒之间的缝隙之中,他的精神在其中像梦游者一样悠然自得地漫步,他自称认识了"未知的事物",即真实。勒韦尔蒂把他的诗称作"造型诗",一种精神的造型,没有别致的偶然性及其表现,破碎的感觉,其关系则是排除了一切逻辑性,正如人类的一切价值。事物及其运动的意义隐而不彰,一切都没有命名。万事万物都将重新开始,这

---

① 《从波德莱尔到超现实主义》,第272页。
② 同上书,第274页。

是年轻诗人的唯一的希望。但是,勒韦尔蒂和后未来主义者的行动指向不同,"前者提供了一种直觉艺术的榜样,通过某种第二视觉寻找与完全内在的真实的一种联系;而后者则要求诗人转向现代世界,通过其感觉塑造自己"①。绝对的达达派的诗给人一种无条理的印象,用词自由,句子破碎,结构支离,有时甚至采用现代广告的方式。这种追求导致了达达运动的灭亡,而这种灭亡正是达达运动的本意,它同时也使达达运动发生了变化,获得了新生。

1924年,安德烈·布勒东不满于"精神上的虚无主义",脱离了达达主义,开始走上了一条新的道路:"梦幻的浪潮,新奇和完整诗的欲望,对存在之物的仇恨的呐喊,精神的完全的自由的渴望,这一切在一个时而专横时而怀旧的'宣言'中胡乱地滚动着。"② 严格地说,超现实主义是一种写作,宽泛一点说,它是一种哲学态度,同时也是一种神秘学(或者曾经是),一种诗学,一种政治活动。所谓"完整诗",如同瓦莱里的纯诗,不过是一种象征而已。实际上,超现实主义的诗的特点是对于"惊人的形象"的无节制的、充满激情的运用,所谓惊人的形象,乃是一些挑战常识的形象。在一些绝对的超现实主义者眼中,什么样的形象都是可能存在的,形象越来越远离事物,越来越不能说明可感的世界,也就越来越不可理解,越来越独立奇特,渐渐地变成一种固有的创造,甚至变成一种"启示"。在梦幻中,各种存在都可以相互取代,而并不影响其本来的存在,也丝毫不丢失其具体的力量。每一首超现实主义的诗都事先假定了一种混沌,在这混沌的中心慢慢地出现一种朦胧的超自然的东西,在最不相干的词汇之间,通过一种突然出现的惊人的组合,产

---

① 《从波德莱尔到超现实主义》,第276页。
② 同上书,第281页。

生出新的综合的可能性。这种惊人的组合,是通过"自动写作"来实现的,其实,自动写作不过是一种方法而已,这种方法可以使事物充分地展现出来,可以使无意识以形象和象征的形式浮出表面,但是,这种方法并不是必然的、万无一失的。在超现实主义者看来,打破习惯的语言联系,就是对平常的形而上确实性的冲击,就是摆脱对事物的抽象的、因袭的看法,实际上,他们希望打开窗户,进入一个精神能够无限自由的世界。超现实主义表现了浪漫派的最近的企图:与现存的事物决裂,代之以其他的、充满活力、正在崛起的事物,其变动不居的轮廓隐藏在存在的深处。"呼吁精神的完全的自由,肯定生活和诗在别处,必须冒着危险一个一个地、一个通过一个地争得它们,因为它们为了否定这个虚假的世界、为了证实游戏尚未结束、一切还有待拯救而首尾相连、混成一体,这就是超现实主义发出的基本的信息。"①

如果要勾画出法国自波德莱尔到超现实主义的诗坛面貌的话,舍弃超现实主义之外的诗人的活动,显然是不完整的。马塞尔·莱蒙指出,在超现实主义之外,有一批诗人游离于团体和流派,达到了成熟的年龄,给了战后的法国诗歌以"真实的面貌"。他们的代表人物是雷翁-保尔·法尔格、圣-琼·佩斯、彼埃尔-让·儒弗、儒勒·絮佩维尔,他们力图各自听从使之彼此接近的命令,需要从他们的想象力的产物中进行选择,在仿佛从古典的和浪漫的传统中所得甚少的诗中建立一种活跃的、个人的秩序。法尔格是一位巴黎诗人,巴黎在他的诗中是一个灰色的、民众的大都会,有更多的人情味,也有更多的痛苦,但是,对于精神和感觉来说,其形象不是来自客观事物,而是一种幻觉的、五光十色的、纠缠不休的景象。他写作自由体的诗,他的诗看起来是即兴之

---

① 《从波德莱尔到超现实主义》,第292页。

作,实际上他控制着杂乱,并使之和谐。他说:"诗是唯一不应该做梦的梦。"总之,"法尔格过去的诗是唱出来的,而现在的诗是说出来的。"①圣－琼·佩斯的诗深受兰波、马拉美、克洛代尔和纪德的影响,并从亚洲的抒情诗人那里获得过灵感。他与事物有着亲密的联系,这是大地上和遥远的海上的事物,是具体的、成熟的、隐秘的、古老的、新生的和有血有肉的事物。例如在《阿纳巴斯》这首散文诗中,"曲折的运动,漂泊的柔情,感情的吐露,都服从于结局,史诗的结局。"② 人们可以看到,圣－琼·佩斯和瓦莱里一样,都试图把象征主义和古典主义结合起来,达到一种新的综合,尽管其结果完全不同。彼埃尔－让·儒弗的诗给人的印象是干旱的岩石上的一口自流井,从中有清冽的水涌出。在他的诗中,宗教的灵感,诗的灵感,是合二而一、融为整体的。他认为诗不多不少正是一种精神的操练,是在启示的突如其来的闪光中瞥见世界、到达爱的神圣层面的一种可能性,在这个层面上,一切地上的事物的本质上是虚荣的矛盾都消失了。"彼埃尔－让·儒弗的诗以闪电般的笔触,在寂静和绝对缺席的背景上描绘一个恐怖的或迷醉的灵魂的热狂,这个灵魂失去了它的根基,面对内心的深渊、上帝或上帝的反面,即罪恶的精神,这时他的诗是最动人的。"③ 儒勒·絮佩维尔是一个相信灵魂转生、相信生命的变化、相信神秘的心灵感应的诗人,他需要空间和时间、过去和未来、生和死、广阔的星际之间的虚空和最初的混沌,他需要这种借助一种寂静之后的低沉的声音交织成一片的奇特的遭遇。"赋予这种诗的原则是世界和存在的形而上感觉,是形而上焦虑。人们不能想象骄傲的态度,不能想象普罗米修斯式的冲动。"絮佩维尔是一个

---

① 《从波德莱尔到超现实主义》,第318页。
② 同上书,第322页。
③ 同上书,第327页。

情感的诗人,氛围的诗人,其语言是深刻的、直接的、简单的,洗尽了铅华。他的诗是委婉的,暗示的,毫不生硬的,但是具有一种庄严、随意和无与伦比的谦恭,渐渐地在一片晨曦中形成灰色的形象。总之,"法尔格、儒弗、圣-琼·佩斯和絮佩维尔'回到了诗的想象力的源头';他们使精神摆脱了表面现象,在现代幻想的自由空间的中心投入到冒险之中,正是在这种冒险中,精神的中介作用才显现出来。"① 他们当中没有一个人声称要"无动机地写作",要委身于"精神的迷失",他们可能会忘我,但那是为了在明亮的夜晚找回自己。在存在仿佛自主、自决的时刻,他们的诗从自身中汲取最优秀的成分。

《从波德莱尔到超现实主义》有一个独立的部分,在本书的三大部分之后,题为《诗的现代神话》,可以被视为全书的总结,马塞尔·莱蒙指出:在人感到安全的、受到理性、道德、社会、警察的保护的世界中,诗人是一个播种不和的人,一个制造混乱的人,他的第一个使命就是使人感到困惑,他揭示给世人的是世界的原本的无意义,它使人经常处于非理性之中。"布吕纳介曾经给出的诗的定义今天获得了它的最充分的意义:一种心灵中变得可感的形而上学,它通过形象表现出来。"诗人像上帝一样,填平深渊,激励人心,播撒一种暂时的、超人的平静的种子。诗以一种明确的力量深入我们的内心,搅动了我们全部的生命甚至我们的智力,但是,如果诗绝对地封闭于外界,没有丝毫的意识,全部地退入无意识、梦和自由的想象之中,那就会像用我们不懂的语言做的演说一样,那就会像清风一样掠过我们,留不下任何痕迹,所以,"诗不是形而上学,它首先是一支歌","它可以被培养,但它首先是自发的,必须活

---

① 《从波德莱尔到超现实主义》,第333页。

着,必须存在"①。诗的使命是指向人的最深处,暗示一个非理性的世界的存在,所以,我们应该把它看作是"一个神话,而不是一个历史的事实",虽然它的读者不多,也常常使他们气馁,"但是它记录下最轻微的氛围的变化,它做出了其他人模仿、发展的举动,它第一个说出了等待已久的话"②,而"诗人的使命则在于克服外在世界和内在世界的二元论,在自己身上培育对于外与内、它们之间的应和、它们最终融合为一种混沌深邃的统一体的形而上的认同感"③。马塞尔·莱蒙在评述和分析了从波德莱尔到超现实主义的诸多流派的基本特征之后,终于"摊了牌"④:诗是"一种神话",所谓神话,是指:"思想的反常的形式,幻想,欲望,伴随我们的'清晰'概念的许许多多混乱的东西,所有这一切一时间内都以如此奇怪的方式变得五光十色,形成了一种对如此动人的构思来说如此复杂的神话,人们不再犹豫给这种构思一种意义,突然在其中看到了一种语言。"⑤ 无论对于艺术论者,还是对于通灵者,他们都在不同的程度上认为,诗不再"表现"内心的世界和生活的场景,它不再同它的创造者、创造者的情感和精神状态进行交流,它变成了一种自为的、自足的存在,仿佛从陌生的星球飞来的一块陨石。总之,诗是"一种根本的不安,与一种对我们的文明的压迫和谎言所具有的忧患意识相关联"⑥,诗人则通过诗寻求人的命运的答案。"我们的文明的压迫和谎言"一语,透露出马塞尔·莱蒙作为一个"社会的反抗者"对西方文明所采取的批判的姿态,难怪一位法国文学批评家指出,《从波德莱尔到

---

① 《从波德莱尔到超现实主义》,第 358 页。
② 同上书,第 348 页。
③ 同上书,第 339 页。
④ 《盐与灰烬》,第 94 页。
⑤ 《从波德莱尔到超现实主义》,第 341 页。
⑥ 《盐与灰烬》,第 94—95 页。

超现实主义》的出版,在当时亦有"一种政治色彩"的。①

从《引言》到《回潮》,到《寻求法国的新秩序》,到《冒险与反抗》,再到《诗的现代神话》,马塞尔·莱蒙一步步地描述了法国诗从 19 世纪 80 年代到 20 世纪 30 年代半个多世纪的历史进程,囊括了象征主义、罗曼派、自然崇拜派、新象征主义、未来主义、达达主义、超现实主义等诸多流派,还有在这些流派之外的独立的诗人,然而,进程是历史的,描述的内容却是哲学的:没有一句话涉及到诗人的生平和诗产生的社会环境,论述的重点在于诗所引起的哲学的反思。诗人与社会的人相比,诗人是主要的;诗与诗人相比,诗是主要的;诗的表层意义与诗的内在含义相比,诗的内在含义是主要的;这与当时还在法国占有主导地位的实证主义批评大相径庭,已经显露出新批评的模样。罗歇·法约尔指出,《从波德莱尔到超现实主义》"标志了 20 世纪法国文学批评史上的一个重要时期。马塞尔·莱蒙的雄心是借助于'从内部的了解'重新把他所研究的作者的内在的和深层的生活再生活一遍。他希望因此能够发现处于他所探索的意识的源头的最初的经验:在卢梭,在浪漫派诗人,在波德莱尔,在超现实主义诗人,他总是希望达到这种内在生活的最初状态,这种状态存在于'通过智力获得的知识之外'。这是一种在深层摸索着进行的不确定的探求;然而,为什么一种无意识的哲学不能伴随一种无意识的批评思想呢?这里,批评声称攫取了诗的权利:由于诗的语言,诗人加入了他所表达的世界,同样,由于他运用他特有的语言,批评家也加入了他所'批评'的诗"。② 马塞尔·莱蒙的批评显示了独特的批评的目的论和方法论:意识批评和认同批评。

---

① 让-伊夫·塔迪埃:《20 世纪的文学批评》,第 76 页。
② 罗歇·法约尔:《批评史》,法国阿尔芒·高兰出版社,1978 年,第 186 页。

（三）

　　比利时批评家、"日内瓦学派"这个概念的创造者（幸还是不幸？）乔治·布莱评论马塞尔·莱蒙时说："从法国方面说，莱蒙的独创性几乎是绝对的。在《从波德莱尔到超现实主义》出版的时候，法语批评中最为新颖的就是这种以意识行为为原则的批评方法。"这种新的批评目的和方法就是："通过放弃自己的思想，批评家在自身建立起那种使他得以变成纯粹的他人意识的初始空白，这种内在的空白将以同样的方式使他能够在自己身上让他人的真实显现出来，并且不再以任何客观的面目显现，而是超越那些充塞着它、占据着它的形式，如同一种裸露的意识呈现于它的对象。"乔治·布莱说："也许莱蒙对他那个时代的批评的本质贡献正在于此。"[①] 我们注意到，布莱在谈到莱蒙的绝对的"独创性"时，前面加了一个"几乎"，在谈到莱蒙的"本质贡献"时，前面加了一个"也许"，这两个词表明布莱在进行明确的判断时有一种犹豫。

　　乔治·布莱第一个深刻指出并总结了马塞尔·莱蒙的批评思想，他说："它在试图认识一种意识的对象之前，就已经发现、认出、重建了此意识的存在，并竭力与它重合，与它的纯粹主体的真实认同，为了成功，还要使自己置于这样的时刻，即意识还处于一种几乎是空白的状态，还不曾被它那一团芜杂的客观内容侵犯和打上印记。这样，莱蒙的批评就应该首先界定为对于意识的意识，其含义是，就其角度和方法而言，此种批评首先捕获到一种意识，并且重复一种自身意识行为，而这种自

[①] 《批评意识》，广西师范大学出版社，2002年，第89—90页。

身意识行为乃是从内部被认知的一切人类存在之不变的出发点,在此之前是一片虚无。"因此,"在他以后,任何批评不可能不是对一种意识行为的批评了。"① 在他的《批评意识》一书中,马塞尔·莱蒙处于一种承前启后的地位,他前承斯达尔夫人、波德莱尔、普鲁斯特、雅克·里维埃和夏尔·杜波斯,后启所谓的"日内瓦学派"及形形色色的新批评派,区别只在于批评意识和主体意识认同与否罢了。这部《批评意识》发表于新批评和传统批评之间论战正酣的 1971 年,它的作者没有料到两种批评论战的结果是势均力敌,到了 20 世纪 70 年代末,想要战胜的没有战胜,反而吸取了传统的因素,想要压制的没能压制,反而借鉴了新批评的方法,新批评获得了蓬勃的发展,传统批评也出现了新的繁荣,因此,文学批评出现了合流的趋势。正是在这种新批评气势汹汹要战胜传统批评的氛围中,乔治·布莱对传统批评的存在视而不见,借着新批评眼看着要一统天下的势头,他才断言在马塞尔·莱蒙之后,"任何批评都不可能不是一种对意识行为的批评"。实际上,马塞尔·莱蒙的批评的独创性是在传统批评和新批评的对立中,才得以完全表现的。早在 1966 年于巴黎召开的主题为"批评的目前倾向"的国际研讨会上,乔治·布莱作为主席,他的发言就题为《一种认同批评》,把认同批评的先驱者划定为阿尔贝·蒂博代、夏尔·杜波斯、雅克·里维埃、马塞尔·普鲁斯特等人,其中蒂博代"最后背离了一切真正的批评的本质和内容,即对他人意识的意识",而里维埃等人的批评才不是停留在被批评的思想的外部区域,而是要不断地、清醒地参与进去,"在法国,第一次出现了一种批评思想,这种批评不再是报道的、判断的、传记的或印象主义的,它要成为被研究的作品的精神上的复本,一种精神世界在另一种精神

---

① 《批评意识》,第 90 页。

的内部的完全转移"。① 这是里维埃等人的批评,这种批评思想大约出现在20世纪的20—30年代,其中里维埃在1925年就已去世。马塞尔·莱蒙在1965年的一次演说中,承认里维埃对他的影响,他说:"对我来说,雅克·里维埃是一位永远也不能完全不看的领路人。实际上他有一种足够新的方法,通过模仿他所研究的艺术家的意识的运动来超越所谓印象主义的批评。"② 阿尔贝·蒂博代则在1922年连续做了六次关于文学批评的演讲,1930年又结集出版,题为《批评生理学》③,提出文学批评的分类:自发的批评,职业的批评和大师的批评,并分别代表以下的三种功能:判断和趣味,建设,创造。他的结论是:三种批评各有擅长的领域,但是他们又各不相让,彼此攻讦不已,理想的状态是各安其守,同时吸取对方的长处以壮大自己。蒂博代本人的批评是同情、品鉴、建设和创造的批评,兼有实证和趣味两方面的所长。这个时期,法国文学批评的主导倾向是所谓的朗松主义,即传统批评,指的是由圣伯夫开创、中经泰纳改造、由朗松集其大成的实证主义的批评方法。这种批评被新批评派称为"外围批评",又被夏尔·贝玑讽刺为"大包围圈式的批评",但是,朗松本人却不是一个朗松主义者,他批评了圣伯夫的"传记批评",又不满泰纳的"科学的批评",他在批评中为趣味、感受、想象等读者对作品的反应保留了位置。正如美国耶鲁大学昂利·拜尔教授在所编《居斯塔夫·朗松:方法、批评及文学史》一书的"编者导言"中所说:"研究文学,当然要借助历史、社会学和心理学;如果朗松出世较晚,他

---

① 《批评的目前的道路》,法国联合出版社,1968年,第8—9页。在《批评意识》中有几乎同样的表达。
② 转引自乔治·布莱《论认同批评》,载《阿尔贝·贝甘与马塞尔·莱蒙,卡尔蒂尼研讨会论文集》,1979年。
③ 蒂博代:《批评生理学》,中译本作《六说文学批评》,赵坚译,三联书店,1989年。

还会加上精神分析学,加上加斯东·巴什拉尔的观点,加上风格学以及今天的莫里斯·布朗休、乔治·布莱、让－彼埃尔·里夏尔。文学的对象如此广泛,如此多变,在这一场跟复杂性的决斗中,就跟在波德莱尔的散文诗中一样,评论家在被战败以前吓得连声哀叹,对提供的援助是不会嫌多的。每一个评论家的天性各有不同,有的是传记的爱好者,有的是捕捉形象的猎手,有的喜欢发现象征或情结,有的甚至拿魔棍探测地下的水源,还有的是烦琐哲学家,有的则是普普通通的耽于声色之徒——不论是谁,都应该受到欢迎,欢迎他们带着自己的禀赋,带着自己的问题来接触艺术作品。如果向整整一代人或整个阶级都推荐同样一种会把个人气质的独创扼杀掉的僵硬的方法,那文坛就只会日益贫乏了。"[①] 我们看到,在马塞尔·莱蒙的《从波德莱尔到超现实主义》出版的1933年,实证主义的大厦的根基已经开始出现了裂缝,各种对传统批评的攻击好像都已准备就绪,不仅朗松主义与朗松之间的分歧日益明显,而且蒂博代也以"同情"和"品鉴"为标榜,显示了一种不同于实证主义的批评倾向,更有里维埃、杜波斯一班人提倡"参与的批评"。正是在传统批评频频出现危机的苗头、准备着迎击各路新军的发难的时候,在1933年,马塞尔·莱蒙发表了《从波德莱尔到超现实主义》,打响了清算实证主义的第一枪,因此,在法国20世纪文学批评史上,《从波德莱尔到超现实主义》的发表具有划时代的意义。虽然如此,考虑到这本书出版的来龙去脉,乔治·布莱在谈到马塞尔·莱蒙的"独创性"时加了"几乎"二字,谈到马塞尔·莱蒙的"本质贡献"时加了"也许"一词,减缓了口气,降低了判断,还是实事求是的。

[①] 昂利·拜尔编:《居斯塔夫·朗松:方法、批评和文学史》,徐继曾译,中国社会科学出版社,1992年,第29页。

从方法论的角度看,《从波德莱尔到超现实主义》描述了一种阅读的体验。马塞尔·莱蒙说:"我的方法是'体验'。"直接进入作品,不经任何中介,所以,他的老师是诗人,而不是批评家。他要认识的是诗人,而不是社会中的人;他要体验的是诗,而不是诗人,因此,他拒绝会见诗人,拒绝他们的谈话。他要避免过多的"人情味",他确信诗人已经将其最好的东西放进了作品,他宁愿想象他们不存在于白纸黑字的后面!"眼睛盯着!余皆不存。试图忘掉自己,平息静气,让诗自在地呼吸,自主地生活。善于从近处看,也善于从远处看。因为一件作品的心脏,血从那里流出来,一件作品的中央,一切从那里辐射出来,(心脏和中央)有时候是从远处暴露出来的。……人们自觉深入到有结构的语言组织内部,在那里,一切都由中心结合到一处,最微小的形式的因素都与整体有关系,根据这一整体对读者起作用。联系是相互的,从整体到部分,到表面上看最无效的细节。在这里,缓慢自然是一种善。……不可或缺的是高声朗读、使耳朵驯服、用舌和腭接触字词的肉体。可以说,一切都从一种'文本解释'的延长和深入中产生出来。"① 忘我,吸纳,参与,认同,这就是马塞尔·莱蒙的批评的具体途径。值得注意的是,他把这一切与法国传统批评的基本途径"文本解释"联系起来,将其视为一种"延长和深入",这说明他并非将传统批评视若敝屣,可以弃之不顾。这是马塞尔·莱蒙1976年《从波德莱尔到超现实主义》出版后四十多年反观他年轻时的著作所发表的言论,带有总结的性质。其实,早在1919年莱蒙22岁的那一年,他在日记中谈到文学批评时,就已经用到了"认同"、"模仿"、"重复"的字样了。1924年他准备写《龙萨对法国诗歌的影响》时,就已经把批评看作是一种"创造的工作"而非"历史的工

---

① 《盐与灰烬》,第94页。

作"了。1927年,他在这本书的《前言》中,已经含蓄地表示出对实证主义的不满,要为"个人的阐释"争一席地位了。到了1933年,他有了两年德国的经验,狄尔泰告诉他,诗是一种"生命的体验",贡道尔夫告诉他,伟大的艺术品具有"无限的创造性",批评要阐发精神的力量,要达到对于文学艺术的哲学的理解,他终于摆脱了传统批评的影响,取其精华,去其糟粕,超越了实证主义,写出了《从波德莱尔到超现实主义》。马塞尔·莱蒙很少对他的批评思想作理论的表述,但是我们不难从这本书中看到,认同批评已经成为他的方法论了。

在《从波德莱尔到超现实主义》的《导言》里,马塞尔·莱蒙谈到法国浪漫派诗歌的时候,一直追溯到让－雅克·卢梭,并非要把他当成"当代诗人的先驱和老师",而是在他那里"首先出现了一种非常特殊的伦理和神秘的氛围,这种氛围本身有助于精神粉碎其桎梏,使诗成为一种'生存的'行动"。① 卢梭对自我和自然、精神和世界之间的融合做了臻于忘我的描绘,正体现了认同批评的精华。"关于自然的情感,刊落虚华,达到了它最强大的威力,仿佛产生于精神和世界的渐进的融合之中,正如他在《漫步遐想录》的《漫步之五》中所表达的那样,自我掌握了它的无意识的力量,吸收了事物,而事物也'凝固了梦幻者的官感'。主观感受和客观感受之间的界限消失了;宇宙听命于精神的控制;思想参与所有的形式和所有的存在;景物的变化被察觉,或者更确切地说,被从内部感觉到:'浪的声音和水的激荡',潮起潮落形成一种节奏,不再与心的节奏和血的节奏有分别。那喀索斯转向自身,将全部身心集中于自我之中心,很快不再有自观的愿望;在他的狂喜中只有关于存在的

---

① 《从波德莱尔到超现实主义》,第13页。

混乱而美妙的感觉尚存。"① 这是一种纵浪大化、物我两忘的境界，"'释放他的灵魂'，重获'自然的状态'，这种希望如果不是半浸在无意识之中的一种古老的梦想的结果，又能是什么呢？那是梦想着有一个神奇的世界，在那里人不会感到他与事物有什么区别，精神不必通过任何中介、经过任何理性的途径来支配现象"②。卢梭在这种近乎忘我的境界中体会到幸福的状态："假如有这样一种境界，心灵无需瞻前顾后，就能找到可以寄托，可以凝固它全部力量的牢固的基础；时间对它来说已不起作用，现在这一时刻可以永远持续下去，既不显示出它的绵延，又不留下任何更替的痕迹；心中既无匮乏之感也无享受之感，既不觉苦也不觉乐，既无所求也无所惧，而只感到自己的存在，同时单凭这个感觉就足以充实我们的心灵：只要这种境界持续下去，处于这种境界的人就可以自称为幸福，而不是人们从生活乐趣中取得的不完全的、可怜的、相对的幸福，而是一种在心灵中不会留下空虚之感的充分的、完全的、圆满的幸福。"③ 卢梭作为主体观照美丽的大自然，大自然的美景侵入卢梭的心灵，两相作用，现实的痛苦（肉体上和精神上的痛苦）渐渐消融于景物的吸引，达到主体和客体浑然莫辨的境地，主体不拘于事物的纠缠，客体不在乎人的观察，洋洋乎、泄泄乎，与上帝等同、与天使为伍的幸福之感油然而生。马塞尔·莱蒙所描述的当代的诗人们已经完全失去了这种幸福感，而他们费尽心力苦苦追寻的恰恰是这种"失去的天堂"，这就是诗为什么在他们那里成了一种"生存的行动"，而这种生存的行动为什么"成了一种特殊的、平行科学的认识手段"。文学（诗）不再是自足的了，它超越了传统的愉悦、提升灵魂的功能，而是在真假

---

① 《从波德莱尔到超现实主义》，第13—14页。
② 同上书，第15页。
③ 卢梭：《漫步遐想录》，徐继曾译，人民文学出版社，1987年，第68页。

之外预感或者领会到一种"真实","仿佛这种真实是一种绝对的精神,外部世界和内部世界的现象皆消融在其中,人处在两个世界之中,正在它们的连接点上,诗人的使命则是克服这种二元性,或至少是在他自己身上培育这种内部和外部之间的形而上认同、这种'应和'、这种在'混沌深邃的统一体'中的最终融合从而力图克服这种二元性"①。他说,波德莱尔的主要贡献之一,就是作为一个"孤独的漫游者"深入到或美或丑的大街小巷、华屋斗室中,向它们打开心扉,完成"灵魂的神圣出卖",达到"包罗万象的交流"的高度:主体和客体交融无碍。作为一个批评者,他能把作者与世界的关系说得这样细腻入微、圆融无碍,他与作者在精神上不也得做到融洽无间吗?

1948年,马塞尔·莱蒙在日内瓦大学做了一次演讲,题目是《品质的意义》②,主题是"面对一件艺术品,特别是一件语言艺术品,读者、观照者的最初的态度,他可以期望达到的认识形式"。马塞尔·莱蒙首先指出,艺术品是我们唯一可以"直接认识"的真实,"艺术品是真实存在和一直活着的过去的唯一证明"。但是,这一证明只是可能的存在,有一重睡眠的纱包裹着它,只有"爱好者"才能揭开,而爱好者的原本意义是"有爱的能力、对艺术品显示其在场、全身心地承受其作用的一些人",绝非不关痛痒的外在的"观察者"。诗人把他的全部放在了作品之中,我们不可能只以一个观察者的态度、用一种只根据我们表面的能力或智力进行的考察来认识它。为了认识一件艺术品、一首诗,"一个读者,必须首先剥除一切不是他自己的东西,屏弃他的自尊心和感情的起伏,与自尊心和感情有最经常的联系的是回忆或社会的活动。要紧的

---

① 《从波德莱尔到超现实主义》,第339页。
② 《品质的意义》,收在马塞尔·莱蒙的《存在与言说》中,瑞士拉巴考尼埃出版社,1970年。

是,通过某种苦行进入一种深刻的接受的状态,在这种状态中,人的内心极端的敏感化,渐渐地让位于一种穿透性的同情。最后,试图上升到一种独特的认识的状态。"所谓"苦行",乃是一种去妄得真、破除我障、以见我之妙静本体的过程。读者(批评家)读诗,必先经历此种苦行,抛弃怀疑、抵制、批判等心态,破除一切与原初清净之我不相符合的东西,例如个人的经历、苦难、幸福、回忆等政治、经济、社会、文化之类的活动,以一个赤裸裸的我迎合、拥抱作品,也就是说,批评家必须采取退让、丧我、谦逊的态度,才能进入一种"接受"的状态。这并不是说历史学、语义学、词汇学等提供的知识是无用的、可以抛弃的,而是说接近艺术品的道路是艰难的,有许多障碍需要克服。没有一种历史学家向我们提供的知识是可以事先弃之不顾的,但是需要我们加以鉴别,然后方能为我们所用。"接受"是一种主体针对客体的退让、消极、开放、承受影响的回应状态,首先就是"人的内心极端的敏感化",正如乔治·布莱所说:"一切都仿佛是在最有利的情况下,通过可感的经验,主体和客体突然平起平坐,自由交流,好像有电流通过。换一种说法,莱蒙说,在这种有利的情况下,'感觉像一种魔术一样活动,这种魔术既有认同的作用,又有统一的作用,使我们可以经由同一种运动进入我们自身和事物之中'。"① 在马塞尔·莱蒙看来,从感觉到观照要经过主客相融的"一条晦暗的道路",这条道路就是"同情"。关于同情,他引用了柏格森的这句话:"我们把这种同情叫做直觉,通过这种同情,人们进入对象的内部,以便和对象独具的、因此是不可表达的东西相一致。"柏格森说的是哲学,马塞尔·莱蒙说的是文学批评,"但是,无论哪种情况,说的都是认

---

① 乔治·布莱:《论批评的认同》,载《阿尔贝·贝甘与马塞尔莱蒙,卡尔蒂尼研讨会论文集》。

同的过程"①。认同的终点是"试图上升到一种独特的认识的状态",这种"独特的认识"乃是一种"观照的认识",是与"思辨的认识"相对立的一种认识。思辨的认识是一种通过智力活动而获得的认识,只能得到真实的影像,因为智力有它的语言,这语言就是传统。观照的认识则不同,它不排除体验,反而以体验为前提。"观照"一词,从它的词根看,首先表达的是一种"对于神圣行动的参与",说明真正的观照绝不是一种消极的态度,它是一种"行动"。因此,我们走出了反映的、符号的世界,进入了一个象征的世界,感到与诗有一种几近于完美的和谐,观照的认识终于结出了它的果实:"与客观事物的认同"。观照的认识实际上并不是观念、思想、概念等真实的反映,而是一种体验,读者(批评家)的体验如若真实深切,只能与诗人的体验相重合,"如同它在作品中表现的那样,如同人们可以希望领会的那样"。观念、思想之类是可以讨论、可以辩驳的,唯有形式、风格是不可辩驳的,它不是一件包裹着事物的衣服,而是像"灵魂"一样控制着整个的作品,给它以形式,使它成为它原本的样子。我们面前的世界,真实和美不再有区别,普遍和个别认同于独特的创造。当然,这种"观照的认识",在其绝对的、理想的形式上看,是一种与客体认同的产物,实际上,马塞尔·莱蒙指出,"这种认同的产生永远也不会是完美的,主体和客体之间总是存在着不易察觉的内在的距离,哪怕是在最好的情况下。但是,最有经验的、最精微的智力的工作应该保证这种对于艺术品的接近;通过适时的退让和停顿,智力应该在完成其珍贵的效劳之后使这种在场的行动成为可能"②。

总之,对于这些问题,马塞尔·莱蒙在1965年的洛桑大学演讲中做

---

① 《盐与灰烬》,第42页。
② 《品质的意义》,第279页。

了论述,他自称"比较满意",话很长,但是值得引用:

"我感到不安的是,一个作者或一部作品被讨论,而且是被一个审讯者讨论,他竭力要通过一种有成见的阅读来控制它,俯视它,他的意识充满了不可告人的想法和预先的假定。这很危险,因为作者和作品将只为方便刻板的真理之证明而存在。他们极其熟练、极其巧妙地随意摆弄它。但是,评论倾向于代替作品,使之难以辨认,或者使之几乎被人遗忘。由于分析,它事先被分成碎片。人们看待原材料就像生物学家在显微镜下检查一个器官的细胞一样,但从来也不是整个的器官。然而,作品可以与一个完整的组织相比,每个部分都活着,呼吸着,必须跟随其动作、感情,这些动作和感情逐渐地使其成形。批评家所具有的智力工具不能代替直觉,综合的直觉;学者(和科学)若代替人则不能不带来损害。

"就一位作家的'存在于世的方式'来说,一件语言的艺术品不能归结为物的状态,或者单纯的材料。它是一种存在,应该试着与它生活在一起,在自己身上体验它,但是要符合它的本性。这就是说,解释不能是纯粹分析的,或穷尽的,更不用说论证的了。它是一种体验的结果,是一种试图完成作品的结果,说得更明确些,是一种在其独特的真实上、在其人性的花朵上、在其神秘之上的诗。而这种体验因一种苦行、一种活动、一种接受和极端注意的活动而是可能的。理想的状态并非闭着双眼、沉浸在一种模糊的、两者融合为一的狂喜之中……如果这样的话,那就只能走向沉默,或得到某个不能传播的真理。综合的直觉在作品中寻求有生命力的中心,它需要每时每刻得到控制,通过细节的最清醒的检验、语言的、节奏的、风格的特性加以校正。这里,批评家进退两难,因为他的活动接近于悖论。神学家说,为了理解必须相信,但是,为了相信必须理解。细节因整体而有价值,但是整体是由千百个细节构成的,它们彼此相关,'互相应和'。批评家的眼睛从中心到边缘,也从边缘到中心。他眼睛盯着的,是在最高的、最强的、最明显的真实性上抓住作品;但是这种明显可能是笛卡儿主义之外的东西。

"简言之,无论是诗还是散文,一旦人们面前是一件艺术品,作家为了创造它而投入了全部的力量的艺术品,那就应该全身心地投入,竭尽全力去发现这部作品最本质的东西。困难的是这本质的东西并不总是在同一个点上,也不总是可以加以准确的界定。但毕竟是可以在其运动中、在其内部加以追寻的。我没有忘记哲学家们今天竭力让我们相信人是没有'内在生活'的。如果所谓内在生活是指一种与世界没有关联的、在世界之外的生活,这些哲学家说得有道理。我们知道得很清楚,人身上有一种最隐秘的东西,是可以在一片云的颜色中、在一朵花的香气中、在亲人的目光中看出来的。因此,他能意识到,一种多少清楚的、或是含蓄的、或是有形的意识。常常是不自觉地人们就会碰上'通往内心世界的道路'。"①

这就是马塞尔·莱蒙的认同批评:批评家与批评对象之间的认同。然而,这批评对象是作品呢,还是作者?是作品中的作者,还是作者笔下的作品?

(四)

乔治·布莱在 1977 年的卡尔蒂尼研讨会上,将马塞尔·莱蒙所实践的认同批评看作是需要仔细加以区分的两种认同:一种是客观的认同,

---

① 《盐与灰烬》,第 272—274 页。

即作者与他所描绘的客观世界之间的认同,一种是主观的认同,即批评者与作者之间的认同,然后由这种认同到达与作品的认同。这就是说,"莱蒙所实践的认同是一种双重的认同,他自己,第一个主体,慢慢地与第二个主体取得一致,然后与第三个实体认同,这第三个实体是客观的(或者由客体滑向主体)"①。所谓"第三个实体",就是作品,乔治·布莱认为,马塞尔·莱蒙的认同批评是经由作者再到作品,其终点是批评者与作品的认同。1977年,这是一个必须记住的年份,因为乔治·布莱得出了"双重的认同"这样的观点,是经过了1973年的一次争论的。

早在1966年,乔治·布莱就提出了以认同批评为核心的新批评观:"新的批评(我不说是'新批评')首先是一种参与的批评,更确切地说,是一种认同批评。没有两个意识的遇合就没有真正的批评。"所谓"两个意识",指的是批评者的意识和作者的意识,乔治·布莱没有明确指出所谓"作者的意识"乃是通过作品反映出来的,这就为他后来的一系列观点埋下了伏笔。1971年,他在《批评意识》一书中这样写道:"同情不满足于钦佩地观照其客体,而是在其深处并通过一种独特的行动来再造精神的等价物,只有在这种情况下才会有活的批评。这就是马塞尔·莱蒙的参与的批评。"还有一段话具体地说明了马塞尔·莱蒙的认同批评,上文中已经引用过,为了阅读的方便,不妨再次引用:"通过放弃自己的思想,批评家在自身建立起那种使他得以变成纯粹的他人意识的初始空白,这种内在的空白将以同样的方式,使他能够在自己身上让他人的真实显现出来,并且不再以任何客观的面目显现,而是超越那些充塞着它、占据着它的形式,如同一种裸露的意识呈现于它的对象。……

---

① 乔治·布莱:《论批评的认同》,载《阿尔贝·贝甘与马塞尔·莱蒙,卡尔蒂尼研讨会论文集》,第37页。

它(批评)在试图认识一种意识的对象之前,就已经发现、认出、重建了此意识的存在,并竭力与它重合,与它的纯粹主体的真实认同,为了成功,还要使自己置于这样的时刻,即意识还处于一种几乎是空白的状态,还不曾被它那一团芜杂的客观内容侵犯和打上印记。"到此,乔治·布莱一直认为,他自己的认同批评的概念"全部来源于马塞尔·莱蒙",马塞尔·莱蒙的认同批评与他自己所实践的认同批评是一样的,即批评者的意识认同于作者的意识。直到1973年,乔治·布莱在他与马塞尔·莱蒙的通信中各自阐述了关于认同批评的观点,发生了一场争论,这才恍然大悟,原来马塞尔·莱蒙所坚持的认同是批评者和作品的认同,而不是他所实践的"只能出现在纯粹主观性的层面上"的认同,即批评者和作者之间的认同,所以,他才修正了自己的观点,提出了"双重的认同"的看法:先是两个主体(批评者和作者)之间的认同,后是主体(批评者)和客体(作品)之间的认同。然而,马塞尔·莱蒙似乎并不完全赞同乔治·布莱的说法,首先他对于主体间的认同未置可否,其次他强调了批评者与所批评的作品之间的认同,再次他认为这种认同不可能是完全的、融洽无间的,始终处于一种"渐进"的状态。他说:"您试图认同于另一个主体,而不停留在他的思想所依附的形式。对于我,这种精神的活动是我所力不能及的。我需要抓住语言的、风格的现实。否则,我很怕我会弄错。我从边缘到中心,从中心到边缘。还有,可能文本分析(实证主义的潜在的影响!——作者注)的实践多少有些败坏了我,我自然地想到一件作品,而您自然地想到意识的状态。"① 实际上,马塞尔·莱蒙的批评是从阅读作品开始的,而不是从了解作者开始的,他试图穿透笼罩在作品之上的团团迷雾,直接深入到作品的内部抓住实质,

---

① 《马塞尔·莱蒙与乔治·布莱通信集》,第242页。

揭示作品得以产生的"诗学"。在他看来,作品就是一件完成品,而不是一件正在形成的东西,也不是一份意识状态或运动的材料或见证。因此,他是在"从边缘到中心,从中心到边缘"的反复的运动中来把握作品的。马塞尔·莱蒙说:"我从已经完成的作品出发,再到作者存在于世的方式。本着这种精神,我写了《瓦莱里》、关于卢梭的一些文章,也许还有我的《塞南古》。但是我一直确信一个作者留给我们的东西是不能放在一个水平上的。出于真正的体验的作品是最有启示性的;在一个生命中有崇高的时刻;在一部作品中有高峰,作者,艺术家因此而袒露了自己,因为他在创作,因为他最深刻的东西在一种形式中实现。这大概就是为什么当我碰到一首诗或一篇文章时,我就要'解释'。然后我又回到了我的出发点。"① 他关注的是"崇高的时刻",是"高峰",是"出于真正的体验的作品",从作品出发又回到作品,着重挖掘作品的含义而不是简单地说好说坏,这大概是真正的批评家和什么书都评的书评家的主要区别。

---

① 《马塞尔·莱蒙与乔治·布莱通信集》,第172页。

第二章

形式：巴洛克与装饰主义

内容提要：对一部文学作品的形式，马塞尔·莱蒙的反应是一个艺术家的反应："说什么和怎样说是不可分割的。"无论是批评家，还是作家，"第一次接触"（一个是作品，一个是世界）都是非常重要的：最初的构思，第一个动作，实际上就已经开始"赋予形式"了。形式的重要标志是风格，而所谓风格，就是语言的运用。造成风格的基本因素是形式，而巴洛克风格主要是形式的表现。把艺术上的巴洛克研究移植到文学研究上，马塞尔·莱蒙是先驱者之一，他发现了法国16、17世纪的文学中巴洛克风格的存在，提出了巴洛克风格的标准，其要在于"变化"。他进而又发现了装饰主义的存在，并且定义了装饰主义，其要在于"华丽"。他区分了巴洛克风格与装饰主义，指出这是组成一个整体的两种不同的成分：一个是大众的艺术，一个是宫廷的艺术。马塞尔·莱蒙鼓励并指导了让·鲁塞的研究，使他写出了《法国巴洛克时代的文学》，开辟了法国中世纪文学研究的新领域。

让·鲁塞在《作品的形式真实性》① 中说："马塞尔·莱蒙认为不可能摆脱形式，无论是艺术家，还是读者，都是如此。如果人们承认形式是作家的思想本身，从一开始或者更早的时候就陪伴着他的话，那么如

---

① 载《批评的目前的道路》，法国联合出版社，1968年。

何能回避它呢?'美的作品是其形式的女儿,产生于它之前。'① 应该承认形式具有一种创造的、启发的功能;'且做且发现',德拉克洛瓦或者巴尔扎克写道;'手里拿着画笔想';'做'或'画'在这里意味着:创造各种形式。形式并非轮廓或提纲,既不是容器,更不是骨架;对于一个艺术家,它同时是其最深刻的经验和唯一的认识与行动的手段。形式是他的方法,也是他的根本。为什么它不能成为我们,读者和书的探索者的根本呢?"作为学生,让·鲁塞对老师的思想洞若观火:内容不能脱离形式,艺术家在创造思想的同时,也创造了形式;读者(批评家)在受到艺术家所创造的思想的熏染和启迪的同时,也感受到他所创造的形式的美;形式不是先验的,也不是先在的,它是艺术家创造的。形式既是艺术家的"方法"和"根本",也是批评家的"方法"和"根本"。

(一)

文学作品(艺术品)的形式和内容的关系问题,是文学理论经常讨论的问题,新旧形式主义对此争论不休。马塞尔·莱蒙对形式有其独特的看法,这种看法是他的批评活动的根本出发点,但他不是理论家,他的看法是以极为感性的方式提出的。

在1960年12月的一次通信中,乔治·布莱和马塞尔·莱蒙分别讲述了他们在丁托列托的画作面前的反应。在乔治·布莱:有一次,在让·鲁塞的带领下,他在圣洛克观看了丁托列托的画作,他一幅幅地看过去,没有在任何一幅画的形式面前停下,也没有任何一幅画的形式令他

---

① 瓦莱里语,见《如是集·二》,法国伽利马出版社,七星版,1930年,第477页。

停下脚步,他突然叫道:"说到底,我们可能忘掉丁托列托的画,如同人们在无法描述的莫扎特的在场之中忘掉某一首四重奏,某一首交响乐;在看过一幅幅画的时候,我们终于达到了那个不为任何一幅画所决定的东西!"① 这就是说,乔治·布莱看到的已经不是丁托列托的每一幅具体的画,而是他的所有的画所表现出来的本质。现象消失了,本质呈现了,形式在被他吮吸完内容之后被抛弃了。在马塞尔·莱蒙:他也到过圣洛克,他也陶醉于丁托列托的画,陷入"丁托列托的世界"所引起的梦幻,"但是,很快,我觉得有太多的东西、太多不大可能的东西进入这种梦幻,这太多的东西来自我的心中,这太多不大可能的东西几乎和画家没有关系;这种梦幻太过明显地变成了我的梦幻;这是主体性的眩晕。于是,我感到必须回到画作。美的绘画就在那儿。一幅幅地互相支撑,结为一体。"的确,一切都引导观赏者超越具体的画作,但是唯有一幅幅的画才能使观赏者生出生动的感受和思想。"对于具体的喜欢在我身上是很强烈的,使我不能将其抽象化",因此,"说什么和怎样说是不可分割的"②。乔治·布莱和马塞尔·莱蒙面对丁托列托的画的态度是根本不同的:布莱在丁托列托的任何一幅画面前都未停下脚步,丁托列托的任何一幅画的形式都不能吸引布莱的注意,即布莱不是对丁托列托的具体的画作感兴趣,而是一下子从丁托列托的画作跳到丁托列托所创造的世界,也就是说,他不愿或不能欣赏丁托列托的具体的画作,只能欣赏丁托列托所创造的世界,但是,没有一幅幅的画,何来他所创造的世界呢? 如果有,只能是一个抽象的世界。马塞尔·莱蒙则不同,他在每一幅画的面前停留,每一幅画的形式都吸引他的注意,他欣

---

① 《马塞尔·莱蒙与乔治·布莱通信集》,第63页。
② 同上书,第66—67页。

赏它们的色彩、轮廓、线条和表现出来的内容,他不急于超越,他让他的感受和画作的思想融为一体。这虽然是与作品的第一次接触,但非常重要,不可缺少。在某种意义上说,乔治·布莱的反应是一个哲学家的反应,马塞尔·莱蒙的反应,是一个艺术家(文学家)的反应。

这"第一次接触"之所以非常重要,不可缺少,是因为批评家由此可以感知到作家的"最初的构思",可以探知到作品所以产生的"第一个动作"。在这封给乔治·布莱的长信中,马塞尔·莱蒙说:"我说一部作品在产生的时候是不可能'不具有形式'的,我说的是她最初的构思,她产生的第一个动作。在她身上,一种结构的内在原则一下子就产生了,它悄悄地住下来,决定着(有时候作者并不'知道')表达方式的、词语和节奏的、韵律和诗节(如果是一首诗)的以及其他一切最终构成一部作品外部形式的东西的选择,它不是一件衣服,而您把那种可以归之于衣服的东西叫做形式,它不是必须穿上(遗憾!)的一件衣服,它不是一种人们可以在其中发现窍门、小技巧或者陈规陋习的修辞手段。"所以,"诗人必须在语言的天地中面对语言进行斗争(语言从世纪的深处、带着千百种限制向他走来);其中有些障碍像一个发动机一样作用于他,使他每时每刻都偏离他最初的意图。因此,诗人与材料斗争,与偶然、力量、冲动合作,它们也是从世纪的深处向他走来,折磨或穿越他,无限地超越他。"作家的"最初的构思",作品的"第一个动作",实际上已经对一切纠缠、压迫和折磨作者的内在梦幻的东西"赋予形式"了。"他利用了一种不确定的潜在性,使愿意存在的东西存在,尽管有各种各样的障碍",这种所谓"不确定的潜在性"就是作品,它是"一种在场的在场"。①

马塞尔·莱蒙在《质的意义》一文中,通过在风的影响下浪的形成的

---

① 《马塞尔·莱蒙与乔治·布莱通信集》,第67—68页。

描述,区别了物理学家和诗人对语言的态度的不同,不同的态度产生了不同的语言,不同的语言指涉着不同的世界。他引述物理学家爱丁顿的话说,通过一系列方程式的运算,物理学家得出结论:风速小于800米/小时,水面平静;风速等于1500米/小时,水面微微皱起,风停则水面复归平静;风速达到3000米/小时,水面出现大浪。这是物理学家的观察和运算的结果,一切都是可以计算的。诗人则不同,他写道:顽皮的风吹拂着水面;/一整天它都让它微笑,/反射着最丰富的色彩。/然后,严寒突然冻住了舞蹈,/魔力烟消云散。只剩下/一片白色,/无穷的白色,天空下/一种积聚的光辉,夜色下耀眼的平和。爱丁顿评论道:"神奇的词语再现了场景;我们感到自然就在我们身边,和我们结为一体;浪在阳光下舞蹈的快乐,月光照在冰冻的湖水上的景象令人感动,这一切都感染了我们。在这样的时刻,我们感觉不到不配我们自己;想到这样的时刻,我们不会对自己说:对于一个拥有六个坚强的感官和一个科学的智力的人来说,这样地被欺骗是可笑的。我的流体动力学的论文还是留待下一次吧!我们应该有这样的时刻;如果我们不赋予外部世界一种产生于物理仪器或者数学符号以外的意义的话,生活该是多么庸俗和猥琐啊!"马塞尔·莱蒙指出,爱丁顿给我们呈现了两种语言,代表着两个世界:一个是图像的再现,由传统的符号组成;一个是语言的表达,由即时的心理、形象和象征构成。诗人试图抓住的东西与物理学家不一样,他的真实的经验不能数字化,不能归结为可以度量的数量。物理学家一方面深入地观察世界,一方面又离开这个世界,"在结束探索的时候,他不再看这个世界,他看的是刻度,仪表盘和在仪表盘上移动的指针。一种很复杂的仪器,一系列中介,把他与'真实'分开了"。诗人则不然,他"全面地融入事物"。爱丁顿评论道:"他的喜悦在自然之中,在浪之中,在随便什么地方。我们的精神不与世界分离……

自然的面目之和谐与美和改变了人类面目的快乐只有同一个源泉。"马塞尔·莱蒙称这种"自然"为"形而上"的自然,与物理学家所观察的自然不可同日而语。形而上的自然是想象的、浸透了诗人的意识的自然。诗人深入自然,是寻求一种在所有事物中都存在的"特殊的相似性"。不同的语言表达了不同的世界,也表达了不同的人。"一个人观察,计算;他居于括弧之中,至少他努力于此。另一个人则歌唱,爱。他试图打开通向他自己身上的一个源泉的道路,他出现在我在宇宙中的一个附着点上。"通过诗人的语言,人与宇宙相联系,成为宇宙的一部分,感到自己对宇宙充满了赞叹之情。读者的体验应该与艺术家对现实的认识相一致,但是,如何知道艺术家在创作作品时的体验呢?通过形式,因为形式"产生自内容本身,它与裹住一件东西的衣服正相反,而与灵魂相似,萦绕着整个的作品,赋予作品以形式,使它成为它本来的样子。只有形式和风格(从某种程度的纯粹和完美开始)是无可辩驳的,而思想,所有的思想都是可以讨论的,可以辩驳的……在我们面前的世界中,真和美不再有区别,普遍和特殊相互认同为一种奇特的创造。"[1]所以,"艺术的真正快乐在于'没有道路的纯粹乐趣'。为了进入这种乐趣,必须首先经过一种特殊加工过的语言所有的曲折道路。……说和说的方式是不可分割的。"[2] 这个"曲折道路",就是风格。

---

[1] 《质的意义》,载《存在与言说》,第281页。
[2] 《马塞尔·莱蒙与乔治·布莱通信集》,第69页。

(二)

　　所谓风格,就是语言的运用。作家有了对语言的独特的认识和体会,并表现在纸上,从而打破了语言是思想、感情和行为的载体的藩篱,实现了语言和人的没有距离的合一,这时,我们就可以说,这个作家有了他的风格。马塞尔·莱蒙在夏尔-斐迪南·拉缪的身上发展了他的风格的观念,如同亨利·巴比塞所说:"拉缪的风格……这种传统和古典与某种新鲜和动人的东西的综合,我认为是文学史上的划时代的实现……他是言谈和语句的神奇的魔术师。"[①] 马塞尔·莱蒙在夏尔-斐迪南·拉缪的身上发现了一个文学语言的创造者。

　　夏尔-斐迪南·拉缪,生于 1878 年,卒于 1947 年,是法语瑞士自让-雅克·卢梭以降最伟大的作家,但也是一个最受争议的作家。年轻的时候,他曾经在巴黎住过 12 年(1902—1914),准备写论文,结交文学界人士,争取做一个作家。他的论文没有写成,但是发表了一些小说和诗,其中比较有名的是《阿丽娜》、《受迫害的让-吕克》和《撒姆埃尔·博莱的一生》,这些作品被认为是现实主义的,以在资本主义社会中个人的遭际为描绘对象。他在巴黎深感作为一个瑞士人的尴尬:说法语却被目为外国人,因此他意识到地域的重要。第一次世界大战前夕,他回到瑞士,回到沃州,积极地参加了《沃州手册》的活动,发表了《高原上的战争》、《邪恶精神的统治》、《天空下的土地》和《死亡的存在》等小说,特

[①] 转引自马克桑斯·迪尚:《拉缪或对真实的兴趣》,法国巴黎新出版社,1948 年,第 103 页。

别是一些随笔的发表,例如《向农民致敬》、《告别许多人物》和《存在的理由》等,表达了他"表现故乡"的强烈愿望,他要用故乡的语言表现故乡的人和事:农民、葡萄农、高山和湖泊。1925年,他为生活所迫,又回到巴黎,这时他已为巴黎所承认,但同时也是他最受争议的时候。著名的法国作家保尔·克洛代尔说:"不必惊讶,有一些语法学家、书呆子和新古典主义者在伟大的小说家夏尔-斐迪南·拉缪的周围制造一种沉默……。"有的批评家不无讽刺地告诫他说:"想当法国作家可以,但是他首先得学习我们的语言!"① 言下之意,拉缪的写作使用的是一种不正确的法语,实际上,他是"故意地写得坏"。拉缪很早就具有了一种追求个人风格的自觉意识,而他的所谓风格就是语言。他在1903年12月5日的一篇日记中写道:"我最看重一个美丽的句子,它只属于写它的人。"1907年9月27日,他在日记中写道:"在艺术中,我只对一件事情敏感:那就是风格。"1925年,他在给克洛代尔的一封信中说,他希望创造一种"伟大的农民风格",还说:"我强调'风格'更甚于强调'农民'。"他在风格中看到的是通过语言变地方性为普遍性,变具体的个性为一般的人性。1926年6月,《双周手册》出版了一期专号:"拥护与反对拉缪",这场争论促使拉缪对他为什么"写得坏"做出解释,并且明确了他追求语言风格的用意。他在1929年给他的出版人贝尔纳·格拉塞写了一封信,信中明确地表示,他反对"标准的语言",他在其中只看到一种"刻板的语言":"我拒绝把这种曾经使用、现在仍在使用、已经一劳永逸地编成法典的'古典的'语言看成一种适用于用法语进行表达的人们的唯一的语言。因为还有上百种法语。"拉缪出生在瑞士的沃州,那

---

① 转引自罗歇·弗朗西庸主编:《法语瑞士文学史》第二卷,瑞士拜约出版社,1997年,第433页。

里有木讷而顽强的农民,有浩瀚而平静的莱蒙湖,湖的对岸则是巍峨而神秘的阿尔卑斯山,他说:"我们这里有两种语言(法语):一种被认为是'好的',但我们使用得很差,因为这种语言不是我们的;另外一种据说是充满了错误,但我们使用得很好,因为它是我们的。"这种语言就是他在《艾梅·巴什》这部小说中说到的那种法语:"家乡的沉重的语言,结束不了的句子,没有头,但是人们相互理解……"这是一种真实的语言,表现了当地农民和葡萄农的实实在在的生活和山川草木的幽暗深沉的灵魂的语言。拉缪试图写出一种还没有被写出的语言:"我写的(我试图写的)是一种说的语言:我生于其中的人说的语言。我试图使用一种肢体语言,这种语言我周围的人还在用,而不是存在于书中的符号语言。"① 因此,法国著名的民众主义作家亨利·布拉依说:"对真实的兴趣使夏尔–斐迪南·拉缪成为法语最伟大的作家。"② 所谓"真实",乃是真实存在的农民和他对实实在在的高山大湖的感受与理解,包括他们迟缓的举止和拙于表达的言辞。拉缪的文字以其特有的词汇、句式和节奏惟妙惟肖地表达出法语瑞士的人和事,使具体的事物具有了一般的意义,使地域性达到了世界性。与其他追求地域性的作家不同,他们只是用普遍正确的语言(例如经典的、教科书上的法语)描述具体的富有瑞士特色的人和事,拉缪笔下的人物和事件是瑞士法语地区特有的,就是他使用的法语也是瑞士特有的,他的语言是一种经过提炼的、表现了瑞士人思维特点的法语。1925 年之后,拉缪陆续发表了大量的小说和随笔,例如《地上的美》、《亚当与夏娃》、《大山里的恐怖》、《德尔布朗斯》、《如果太阳不再回来》等,使他的风格臻于完善,创造了一种他

---

① 转引自《欧罗巴》杂志所载卡特林娜·鲁艾朗克《从说到写的转换》,2000 年 5 月号,法国。
② 同上。

称之为"诗意的现实主义"的创作理念。

这就是夏尔－斐迪南·拉缪,马塞尔·莱蒙给了他一个准确的定位:"夏尔－斐迪南·拉缪是法语瑞士自雅克·卢梭以降最伟大的作家。""最伟大的作家,我说的是最伟大的诗人,也就是说,创造者。"① 他立论的基础是语言。

马塞尔·莱蒙首先关注的是拉缪生活的那一方土地,那不是一个国家,不是一个民族,也不是瑞士联邦所代表的一个政治实体,而是一个地理的事实,一个自然的环境,一条河流冲刷切割而形成的一个地方。她的自然的、原初的语言是一种尾音稍微拖长的法语,这是她固有的语言,尽管她的居民已经抛弃这种地方性的语言,而竭力使用标准的法语,但是究竟还留有某种节奏、某种音调和特有的手势动作。那里生活着农民、葡萄农、工匠和小镇的居民,谁也打不破湖的两岸及其高山之间的呼应。人的命运千变万化,人生的意义深邃难解,但是如何表达,却并不是每个人关心的问题,然而这正是作家和艺术家遇到的难题。有些人试图变成巴黎人,但是成功者却少之又少。于是,拉缪挺身而出,力倡法语的"罗曼化",给法语瑞士的艺术家一种"美学意识"。他年轻的时候在巴黎生活过十年,但他的心却在他的故乡,他愿意毕生做一个瑞士人。他最初创造的人物无一不属于这片土地,莱蒙湖沿岸的高地。马塞尔·莱蒙描绘了一个静观沉思的拉缪:他的最初的老师是画家,尤其是塞尚,这成为他创造拉缪式的语言的一个极其重要的源泉。塞尚的第一个行动就是质疑传统,与模仿的形式告别。拉缪首先拒绝了遗产,精神遗产,即乡土所接受的思想观念,道德遗产,即某种苍白的

---

① 转引自阿尔弗莱德·贝尔克托德:《20世纪门槛上的法语瑞士》,瑞士拜约出版社,1966年,第768页。

理想主义,美学遗产,而这一任务尤为迫切。"首要的行为,因此也是绝对的不守习俗的行为,剥离(遗产)的首要的工作,一种先于任何创造自我的苦行,一切自然的本身的再创造,面向作品的全部努力。"① 这就是拉缪作为一个静观者的行为。拉缪说:"面向赤裸裸的事物。"这意味着,抛弃意识形态,拒绝抽象,拥抱生硬粗糙的真实,"不仅拿来轮廓,还拿来深度"。所谓"深度",乃是指事物的真实存在。湖上飘来一朵云,投下一片阴影,阴影中有一条船,湖水则由蓝变绿,再变而为灰绿。农庄上空一只鹰在盘旋,飞行的曲线与汝拉山脉的山势相交,葡萄的枝蔓间有一列火车驶过。这一切并非幻影,并非假象,而是真实的、确切的存在,它们组成了一个世界,而这个世界是无可置疑的。马塞尔·莱蒙用富有质感的笔触确立了拉缪的根本,这个根本就是:"拉缪死死地、固执地抓住了真实事物,具体的事物;在这个世界的中心,他存在于深入观察天空的目光之中。……没有什么比首先感觉更重要;这是不可替代的经验,它首先建立在感官的绝对的见证之上。"②

　　生活在这里的人大部分是农民,尤其是工匠,初看起来,只仿佛是一些影子,并没有特别的地方。但是,他们的所为没有一件是孤立的,无论是人为的还是自然的形式,都是彼此相互关联的,彼此互为作用的。微弯的脊背,缓慢的举止,沾满了处理葡萄树的硫酸铜的上衣,多少有些迟疑的农民的话语,微笑,耸动的肩膀,等等,都仿佛是一种象形文字或表意文字,蕴藏着丰富的含义。有时,人们相信这些人知道有一些事情发生了,一些大事发生了,其中隐藏着人生的意义。有些人对着灰绿色的水和云影沉思,他们是诗人和画家,因为农民只关心天气。拉

---

① 马塞尔·莱蒙:《夏-斐·拉缪的地位》,载《真与诗》,瑞士巴考尼埃出版社,1964年,第228页。
② 《真与诗》,第228—229页。

缪认为，诗人"并非特别的人，乃是人中之人"。秘密就在事物之中，隐藏在另一种真实之中，是现象裹在一重厚厚的幕布之中的"本体"。秘密就在这个世界之中，无论是可见的还是不可见的，就植根于具体，体现于这些人的存在，而这些人就是最初的行动、最初的感情和最初的语言所表现的人。诗的艺术在于表现这样的人和这样的事，最根本的是要找出一种观看的方法，找出一种表达的方式，这自然而然地提出了风格的问题。马塞尔·莱蒙指出："形式并不是加在思想身上的一件衣服，不是人们倾入内容的一个模子。"他引用亨利·弗西雍的话说："形式的内容是形式的。"这句话的意思是：对一件真正的艺术品来说，形式的内容和内容的形式互为表里，互为存在，假如形式为表，那么内容即为里，假如内容为表，那么形式即为里，形式和内容不可分割，浑然一体。"换句话说，观念产生其形式，正如组织分泌出结构。对于拉缪来说，风格是艺术存在的理由和不可磨灭的印记，正如它是人存在的理由、对于自我的深刻的忠诚和诗人的行为与呼吸。追寻风格，与寻求表达伴随终生的焦虑，这就是拉缪的全部生命。"① 马塞尔·莱蒙在晚年的回忆录中还引用了亨利·弗西雍的一句话："有意识即有形式。"他随即解释说："我理解了任何打破一种形式的意图都必然指向一种新形式的创造，不管它们显得多么变幻无常甚至逐渐消失。似乎在形式之外并没有存在……。"② 拉缪即是如此：面对着生活在湖畔山间的农民、葡萄农和工匠，面对着发生在那里的平凡的或神秘的事，拉缪将选择怎样的语言来加以表现？真正的作家从来都是使用他自己的语言。通用的法语，合乎语法的法语，书本上的法语，他都认为不适合，他面对着它们感到

---

① 《真与诗》，第230页。
② 《盐与灰烬》，第164—165页。

陌生，充满了不信任，于是他选用了当地的语言，经过改造成了他自己的语言，这就是为许多人诟病的"不正确的法语"。"他认为应该从这种口语出发，这种口语是一种口头上的行动，其中回响着和转换着身体的节奏或使身体运动起来的事物，应该使这些运动风格化（并非原样地再现这些运动），也就是说，创造一种个人的口头的风格，但是其中有一些东西源自外省的法语；这种风格很少得之于法国自文艺复兴和古典人文主义以来所进行的努力，总之，从最突出的特点来看，是一种后中世纪的风格。""毫无疑问，拉缪的风格是一种微妙的、精炼的产物。""他想要回溯到自然的源泉之中——或被称为自然的，这是根本的——从他的故乡的口语出发，这是今天（或昨天）的农民的语言，这种语言对外国人、对法国人来说，有时候仿佛是陈旧过时的。"① 马塞尔·莱蒙一语道破了拉缪的艺术观的根本：一定的语言表现一定的人，标准的语言表现标准的人，而标准的人是不存在的。拉缪本人说得好："那些优点，在教科书里给出的优点，例如某种优雅，对我有什么用呢？我对另一种语言看得很重，原初意义上的另一种语言；轻灵，迅捷，如果我面前的山的某种曲线使到达山顶具有某种缓慢，如果陡峭的山腰因为沉重而具有一种美，如果因为这种备受赞扬的优雅而使行动具有痛苦的面貌，额头的皱纹使表达慢慢地出现。悠然自如对我有何用呢，如果我要表达笨拙？"

那么，夏尔-斐迪南·拉缪是一个乡土作家吗？马塞尔·莱蒙认为他不是："他是另一种规模的作家，他不是乡土作家，他拒绝成为乡土作家。"② 在这方面，拉缪的立场非常清楚，谈到"乡土主义"，他说："我们

---

① 《真与诗》，第 231 页。
② 同上书，第 233 页。

觉得,这个词和它代表的事物是一样地令人不舒服。我们的习惯,我们的风俗,我们的信仰,我们的着装方式,我们所能有的词汇,不说'装牛奶用的背桶'而说'boille',所有这些令文学爱好者感兴趣的区区小事,在我们看来都是无关紧要的,我们尤其觉得它们值得怀疑。我们的所为当中不应该有任何满足读者好奇心的东西。对我们来说,特殊性只不过是个出发点。我们是因为喜欢普遍性和为了更稳妥地达到普遍性而注重特殊性的。"① 所以,他的作品中很少引发读者好奇心的事件,有的只是时时处处都在发生的爱情、生命和死亡。有些人认为,拉缪小说中的人物不真实,在现实生活中不存在等等,拉缪本人辩护说,这些人物,这些地方,都是他的"创造",而"创造拥有一切的权力,创造的权力与它的力量成正比。……批评我不怕。只有创造的东西是存在的,一切都只存在于表达之中。"② 马塞尔·莱蒙指出,主体和客体、诗人和他的作品的材料之间的这种"先天的协调"是正确的。"他(拉缪)锻造了一种有力的、结实的语言,其中一个特点修正了另一个特点,而并非取消它,这种语言还不是完全适合表达一种在变化之中的流动的内在状态。"但是,他的人物是存在的,有生命的,"通过他们,诗人的世界渐渐呈现在我们面前,某种深沉的音调传达到我们身上,甚至在任何言语之前"。这个"诗人的世界"是他的"内心真实"。"他致力于包围着他的东西,在某种意义上说,他致力于决定着他的东西,诗人表达了他自己的内心真实。向着事物,他就在自身中向前;揭示了一个地方之前,一个世界在具有某种客观的价值之前,他的作品就揭示了一个人。通过这些农民,这种自然的节奏、色彩和形式,他向我们提供了一种人类命

---

① 拉缪:《存在的理由》,瑞士鹰巢出版社,1978 年,第 57 页。转引自卡特琳娜·鲁埃林克:《从口语到书写的转换》,载《欧罗巴》2000 年 5 月号。
② 拉缪于 1929 年写给格拉塞的信,转引自《夏-斐·拉缪的地位》。

运的观念,这种观念拥有他最隐秘的偏爱。"① 总之,拉缪完成了从口头语言向叙述语言的转换,马塞尔·莱蒙也通过他的描述表达了他的形式观:"说什么和怎么说是不可分割的。"

(三)

法国文学究竟有没有一个"巴洛克时代",这是一个问题。20世纪以前,文学史家认为,法国的17世纪完全是一个古典主义时代,而进入20世纪之后,文学史家又认为,欧洲的(包括法国的)17世纪是一个完全的巴洛克时代。一个时代的文学(艺术)面貌取决于对该时代文学艺术创作的特征的分析,马塞尔·莱蒙从文学作品的形式分析出发,对法国16世纪、17世纪的文学做出了评判。

马塞尔·莱蒙说:"首先让我们区分精神和文化的历史家的态度和美学家的态度,前者关注形式的内容,视形式为表现(为了导致一种肖像学,即关于对象、主题和象征的理性研究),后者则视形式为创造,对他来说,艺术的世界从本质上来说是一个形式的世界。这些形式几乎是自主地发展,在表达除自己以外的事情之前就已经'表达着自己'(亨利·福西雍语)。""说到底,是形式造成风格;而风格自己给予作品以一种美学的存在。"② 马塞尔·莱蒙选择了美学家的立场,从形式和风格的角度为自16世纪的下半叶到17世纪的上半叶的法国文学确立了"巴洛克时代",紧随其后,到来的是古典主义时期;但是他并没有排斥

---

① 《真与诗》,第235—236页。
② 马塞尔·莱蒙:《巴洛克与诗的复兴》,法国约瑟·科尔第出版社,1985年,第19,24页。

"精神的和文化的历史家"的态度,指出法国的巴洛克是一种与古典主义相对立又相补充的时代,也就是说,不存在一个完全的、纯粹的、发育成熟的"巴洛克时代"。

长期以来,在法国,文学史家,例如居斯塔夫·朗松,一直认为,17世纪是一个纯粹的古典主义的时代,而美术评论方面的用语"巴洛克"应用于文学至多是一种"迷失"而必须加以抛弃。直到 1912 年,马塞尔·雷蒙(另一位文学批评家——笔者注)发表了《从米开朗琪罗到提埃波洛》才露出了在文学上研究巴洛克的苗头,而据让·鲁塞说,真正取得突破的是 1935 年欧仁尼奥·多尔斯的著作的翻译和随之而来的大争论,"巴洛克问题成了热门话题"①。马塞尔·莱蒙是自 20 世纪 40 年代以来把巴洛克概念用于文学研究的先驱者之一,但是他反对把 17 世纪称作"巴洛克时代",强调"17 世纪上半叶无论如何不是一个同质的、完全的巴洛克时代"。②

1953 年,马塞尔莱蒙和他的妻子克莱尔·莱蒙合作翻译出版了德语瑞士批评家亨利希·沃尔夫兰的《艺术史的基本原则》,盛赞其完成了"从其形式出发整合巴洛克概念的最高意图"③。沃尔夫兰认为,从古典主义到巴洛克,变化的是行动,是看世界的器官本身,而器官指的是一种心理结构:"人们不仅仅以另外的方式看,而且看到了另外的东西。""在每一种看的新方式上面,结晶了一种世界的新内容。"④ 沃尔夫兰用五个对立的范畴界定了他的古典主义和巴洛克的概念:

---

① 让·鲁塞:《巴洛克时代的法国文学》,法国约瑟·科尔蒂出版社,1983 年,第 7 页。
② 马塞尔·莱蒙:《法国的巴洛克文学》,载《真与诗》,瑞士巴考尼埃出版社,1964 年,第 151 页。
③ 同上书,第 24 页。
④ 同上书,第 25—26 页。

一,线性的表达(古典主义)对立于绘画的表达(巴洛克):"一方面,是一种从其可感知的特点上抓住物体的方式——轮廓和表面;另一方面,是一种建立在可以看到的表象上并因此可以放弃'造型'的描绘的把握方式。第一种情况下,重点在于物体的界限,第二种情况下,是在准确的界限之外进行表达。建立在轮廓之上的造型的观看是使对象分离开来;相反,对于一只绘画地观看的眼睛来说,对象是连接在一起的。首先要囊括界限分明的、具有稳定的可以触摸的有形体的对象;然后是使观看具有整体性,就像一个飘动不已的表象。"

二,由界限分明的平面进行的表达对立于具有深度的表达:"在古典主义的艺术中,线的发展与平面的清晰有关,在同一平面上的相迭保证了最大的可见度。在巴洛克的艺术中,轮廓的模糊导致了平面的模糊,眼睛于是由浅到深地把事物连接起来。问题不在于质的分别:这种革新不是由于人们获得了更好地表达深度的能力,而是证明了一种从根本上不同的艺术的存在。"

三,封闭的形式对立于开放的形式。显然,这种对立只有相对的意义,因为一件艺术作品总是一个整体。但是,巴洛克的形式开始解体,它不再受控于一种或显或隐的平衡,不再受控于一种垂直水平的活动:"规则的松懈,严格的'构造'规律的破裂不仅仅意味着人们在寻求一种魅惑观众的新方式;它形成了……一种新的、完全彻底的表达方式。"

四,包含着多种成分的统一性(古典主义)对立于复杂的或全部的统一性(巴洛克)。在这两种情况下,人们面对着一件完整的作品——而在15世纪,作品的部分相迭,而不相连。对于一个古典主义者来说,统一性是通过"相互独立的、相对自主的、明确地连接在一起的各部分的协调"来获得的。相反,对于一个巴洛克主义者来说,统一性是通过"不同的部分会聚于一个动机或者各种成分服从于它们中的其领导功能毋庸置疑的一个"来获得的。

　　五,被表达的对象的绝对的明晰对立于一个不那么绝对的明晰。在古典主义的范畴内,对象似乎呈现于"触觉的造型的感知";在巴洛克的范畴内,对象成堆地出现,它们的非造型的质到处都显而易见。"我不想说作品变得晦涩,总是给人一种不舒服的印象,但是动机的明晰不再是表达的目的;在眼睛面前全面地展示形式不再是必要的了,只给出基本的支撑点就够了。结构、光线、色彩不再是说明形式的首要功能了;它们有自己的生命。"①

　　由于沃尔夫兰的五条相互对立的原则是根据对形象艺术的考察得出的,应用于语言艺术时需要取"慎重"的态度,也就是说,形象艺术是在空间完成的看的行为,而语言艺术是在空间—时间中展开的,两者之间必须经过转换,不能直接应用。古典主义和巴洛克都不是单一的,纯粹的,一方面,"规则并不能造成古典主义。从中产生的绝对的明晰也不能。"另一方面,"不规则,缺乏明晰,也不足以造成巴洛克。"② 任何单一的特点或性质都不能造成古典主义,也不能造成巴洛克,两者都有着一种复杂的、矛盾的构成。抽象的研究,必然得出令人失望的抽象的结论,这为马塞尔·莱蒙所不取。

　　例如,把五条原则中的第一条和第二条——线性的表达和绘画的表达,由界限分明的平面所进行的表达和具有深度的表达——运用于

---

① 《巴洛克与诗的复兴》,第 26—28 页。引号内是克利夫兰的话。
② 同上书,第 30、31 页。

文学,就需要一种"换位",其结果可能改变这些原则的性质:"文学上的深度原则是模棱两可的。在沃尔夫兰的思想体系中,它与某种体验空间的真实、创造空间的方式直接相联系。在文学上,一种描写或一种风景的唤起为造型作品、绘画和雕塑提供一种可靠的比较点,这种情况是很少的。"① 巴洛克的"深度运动"是一种持续的运动,其目的在于拉近、连接平面和物体,使之混合在一起。古典主义的作家则不然,他们是在同一平面上拉近物体,从而形成一种所谓"高贵的风格"。同样,把线性风格和绘画风格的原则从美术领域移到文学领域也不是没有困难的,因为绘画的观念植根于空间世界之中,恰恰是画家观看的方式。但是,人们试图从这种绘画的观看过渡到一种"主观"的观看,其目的在于通过语言的手段来表达一种感情,一种印象。美术家的绘画性相当于文学家的"音乐性","在富于音乐性的诗和散文中,对象消失在感情之中,消失在主体体验的印象之中,印象和感情混同于语言,语言于是变成了看的、听的、感觉的、消耗的东西"。但是,文学中的绘画的观念与写作艺术的发展有关,不为巴洛克时代所独有。相反,线性风格的概念倒是可以给人以启发,因为在这种风格中,"观念、感情、感觉——被呈现的物体——清晰地展现在精神面前,仿佛顺序地登记一样"。"每一个成分到得恰是时候,由词语、措辞、特征、诗句的停顿和节拍、协调而不使混淆的句法来固定和确定界限。"② 所以,必须指出:"语言(写作艺术)作为组织要比 16 和 17 世纪的画家和雕塑家的视觉器官变化得慢。再有,必须记住现象的年代表和别处的特别是意大利的不一样,而沃尔夫兰和其他研究美术的美学家的解释正是建立在这一张年代表

---

① 《巴洛克与诗的复兴》,第 33 页。
② 同上书,第 34 页。

上:巴洛克并不后于古典主义;如果说它与文艺复兴的古典主义差不多同时的话,它总在17世纪的古典主义之前。修辞学的教授,规则的统治,力求控制自我的生活和思想的方式的发展,冉森教派直到笛卡儿主义的狂热,这一切没有一条在路易十三和路易十四时代有利于巴洛克的发展。为了打破文学上的线性风格的束缚,长期被压制的巴洛克必须延续,由浪漫主义来振作其精神,在此之前是18世纪洛克影响下的感觉的回流,或类似的东西。然而这时,巴洛克已经变了,变了性质。"①

第三条和第四条原则(封闭的形式——开放的形式,包含着多种成分的同一性——复杂的和全部的同一性)明显地可以从造型艺术移用到语言艺术的作品上,因为"在造型形式统治的空间中,存在着包含着多种成分的同一性或全部的同一性、构造的或非构造的整体、受制于比例和匀称、或多或少是稳定的、受到一种生命冲动的激励,而依据这种生命冲动安排着作品的不同的成分"②。这就是说,在造型艺术和语言艺术之间,彼此有着相同的成分,可以通用一些考察的方式。例如,"人们区分由节拍器控制的格律和打破了匀称的节奏",因为"格律的真正胜利是在马莱伯的革新之后,节奏的真正胜利是在19世纪,在16世纪的诗句中,一般地说,断句不那么清晰、匀称、顿挫、格律和节奏并存,但经常是并不相互排斥的。"③ "古典主义的世界是一个协调的世界,与一种稳定的平衡、公正的补偿和协调的理想相应。巴洛克作家更愿意让创意听命于词语,纵情于一种生命的或精神的力量。"这里,马塞尔·莱蒙引用了让·鲁塞的一段话,用以说明巴洛克艺术(造型艺术和语言

---

① 《巴洛克与诗的复兴》,第34—35页。
② 同上书,第36页。
③ 同上书,第36页。

艺术)包含着一种对于完成了的作品的反叛萌芽:"它(巴洛克)是一切稳定的形式的敌人,被自己的魔鬼推动着,永远地超越自己,破坏自己所创造的形式的同时趋向另外的形式。所有的形式都要求坚实与确定,而巴洛克却要求运动和不稳定;它似乎处于这样的两难面前:或者为了成为一件作品而自我否定为巴洛克,或者为了忠于自己而抗拒成为一件作品。"① 沃尔夫兰并没有把运动作为古典主义和巴洛克相互对立的原则之一,因为"古典主义艺术也接受运动中的存在和物体",虽然它以线形的方式来表达它们。但是,马塞尔·莱蒙指出:"人们不能不接受运动的概念是文学上一个有用的标准。运动越是激烈,越是鲜明,越是表现出一种基本的力,而不是一种自由的和逃避的举动。"② 由于艺术家很少节省其表现的手段,总是追求尽可能的效果,所以"夸耀"也成为巴洛克艺术的特点之一,于是人们也就从形式的领域进入了思想和文化的领域。其实,古典主义和巴洛克的对立只是表现在概念或美学的层面上,一位作家的作品可能具有两种特点,只不过是程度不同罢了,所以,马塞尔·莱蒙说,在法国,巴洛克文学是一种不自知的艺术,而让·鲁塞则说:"如果把巴洛克看作古典主义的严格的反证,从而把17世纪的历史简单地看作对比的活动,就有争论错误的危险了。巴洛克和古典主义互相视为敌人,但就像在一个家庭中一样;它们带着一种兄弟情谊相互对立。"③ 因此,不存在一种典型的巴洛克作品,巴洛克的理想的圆满实现是不可能的! 但是,马塞尔·莱蒙还是提出了巴洛克文学的标准,尽管他认为有多少种观点,就有多少个问题。他的标准是:"从总体的结构来说,一,形式趋向于开放,作品中心模糊或没有中心,

---

① 《巴洛克与诗的复兴》,第39页。
② 同上书,第41页。
③ 同上书,第43页。

没有过于明显的比例,不均衡;二,总体上具有一定的复杂性和一定的穿透性,或者各部分之间的嵌合。这种内在的紧张可能引起分裂,或者由于总体的运动、所谓主题的组成而导致出现紧张。从表达性上说,这种内在的紧张要求强烈的修辞格,表现出对比和断裂。感叹的、疑问的修辞格,省略或错格,表达出思想的中断、惊讶、悬念、包围、不协调的成分之间的冲突。用词法,例如夸张,或反衬,或作为掩饰的比喻;或者作为自相矛盾的比喻,例如取自过远地方的比喻(对古典主义来说),因为它在很清晰的现实之间、在属于等级分明的创造的不同范围的真实的各种面貌之间架起了桥梁。"① 修辞决定了形式,但是这取决于读者和作品之间的关系,读者必须进入作品,与作品打成一片,马塞尔·莱蒙说:"艺术的世界是没有尺度的。对于作品的纯粹客观的或实证的批评,无论是绘画、音乐或诗,是构不成批评的全部的。这些修辞格,这些形象,所有这些与表达力有关的现象,都有一种价值。它们也有一种功能性。它们也被看作是本质的,启示的,但有一个条件:读者与艺术品有一种足够亲密的关系,认识它,变成一个静观者。另一方面,用词法、修辞法、风格的运用只能是一种方式的结果。它们的存在更多的来自文学的社会学。应该评价的,是这些表达现象的必要程度。这是其存在的理由,其根据是作品的总体和使之活跃起来的创造过程。只有居于中心的直觉才能充当其标准和向导。"② 直觉,在马塞尔·莱蒙的心目中,是引导读者(批评家)进入作品的最先的引路人,唯有不具成见的阅读才能体会作品的形式之美,而作品的形式还有着更深的基础,那基础是建在文学的"社会学"之上的。社会学指的是文学的内容。所以,

---

① 《巴洛克与诗的复兴》,第44—45页。
② 同上书,第48—49页。

马塞尔·莱蒙说:"存在着一种关系,即形式和内容之间的关联,这种关系,至少是在文学上,是不可能不考虑的。如果说艺术是风格的话,则没有真正的巴洛克的诗或巴洛克的戏剧是没有特有的风格的。一种受束缚的、始动的巴洛克,例如微弱的愿望或纷乱的冲动,一种人们只是通过主题、题材或置于舞台的人物的心理来界定的巴洛克,从艺术的角度说,将始终是未完成的。反过来说,当一种巴洛克风格'表达'了一种内容,而这种内容自然而然地由它本身获得解释时,它才能带有真实性的印记。当然,各种障碍、挫折经常妨碍这种'自然的'表达,尤其在法国,古典主义的修辞学显示着它的威力,自 17 世纪始,规则就施展着它的统治权。形式和内容的关系从此变得间接,形成对照,而批评家的作用则是要通过直觉揭示这种不协调。"①

与巴洛克的风格学相呼应的,是某种特殊的内容,例如"人们不曾驻足的大自然,尚未被开垦的、未曾进入文学作品的大自然:天空、海洋、变化的、暴烈的天宇、波涛汹涌的大海;在大地上,人们关注野蛮的、狂暴的事物、断裂的树木、植被蔓延的废墟;人们怀着好意看着那些并不高尚的人、士兵、农民、乞丐、冒险家……"以往的艺术家(作家)并非没有处理过类似的题材和人物,但是,如此多、如此别致的主题和人物和它们所提供的不定的、多变的、怪异的、向变化开放的一切,会聚在巴洛克时代,这在法国文学史上是空前的,它代表了一种"新的选择"②。当然,在 17 世纪初,在大部分诗人之中,风格和主题的不协调,还是很常见的,但是随着时间的流逝,在整个 17 世纪中,"充分巴洛克"逐渐取得了可以与古典主义相抗衡的地位。马塞尔·莱蒙说:"我觉得,巴洛克

---

① 《巴洛克与诗的复兴》,第 51—52 页。
② 同上书,第 53 页。

的内容(主题、题材、象征)大部分可以归结为某些观念或驱动模式——这里运动一直是赋予艺术品以生命的原则,我将其分为两种导致极端状态的两大类:一种是强力、威严、激昂、过度,其危险在于断裂、堕落(和死亡的威胁)。另一种同样是强力,但是沸腾的强力,展开为流动性,逃逸性,变化性,直到掩饰和夸耀的各种态势。这两种极端的状态从生与死、表与里的对立的感情中吸取活力。第一类的观念假定了最高程度的生命张力,在悲剧的环境里最为兴盛。第二类的观念拒绝悲剧,有意识地产生任意的、纷乱的或怪诞的形式;……"① 可见,巴洛克不仅从形式上来说是与古典主义相对立,从内容上说,也与古典主义的雍容均衡大异其趣,其形式和内容是彼此相依存的。在艺术上,从来不曾有过"旧瓶装新酒"的事情。如果有,不是内容遭到歪曲,就是形式遭到破坏。新的内容一定要求新的形式,而新的形式也一定表达着新的内容。马塞尔·莱蒙说:"如果说严格意义上的巴洛克是一种风格或一系列同一种归属的风格的话,我们就会同意,有些主题、情感、内在的态度要求某种巴洛克的表达。……在我试图打开的远景中,要求消耗某种生命的或者精神的潜力。"② 他提出了巴洛克文学的标准:"首先,是内容的层面,例如主题、题材、动机(或象征)。画家或诗人以维纳斯和阿多尼斯的爱情为主题,他发展了可怕的死或可亲的死的主题,他选择了活水或喷泉的水、雪、云、虹、气泡、火焰的象征,象征着飞逝的生命、无用的生命。……第二,一般地说,在有关形式总体的美学的范围内,在结构或结构的模式的层面上可以进行比较,虽然不那么明显,但成果很多。最后,人们可以在风格的层面上,尤其是在所谓结构、思想和词

---

① 《巴洛克与诗的复兴》,第58页。
② 同上书,第62页。

语的修辞格的层面上,建立一种对比。这是一件微妙的但所获颇丰的工作,如果谨慎从事、把握住根本的话:从暴烈的行动、过度的表达到夸张;从形式和色彩的对比到反衬;从人物和形式的大规模的集合到连词省略;从间断、节略、居高临下的远景的效果到省略或错格。"①

(四)

"为了更好地阅读,从侧面阐明 16 世纪法国诗歌的某些方面,这些方面至今还有一种相对的晦涩难明之处"②,马塞尔·莱蒙从巴洛克之中分离出装饰主义,指出装饰主义并非同质的、封闭的体系,而是和巴洛克"互相渗透、共同组成一个整体"的两种成分,他的出发点仍然是风格,也就是形式,同时也不忘记从法国乃至欧洲的思想氛围中寻求装饰主义产生的根源。马塞尔·莱蒙分别于 1964 年发表《龙萨与装饰主义》、于 1968 年发表《巴洛克与装饰主义的界限》、于 1971 年发表《法国诗与装饰主义导言》,对装饰主义在法国诗的发展过程中的地位和影响,做了详细而全面的论述。

16 世纪是马丁·路德、加尔文等人进行宗教改革和罗马天主教会反对宗教改革的时代。马塞尔·莱蒙首先指出,装饰主义产生于宗教改革和反宗教改革的时代,并不是偶然的。当时的欧洲为战争所苦,弥漫着一种精神上和思想上的"不安全感"。自然法则摇摇欲坠,而人文主

---

① 马塞尔·莱蒙:《法国文学的巴洛克》,载《真与诗》,瑞士巴考尼埃出版社,1964 年,第 160 页。

② 马塞尔·莱蒙:《法国诗和装饰主义·引言》,法国巴黎米纳尔出版社,1971 年,第 5 页。

义正是建立在这个自然法则之上。时代的苦难和不幸是产生装饰主义的某种原因,1560年正是法国开始种种大动荡的一年,例如胡格诺战争、圣巴托罗缪之夜、颁布"南特敕令"等等。"但是,艺术如果是屠杀和战火的反映的话,它也可能试图让人遗忘这些屠杀和战火。"① 于是,艺术家和诗人面对充满危险的生活,居于一隅,寻求贵族和教会的保护,从而使装饰主义带有贵族和宫廷的色彩。它排斥无知的俗众,为"内行人"辟一安全的避难所,罕见、奇特、高雅、潇洒、即兴、怪异、隐秘等等,直至诡计、匕首、毒药、骗局、游戏和秘密聚会,就成了为内行人所喜爱的品质和行为。在这样的时代里,无所谓真,无所谓假,真实就存在于矛盾本身之中,我们的存在和对象的存在都没有任何的稳定性。正如法国诗人龙萨所说:"一个季节过去,又来了另一个,/人只不过是无稽之谈而已。"马塞尔·莱蒙就这样为他谈论装饰主义建立了稳固的社会学基础。

装饰主义,语出la maniera,有风格、手法、装饰、矫饰之意,今取"装饰",是意大利画家、艺术评论家乔治·瓦萨里于1550年提出的一个概念,用以说明16世纪的绘画比15世纪的绘画的高明之处,即是说,16世纪的画家具有明显的个人风格。但是,到了17世纪,这个词渐渐有了贬义,它表示这一代的画家背离了前辈画家的传统,即模仿自然的传统,在绘画中加入了主观和想象的成分,因此,在17、18、19三个世纪二百多年的时间里,装饰或装饰主义一直是一个否定性的评价,"艺术作品中自然成分的缺失是装饰主义受到否定的主要原因"②。到了20世纪20年代,表现主义的兴起和前卫运动的刺激使德国批评界突然对装

---

① 《巴洛克与诗的复兴》,第6页。
② 转引自尼科尔·高莱:《装饰主义:定义问题,分期问题》,载《文学研究》,1995年第4期,洛桑大学文学系。

饰主义发生兴趣,甚至认为装饰主义是超现实主义的前兆。德国批评界对装饰主义的研究引起了全欧洲的反响,波及到文学批评,于是文学界和艺术界共同探讨,从形式的、历史的、社会学的角度形成了无处不谈装饰主义的局面。英国评论家约翰·希尔曼证明,装饰几等于风格。从此,风格就带上了个人的印记,表现了"心中的想象的美"(米开朗琪罗语),也表明想象胜过模仿的时代已经来临。装饰主义的艺术的基础在于绘画与诗的关系。自从莱辛的《拉奥孔,或称论画与诗的界限》发表以来,绘画与诗歌的关系始终是西方学术界热烈争论的话题,但是,在16、17世纪的人看来,诗画一律是自然而然的事情,文学理论和艺术理论是一致的:画家讲述故事,阐明寓言,表达行动,总之,画家使人思想;诗人描述可能的事件,汇集形象,总之,诗人使人观看。换句话说,诗在画中是无言的,而画在诗中是有声的。如同古罗马诗人贺拉斯所说:"诗歌就像图画(ut pictura poesis)。"我们可以用评画的标准来评诗。装饰主义的绘画的特点是:

  一,装饰主义的画最经常地是表现为一组不稳定的或活动的形象,这种活动性有时候可以到极端的程度,因此,火、气、流水的象征和运动的主题占据了主导的地位,例如偷窃、绑架、舞蹈、节庆、狩猎和战争。

  二,艺术家的注意力离开了自然,集中在男人和女人的躯体,其姿态、动作、形式加长扭曲如S形,不成比例、对照、不对称、切分的艺术大行其道,某些形式重新决定了主题的选择,例如神、女神及他们的爱情、入浴的妇人、梳妆的妇人、水神的游戏等等,肉感和色情自然不在话下。

  三,装饰主义的作品没有中心,濒临解体,不是说结构不存在,但是结构必须使人有惊奇之感。

四,巴洛克的最大的新奇之处是它的深度,装饰主义的艺术完全不同,它忠于线条,喜欢平面的分割,绝无自由的运动。

五,与加以理性的组织的、服从透视原理、同质的立体空间不同,后期文艺复兴时期的画家以奇特的手法处理空间,它是高高低低的,异质的,不可捉摸的,挤满了形象。在大部分情况下,空间是满的,有时则是空的,星星点点地布满了小的人物,其与主要人物的关系几乎不能确定,仿佛在另一块土地上。至于大的形象,它们似乎对着观者迎面扑来。

这些特点使得17世纪中期以后的人指责装饰主义的画家蔑视自然,随意地处理它,不顾内容地置于抽象的模子里。面对一幅装饰主义的画,观者很难获得整体的感觉,相反,他可以有许多角度,可以获得不同的视野。装饰主义的园林给予游览者的不是一种俯瞰一切的目光,而是一种移步换景的惊喜。作品的可信度下降了,但是观者感到他在参与一种艺术的创造,而不仅仅面对一种自然的表达和模仿。观者和作品之间产生的这种关系,马塞尔·莱蒙称之为"测不准关系"[1]。所以,决定装饰主义的,不仅仅是主题的选择,更重要的是一种风格,主题的选择决定于某些形式的模式。"毫无疑问,这种过度的、装饰的风格有多种的、不同层面的原因。其中一些来自风格在平衡时期之后的自然转化。另外一些则与某种精神有关,这种精神受到有时甚至是狂热的生命力和存在的痛苦感的激励而不断地成长。"[2] 这种装饰主义,马

---

[1] 《法国诗与装饰主义·导言》,第22页。
[2] 同上书,第23页。

塞尔·莱蒙称为"美学的装饰主义",他认为可以用于诗的阅读和评论,由此他指出四个方面:一,关于运动的观念引出某些主题的选择。这个运动需要过分的表达,趋向于相互对立的极端,直至与常情常理相互对立。二,一种没有中心的、相互分割的结构。龙萨及其弟子的大量的诗、颂歌、论文似乎"结构不佳",但是看来不像是"无意"的。三,突出修辞和形式,一种行动中的风格、一种形象的风格使得事物活跃起来、看得清楚,所谓修辞的"活力"。四,有活力的同时是华丽的风格使装饰主义艺术具有最为和谐的形象。诗人寻求的是"虚构"、"可能"、"似真",而其目的在于"真实"和"美"。这四个方面同时指向诗的本质:语言。马塞尔·莱蒙说:"诗是语言的艺术,因此必须在这里引入修辞的装饰主义这一概念,它可以(并非在所有的情况下)和美学的装饰主义契合无间。如果如希尔曼所说,绘画的风格在于过度,那么与其相似的诗的装饰主义就应该运用表达语言的一切过分的方式。"① 修辞的装饰主义,是德国批评家欧内斯特-罗贝尔·库尔蒂斯用来概括存在于历代文学中的非正常、非标准的思想与风格的词语,其特点是"在规则上钻牛角尖和滥用自然的表达方式",显然具有贬义。库尔蒂斯是第一个在文学批评中独立地(与美术无关)使用装饰主义这一概念的人,他在 1947 年出版的《欧洲文学与中世纪的拉丁文化》一书中说:"我们应该从这个词中排除一切历史—艺术的内容,扩大其含义,使之仅仅成为一切与古典主义相对立的倾向的一个共同点,无论它们是什么样的古典主义,先于也好,后于也好,同时也好。这样来理解,装饰主义就是欧洲文学的一个常数。它是所有时代的古典主义的一个补充的现象。"② 库尔蒂斯

---

① 《法国诗与装饰主义·导言》,第 27 页。
② 转引自《装饰主义:定义问题,分期问题》。

的反历史主义的立场很明确,在他看来,装饰主义与其来自历史,不如说来自文学理论,他提供了一种分析风格的方法,即对于表达方式的"过度使用"。马塞尔·莱蒙对此有深刻的体会,他说:"说到底,是选词用词的方法,是风格,或者 la maniera 及其特殊的要求,通过循环对虚构起作用,决定着虚构。最后,诗化的语言变得比诗化的内容更重要。"①

"诗化的语言"的表征之一是与意义无关的语音的"优势地位",例如某些语言现象,人们试图将其归入感叹结语的范畴,或者具有不为意义所要求的音响效果。马塞尔·莱蒙说:"这些效果经常是围绕着韵展开,这些韵又伴随着头韵和叠韵。但是,简单句又临近着复合句,名词、形容词、同一词根的动词形成星座,同样的词像回声一样反复出现,抛出谐和复合句,某种磁化的现象从一个作为句子的轴心的主要的词中产生出来,例如若代尔的诗句:让金色的太阳用它的金子发出金光。"同样的词,或同样的声音,反复出现,并非随意的游戏,而是与意义有关,例如同一个词或同一种音响反复出现,表示爱情是不可能的,这是生活的悲剧,如斯朋德的诗句:

> 我到处看到我的火炬熄灭,
> 灰烬撒在地上,火星抛向天空:
> 这火,这火,可以燃起我的烈火,
> 因为其他的火都只有烟生起。

全诗结束时,使用交错配列法使前面的发展得以平衡:

---

① 《法国诗与装饰主义·导言》,第29页。

> 灵魂为了你的爱,你的爱为了灵魂。

这样的风格必然是多变的。马塞尔·莱蒙说:"所有多多少少与装饰主义的观念有关的诗都提供了大量的句法结构方面的修辞例证,例如省略、错格、修正、倒装或词序倒置,再加上给人以惊奇感的分段、断裂、倒移或跨句、疑问、感叹以及在整体结构中的奇特的、危险的所谓'插入的十四行诗'……"① 这些诗常常表现了矛盾的观念:爱情帮助我,又毁灭我,它使我冰冷,又使我燃烧。

马塞尔·莱蒙说:"诗歌中的装饰主义的典型的形式也许是层出不穷的比喻,要说的事情——常常是'我爱你'之类——被转移到另一个迅速扩散的层面。这时,诗的根本和展开的形象协调的比喻之间的空间扩大了。"② 他引用了拉尔默·圣-彼埃尔的一节诗:

> 这是美丽的百合花,胜过自然,
> 洁白之中混入红色的颜料,
> 从它的胸中抽出罪恶的尖刀,
> 面对着冬天的狂风和暴雪,
> 在它们娇嫩的脸上造成损害,
> 它们却在永恒的春天里开放。

整个一节诗都由一种比喻控制,即美丽的百合花比喻神圣的无邪,但是这种比喻暗暗地由受到戕害的童年来支撑,百合花胜过自然的状态,因

---

① 《法国诗与装饰主义·导言》,第33页。
② 同上书,第38页。

为它混合了无邪的白色和鲜血的红色,预示了最后一句,从而使这一节诗带上了超越和超自然的意义。

装饰主义和巴洛克究竟有什么区别?指出它们的区别究竟意义何在?马塞尔·莱蒙给出这样的回答:

一,无论是装饰主义,还是巴洛克,给人印象深刻的是一种运动的艺术,装饰主义的艺术家或诗人首先钟爱的是风格的高超技巧,首先选择那种风格的技巧可以充分发挥的主题。在巴洛克时代,作品中引起怜悯的因素和客观的因素相互加强,表达得也越来越充分,但是,艺术创造中的选词用词的方法却趋于正常。

二,在装饰主义和巴洛克中,都有一种关于形象的艺术或诗,但在装饰主义中,这种诗更倾向于装饰,而在巴洛克中则更具有功能性,它在一种光辉的、闪烁的氛围中融于有机的整体。

三,装饰主义的作品的整体性显得分散、没有中心和没有结构。观者和读者的惊奇不断,仿佛在一个花园中,没有直路可寻。相反,在一个巴洛克的花园中,观者可以停留在一个俯瞰的点上。巴洛克的作品的整体性既是复杂的,又是全面的,无论这种整体性的本质是结构的,还是能量的。更有甚者,这种整体性建立在人和自然、自然和超自然、肉体和灵魂的新的联系上。

四,在装饰主义者那里,幻影就是幻影,游戏的活动占有主导的地位,因此作者和读者面对作品都保持着一种距离。相反,巴洛克的作品则要求读者介入,把幻影当作真实。

五,从社会学的观点看,装饰主义是一种宫廷艺术、学院艺术和学者艺术。"大众"被排斥在这种号称"文化含量高"的作品之外,它的价值主要是风格的价值。巴洛克面向更广的公众。它具有一种更大的整合能力,其目的在于满足一个更有组织的社会,所以,在巴洛克的作品中有一种唯意志论。①

马塞尔·莱蒙对巴洛克和装饰主义文学的研究为让·鲁塞的工作开辟了道路,他鼓励并指导了鲁塞的博士论文:《法国巴洛克时代的文学》,使他一举成名。

---

① 马塞尔·莱蒙:《巴洛克和装饰主义的界限》,载《存在与言说》,瑞士巴考尼埃出版社,1970年,第134—135页。

第 三 章

阿尔贝·贝甘:作为使命的阅读

内容提要:当法国新批评在文学批评的领域内蔚成风气的时候,阿尔贝·贝甘提出了一种崭新的阅读理论;他在"读者"和"读书人"之间作了区别:读者是随意读书的人,读书人是怀有使命感而读书的人。真正的阅读不是一种消遣,而是帮助读书人形成他的人格的行为。阿尔贝·贝甘的批评是一种主观的批评,参与的批评,认同的批评,是一种个人化的批评,他的方法论的原则是:客观的世界和文学的世界是不同质的,一个是有共同的标准的,一个是独特的,不能用统一的方法加以研究。《洞观的巴尔扎克》一书多层次、多角度地论述了巴尔扎克的"万有象征论",揭示出巴尔扎克如何通过观察和描述的手段透视事物的底蕴,阿尔贝·贝甘以巴尔扎克为例说明了梦和神话隐藏着生活的本质。他有力地捍卫了这样一种观点:巴尔扎克不是一个现实主义者,他的写作技巧完全适应他揭示生活本质的需要。他倡导介入的文学批评,号召作家批评家要与时代同甘共苦。他所倡导的介入不是要批评家参加职业之外的活动,而是要他以自己的笔来参与现实的斗争。

阿尔贝·贝甘1901年生于瑞士拉寿德封,1957年病逝于罗马。他与马塞尔·莱蒙是亦师亦友的关系,被视为"日内瓦学派"的开创者之一。阿尔贝·贝甘论夏尔·杜博斯时说:"我认为,把夏尔·杜博斯说成'大批评家'是不准确的,几乎是不公正的。他是另一种人。他根本就

阿尔贝·贝甘

不关心价值的判断,很少想到根据时代、思想潮流或美学流派将作家分类,几乎不考虑做一个大众和他所评论的作品之间的启蒙者或中介。对他来说,只和那些天才的人物亲近,只知道精神的发现而不知其他,是一件首要的事情。事实上,他的所有作品都是一种私人日记,某人在三种对话中探索和定位的日记:首先是和自己(……),其次是和他所亲近的人,最后尤其是和所有国家的那些最伟大的创造者、诗人、音乐家、画家等,他们组成了一个人类顶尖的社会。"① 这不啻为夫子自道,阿尔贝·贝甘就是这种人。他是一个主观的批评家,是一个介入的批评家,也是一个与社会同步的批评家,但是,他的"介入",他的"同步",并不是某种意识形态的驱使,完全是出自主观的、个人的感悟和认识。比利时鲁汶大学教授吕西安·吉萨尔说得好:"说阿尔贝·贝甘是文学批评家,只是在名片上写上一个职业罢了,指出一个'特点'罢了,这本来就是有些暧昧,不能正确地指明这个多面的人在精神世界的状况。"② 阿尔贝·贝甘的著作不多,主要是《浪漫派的心灵与梦》(1939年)、《杰拉尔·德·奈瓦尔》(1945年)、《拉缪的耐心》(1950年)、《贝尔纳诺斯论贝尔纳诺斯》(1954年)、《贝玑的夏娃》(1955年)、《在场的诗》(1957年),以及他身后编辑出版的《读和再读巴尔扎克》(1965年)、《创造与命运》(1973年)和《梦的真实》(1974年)等。正如让·斯塔罗宾斯基关于阿尔贝·贝甘和马塞尔·莱蒙所说:"如果人们在他们两个人的作品中寻找关于方法的表述,那不是在他们的有关文学的著作(除了罕见的例外)中,也没有符合程序的展开,而是要在私人性质的文本中寻找:通信,自传等。……他们没有在程序性的文章中明确解释他们的方法论前提、他

---

① 阿尔贝·贝甘:《创造与命运》,法国瑟伊出版社,1973年,第217页。
② 吕西安·吉萨尔:《一个精神的批评家》,载法国《文学杂志》,1983年2月号,第30页。

们自己的'技巧',这并不是说他们没有具体的技巧,没有分析的规则,只不过是说明在紧迫的顺序上,方法的准则之表达并不是首要的。"① 我们依据的是阿尔贝·贝甘的单篇的文章,但是这并不意味着他关于文学批评没有系统的看法。

(一)

在《创造与命运》的《告读者》中,编者苏黎士大学教授彼埃尔·格罗泽说:"阅读,对他(指阿尔贝·贝甘——笔者注)来说,正如他关于夏尔·杜博斯所说的,是'直指他的活生生的个人的重心',是询问作品,是一种接近和认同的造成幻觉的企图。……文学文本的意思也许从来就不是事先确定的:诗人被卷了进去,他'严格地按照规则比赛'。写作,就是向着未知逐步前进,就是相信词的组合所具有的暴露的能力。……写作,阅读,关于阅读的写作,是一些创造的行动,它们把人和生命连接起来。如果说阿尔贝·贝甘的阅读始于一种自我的异化、一种对于深层的中心的探求、一种对于文本的询问,它则结束于对于人格的深化,同时是自我的失去与获得:不可能没有直觉。"② 这段话指出了阿尔贝·贝甘的著作的魅力:毫无学院派批评的僵化与枯涩,不追求知识的完整与全面(尽管他知识非常渊博),只听凭内心的颤动和精神的召唤,而使读者的灵魂发生感动,甚至认同。虽然他也是大学毕业,也通过了博士论文,也曾在大学里当教授,但毕竟在将近 50 岁的时候毅然投入实际

---

① 《阿尔贝·贝甘和马塞尔·莱蒙学术研讨会论文集》,第 41 页。
② 《创造与命运》,第 9—10 页。

的斗争,接替去世的艾玛努埃尔·穆尼埃担任了《精神》杂志的主编,介入实践,走上了不同于"日内瓦学派"其他批评家的道路。他提出了一种独特的阅读理论。

20世纪50年代,法国新批评以为理论依据的各种人文学科开始大举涌入文学理论和文学批评,一些人主张运用科学和技术的手段接近阅读的本质,这其中包括社会学、精神分析学、结构主义、马克思主义等等,阿尔贝·贝甘对此表示了很大的怀疑。1957年2月,他在一次巴黎阅读学会举行的会议上作过一次发言,发言的题目是:《与书籍相遇》。这篇发言作为第一篇文章,收入论文集《创造与命运》。他在发言中说:"我确信,这些技术手段对文明有很大的作用,可以在集体的层面上接近人,但总是(而且我并不以为这是由于暂时的不完善所致)漏掉了我们最个人的东西。"① 文学作品具有强烈、鲜明的个人性,通过个人的想象力和个人命运的刻画来表达集体的诉求,哲学、历史、心理学等可以表达作为类的人的要求,但是具体的、有血有肉的人——即个人——的生命现状和理想却是这些学科无力表现的,唯有通过文学(和艺术)——小说、诗、戏剧、音乐、绘画等——才能办得到,其手段是写作和阅读。这是阿尔贝·贝甘立论的基础。虽然他被视为法国新批评的先驱之一,但是新批评的科学主义倾向却对他没有丝毫的吸引力。

阿尔贝·蒂博代把读者分为两类,一类是普通的读者(le lecteur),偶尔随机地读上几本书,一类是读书人(le liseur),他们把读书视为职业,他把这两类人对立起来。阿尔贝·贝甘认为,蒂博代的区分"并非无用",但是可以从另外的角度看待两者的区别。他讲了一个故事:他的一个朋友写了一本书,分送许多批评家,其中包括阿尔贝·蒂博代。一

---

① 《创造与命运》,第13页。

日,在日内瓦到巴黎的火车上,他的朋友看见了蒂博代,但是蒂博代并不认识他。蒂博代随身带了一个旅行推销员的大箱子,满满地装着书。当时从日内瓦到巴黎的火车要走十个小时,只见蒂博代从口袋里掏出一把裁纸刀,从箱子里拿出一本书,裁开,读上一两页或三四页,然后从车门扔出去,这样一本本的书就消失了,足足有二十本。他的朋友头都大了,生怕自己的书遭到同样的命运,幸好他的书并不在箱子里。阿尔贝·贝甘说:"在这种情况下,这个'读书人'成了一个患有职业畸形病的'读者'了。"① 阿尔贝·蒂博代是一个文学批评家,读书本是他所从事的职业,一本本书成了他工作的对象,完全失去了"打开一个新世界"的吸引力。他对一本尚未阅读的书没有惊奇、新鲜的感觉,他的阅读是一种机械的、没有生命的行动。但是,完全可以有另一种"读书人",即"有使命感的读书人"。阿尔贝·贝甘对"读书人"这个词颇有好感,称之为"美的词",他说:"我认为阅读首先是一种使命。"② 要使人热爱读书,获益于读书,并始终保持对读书的兴趣,不能依靠对书的解释和评论,不能依靠"教师和我们这样的批评家的值得赞扬的努力"。他不相信第一束火花是从对于书的评论中产生出来的。他从自己的切身经验中得出了这样的结论,即对于阅读的兴趣产生于对他所遇见的书的"不理解":"无论如何,对我来说,吸引住我、使我感到激动的文本,给我以冲击并使我不能抵抗的、成为我毕生的大书的文本,都是一些我开始时不能理解的书。"③ 不理解而有理解的愿望,就会一而再、再而三地阅读,一步步深入那个书所提供的非常独特的世界,而我们的深入只能靠阅读。

阅读是一种使命,读书人是一种具有使命感的人。阿尔贝·贝甘

---

① 《创造与命运》,第13页。
② 同上书,第14页。
③ 同上。

说:"我说过,读书人是一个具有使命感的人。这并不能使他有任何的优越感,有一些人具有其他的使命感;有人从来不阅读,而他并不比那些几乎生下来就是的读书人差。但是,对读书人来说,不仅仅是他被一种冲击震醒,而且阅读对他来说是决定性的,阅读在他的生活中是一件大事,某一本书可能引导着他的一生,可能使他离开原来的地方而走上一条新的道路。"① 他讲了一个很有名的故事,说明他不是由于多年的研究而成为人们熟知的日耳曼学学者,而是完全出于偶然他才成为一个大量阅读浪漫派著作的"读书人"。故事是这样的:阿尔贝·贝甘很小的时候,他在巴尔扎克和斯丹达尔的小说中看到了"让-保尔"的名字,有一些出自巴尔扎克和斯丹达尔的箴言被放在他的名下。这个名字是那么神秘,那么奇特,这该是一个很有名的人,应该知道他! 但是,他没有勇气去问父母,问老师,问随便什么人。他也去查了好几种百科全书,查让,不是,查保尔,也不是,没有一个人叫做让-保尔,他也许是印度、中国或斯堪的纳维亚的一位圣人吧。反正这是一个值得尊敬的人,等着某一天知道这个人吧。果然,第一次世界大战爆发了,中学里不再学德语了,也不再读德国的文学作品了,他大量地、贪婪地、胡乱地读了很多书,最终进了巴黎的一家旧书店,由读书人变成了一个卖书人。让-保尔,何许人也? 这个问题被抛到了九霄云外。一天,他登上梯子,查看书架的顶层,一大堆布满灰尘的书呈现在眼前,原来都是德文书! 他从小便学习德文,可是这时他已经差不多忘光了。他随便拿起一本书,竟是让-保尔的! 原来他是一个德国人! 于是,童年的回忆潮水般涌来了。他把书拿下来,借助一本辞典,磕磕巴巴地读了起来。他不懂。要懂得一篇外国文字的东西,最好的办法就是把它翻译出来,于

---

① 《创造与命运》,第15页。

是，他借助辞典把那篇东西翻了出来，除了动词"是"以外，几乎字字翻译，终于明白了：原来书的主人公是一个外省的小学教师，一个典型的主动、富有创造性的读书人。他很穷，买不起书，但他希望拥有人类的经典著作，他就准备了一些笔记本，把他知道的名著的名字写上，在笔记本里加上一篇文字或他自己写的一篇文字，于是他就拥有了一系列名著。这真是一幅渴望阅读的人的绝妙图画啊！阿尔贝·贝甘说："这个人至少有使命感。"① 从那以后，阿尔贝·贝甘在全巴黎寻找让－保尔的译本，寻找其他的德国小说和诗，还到德国大学里去教了五年书。由于让－保尔的小说的启发，他想到德国去看看这些奇怪的德国人究竟在做什么，结果他发现法国人在 20 世纪所经历的诗的探险德国人早已经历过了。这个故事告诉人们什么？它告诉我们，第一束火花产生于好奇心与未知事物的碰撞。阿尔贝·贝甘从这个故事中得出了两个结论："一方面，只有从不理解开始的阅读才是富有成果的阅读；另一方面，真正的读书人的阅读不是消遣的阅读，它不是来自存在之外，不是与生活的经验擦肩而过，它不属于某种表面的东西；不，绝不是：读书人的阅读存在于他的生命的事件之中，有助于形成他的真正的人格，使这个人成为迄今为止他还不是的那种人。今天，我们的生活无疑充满了人的交往、各种偶发的事件、灾难和成功，但同时，在不可估量的程度上，在很大的部分上，也充满了我们读过的书，那些变成我们的实体的书。"② 阿尔贝·贝甘本人就是一个"有使命感的读书人"，他能够穿透文字所描绘的表面的现实世界，直探作者的"洞观"和"神话"，和作者一起破解生活的秘密。

---

① 《创造与命运》，第 17 页。
② 同上书，第 18 页。

（二）

让·斯塔罗宾斯基在阿尔贝·贝甘和马塞尔莱蒙学术研讨会上说："方法论可以归结为走过的道路的事后意识。这是回顾的思考的行动，它清晰地分辨出完成了的探索的阶段，承认在结束的工作中的指导原则。"这几乎是所有"日内瓦学派"的批评家的一致的批评准则，马塞尔·莱蒙和阿尔贝·贝甘的精神遗产起码在让·鲁塞和让·斯塔罗宾斯基的批评实践中被延续着，并且发扬光大。

1934年，马塞尔·莱蒙出版了《从波德莱尔到超现实主义》，阿尔贝·贝甘立刻做出了反应，他写信给马塞尔·莱蒙："你不断地躲避着'历史'的诱惑，我真怕你陷入这一片暗礁，当然不是淹死在其中，但是不免折断一两根桨。（……）你所写的东西绝不是一种时代的地理学，那是学院派和葡萄农擅长的，而是最精彩的关于诗的行动之条件的持续的思考。……我所喜欢的，是你的书的一种深刻的主观性；我有一种印象，你不是总愿意进行审慎的告白，但是它却越来越强烈地表现出来，它画出了——在如此多的层次鲜明的肖像、清晰的线条和你似乎不愿意参与进去的历险之中——你自己的面貌。我辨认出一种精神性，其表达没有任何的犹豫，只是颇多顾虑，和一种形而上的焦虑，与之相对应的是一种非常清晰的诉求，这种诉求很独特，无疑和你的最基本的、最个人的本质有关：这种诉求我称之为'全面的诉求'，一种永恒的人类能力的总合的理想，一种不缺少任何声音的综合发展的愿望。"[①] 让·

[①] 《阿尔贝·贝甘和马塞尔·莱蒙通信集》，第125页，洛桑巴黎艺术出版社，1957年。

斯塔罗宾斯基对这一段话有一个评论，他说："这阐明了批评在其不同的阶段上走过的道路。阿尔贝·贝甘对他的朋友的书的赞扬实际上几乎不加掩饰地包含了一种真正的'方法话语'……"① 让我们看看，这段话中包含了什么"方法话语"？

首先，阿尔贝·贝甘把批评的矛头指向了大学的实证批评，即文学史研究，表明了他对20世纪30年代还十分风行的文学研究方法的态度：从根本上反对，但在实际上颇有灵活性，不过，他的态度要比马塞尔·莱蒙激烈。马塞尔·莱蒙并不反对实证的文学史研究及其方法，他是超越文学史研究，从文学史研究走向对作家的深层的心理探索。马塞尔·莱蒙回忆说，1937年，阿尔贝·贝甘在日内瓦大学进行《浪漫派的心灵和梦》的博士论文答辩，大学文学系的主任对马塞尔·莱蒙说："实际上，我们面对的不是一部科学的著作。"他答道："我们要评价的是某种不同的东西，一种很罕见的东西。"这种"罕见的东西"，正是《浪漫派的心灵和梦》所包含的与传统的文学史研究不同的东西：批评者要自己进入诗人所创造的世界中去，"与诗人的精神历险相融合"。阿尔贝·贝甘庆幸马塞尔·莱蒙摆脱了历史的"诱惑"，以嘲讽的口吻把文学史研究比作"暗礁"，如果陷进去，虽不致"淹死"，但会折断"一、两根桨"，幸好这种研究的擅长者为"学院派和葡萄农"。葡萄农是谁？明眼人一看便知，阿尔贝·蒂博代也。阿尔贝·蒂博代的传统形象是一个喜欢美食、精于品酒的勃艮第人，他这样描绘自己："勃艮第人，相当沉静，有些狡黠，举止粗俗，职业批评家也，倘佯于书籍之间，心安理得，及时行乐，像个葡萄农置身葡萄枝间，像个品酒师手执银杯置身大酒桶间。"阿尔贝·贝甘认为，文学研究或批评不止于品鉴，而是"与诗人的精神历险相融

---

① 《阿尔贝·贝甘和马塞尔·莱蒙学术研讨会论文集》，第43页。

合",体验"诗的行动",探讨"诗的概念"。他不满足于蒂博代的文学地理学,要对文学展开形而上的探求。对于实证主义所要求的"客观性",阿尔贝·贝甘说:"客观性能够,无疑也应该成为描述的科学的原则,但是它不能富有成果地支配精神科学。在这个意义上,'不计功利'的任何活动都要求一种不可原谅的背叛,这种背叛针对自己,也针对研究对象。艺术和思想的作品实际上'关系'到我们身上最隐秘的部分,这一部分与我们表面的个人性分离出来,但它转向了我们最真实的人格,我们只有一个担心:就是向警告、向迹象开放,就是因此知道人类的生存条件引起的惊愕,在它的奇特性之中来观察它,看到它的危险、它全部的焦虑、它的美和它的令人扫兴的局限。"① "不计功利"是文学艺术的根本特性,但是它又涉及我们最基本的人性,它是变化的,流动的,没有恒常的规律的,客观性拿它没有办法,只有一个个个案的分析研究才有可能提供综合的基础,这种个案的分析研究就是阿尔贝·贝甘所说的"关于诗的行动之条件的持续的思考",因为"没有任何东西能像孤独属于个人那样,除了话语属于诗人。然而即使这样,话语也在寻找他人,在呼唤他人。作品的神秘就在这种双重倾向:忠于自己和渴求对话。此与彼——如同交流行为的个人节律——都在历史之外,超越心理学,某种程度上与社会对立。那种希望得到交流并孕育着创造行为的东西,并不属于观念、计划、意图、集体意志的范畴,要不是它涉及的首先恰恰是非共性的事物的话,交流的愿望是不会如此强烈的。同样,这种个人的秘密由于一下子无法确定而不为社会所取,直至某一时刻,它具体成形,并为他人吸收,对许多人或所有的人来说,此时它便可能成为一种激发因素和活性酶。文学所以能社会化,是因为文学行为是难以

---

① 阿尔贝·贝甘:《浪漫派的心灵与梦》,法国约瑟·科尔蒂出版社,1967年,第XI页。

预料的,爆炸性的,独立于外界愿望的。"① 他在信中说到"你似乎不愿意参与进去的历险","历险"指的是精神的历险,这是他对马塞尔·莱蒙的唯一的、轻微的指责,原来他对文学史的反抗要比马塞尔·莱蒙走得更远:他超越了具体的研究对象,深入到自己的主观性之中,发现自己的面貌,最后达到自己个人的真实。因此,让·斯塔罗宾斯基说:"批评走过的道路,在与外界的对象(被研究的作品)相遇之后,又在它的来源上闭合了,这使得批评家得以提出它的饱含着'形而上的焦虑'的'最个人的要求':从生活的层面上来说,这就是存在,是时间的嵌入和历史的意识所代表的存在。在历史的维度上对作品的询问导致在包围我们的世界中更强烈地觉察到现时的生活、我们切身的未来的尖峰时刻。"②阿尔贝·贝甘对作品的诘问表面上远离了历史的客观性,实际上在对诗人的主观性的深入探索中又返回到自身,揭示了"自己的面貌",使诗人的意识和批评者的意识达到了认同,看到了生活的"危险、它全部的焦虑、它的美和它的令人扫兴的局限"。对作品的批评成了对生活的批评,这是阿尔贝·贝甘的批评所要达到的目的,也是其深刻之处。

客观的世界和作品的世界是不同质的,一个是有共同的标准可以衡量的,一个是独特的,个个不同,因此不能用同一种方法来研究。阿尔贝·贝甘说:"文学始终是绝对个人的,否则它就不是文学。"他在关于拉菲玛先生发表的有关帕斯卡尔的论著、特别是他最近出版的《思想录》的评论中说:"拉菲玛先生谨慎选择的方法具有一切'科学的客观性'的弱点,因为它针对的是艺术作品、思想活动和人物内心的波折。这种客观性与其客体不是同质的,它抓不住它,而只是用某个毫无生气

---

① 《创造与命运》,第180—181页。
② 《阿尔贝·贝甘和马塞尔·莱蒙学术研讨会论文集》,第45页。

的、固定在纸上的实体来取代它。对精神世界的认识需要其他官能,其他接近的手段,而不只是用放大镜、厘米刻度尺和用来测定奥弗涅纸重的天平。"① 阿尔贝·贝甘认为,拉菲玛先生编辑的《思想录》由于使用了外部批评的方法而不能"打动所有渴望真理的心灵",因为"一部作品、一个人的'真实',既不能跟文字记载的精确性,也不能跟某种事态的恢复混为一谈"。"人与人之间交谈的语言,是一股能使我们解渴的活水,这才是重要的",如此重要的事情惟有内在批评才办得到,也就是说,需要有"更随意的版本,它们要求很大程度的主观阐释。"② 内在批评和外在批评论争,对抗,又互补,然后在业余爱好者的创造之中化为乌有。阿尔贝·贝甘并不否定外在批评,他只是说明:"对思想意识上的作品作'科学性和解释性'的研究,这种野心由来已久,但能说它是合理的吗？这种野心使由泰纳创始,直到当代的马克思主义者的批评成为令人失望的经历。文学的认识与表达方式本来就是超科学的;这些方法有自身的特征,对它们进行某种研究,就有可能使它们失去这些特征。科学所包含的客观性、数据测定及系统分析的要求,与艺术尤其是语言艺术的天然手段是格格不入的。"③

文学的本质是什么？首先,它是绝对个人的,其次,它是"已定的"、"本身有价值的现实",是在现实无法立即得到理解时对人的智力提出的"目标",而批评就是"就文学的基本特性研究文学作品"④。阿尔贝·贝甘认为,历史可以从艺术特别是从文学作品中提取无法取代的资料,而且文学有权按照自己的目的对它们加以整理。难以想象,一个研究

---

① 《创造与命运》,第173页。
② 同上书,第174页。
③ 同上书,第178页。
④ 同上书,第179页。

复辟时代的历史家会不查阅巴尔扎克的小说，一个写拿破仑传说的论文作者会无视雨果、斯丹达尔或雷翁·布洛瓦的作品，一个研究德莱福斯案件时期的舆论的人会不参考普鲁斯特的著作，当然，把保尔·瓦莱里或安德烈·纪德看作是生长在怀疑自身、认为世界已趋没落的时期的有教养的资产阶级的代言人，也无可非议，"但是，查阅小说和诗，把它们完全视为有关某个时代、阶层或阶级的资料"，却已经开始改变了小说和诗的性质，开始否定它们的特性了。"把任何表达都归结为心理征兆的单一作用；把《恶之花》简化为对波德莱尔的'不幸'和'失败'的检验；把《牧神的午后》降低为能看到马拉美对生活束手无策而做的隐晦的忏悔录；把《群魔》视为一个癫痫病患者的证词，这样做同样严重地歪曲了作品的本质。"① 阿尔贝·贝甘这里捍卫的是文学艺术的独立性和个人性，并不是说文学艺术是一个自我封闭或一空依傍的自给自足的领域，他说："至于有些人想在文学作品与其社会影响，或在短暂的斗争中的作用之间建立一种必要而充分的联系，那么，这种联系在艺术、创作或想象方面前则是另一种恐怖主义的行为，那是使一种本质上最自由的人类行动屈服于一种否定它、贬黜它的原则。我并不是想说，艺术的独立性使它拥有自己的领域，这个领域与人类为改善把他们汇聚在一起的社会而做的共同努力毫无关联，恰恰相反，这种努力远不是受到一种盲目服从于它的目的的奴性文学的支撑，而是它只能得益于一种完全独立的创造活动的研究、进展和实现。"② 这是说，文学艺术的创造不是和外部环境没有关系，而是说，这种关系不是直接的，机械的，不经过任何转换的，"一旦语言的有效转化出现一种绝对是个人的，从一

---

① 《创造与命运》，第179页。
② 同上书，第180页。

个节奏、一些常用的词语以及作者喜爱的图像可以辨认出来的特别的表达方式时,文学便产生了。"① 这里,他强调的是"语言的有效转化",其实就是形式,形式的变化决定了文学的面貌,而这种变化取决于"个人的特性":"把普通词语变成诗歌词语的这种特殊的颤动总是产生于和物质世界接触中的那种个人的特性,如果我们对周围的世界只有一个为大家所共有的客观感觉,那么,我们不难设想文学也就不存在了。……看到形象变成词语,看到两者的结合,看到它们的结合在凝聚,这将比揭示作者的意图或是揭示作者的词句和生平遭际之间的联系更具有扣人心弦的意义。"② 然而,更有意义的是,对于作品形式的追踪不是要在批评(例如传记式批评)中表现出作者的精神变化的过程,而是"一直追踪心灵深处的那个熔炉",即乔治·布莱所说的"我思",也就是"纯粹意识"。从这一点上看,阿尔贝·贝甘也是法国新批评的先驱。

总之,阿尔贝·贝甘的批评是一种主观的批评,但并不是一种印象的批评,也不是一种情绪的批评。他自己在一次采访中说得很清楚:"在我所做的一切当中,我都把自己融汇进去……我想,最有价值的批评总还是很接近我们的写作的批评,也就是说,在这种写作中,作家在写作的时候经历他自己的冒险,在词语的创造中,他完成了他的个人的和精神的冒险的一个阶段。"③ 但是,吕西安·吉萨尔说:"主观并不是一个合适的词语。这是一种个人化的批评,一种一个叫做阿尔贝·贝甘的人要求对于人的解释的批评,因为他竟然敢于诘问诗、小说、象征物、梦、夜、布满地道和秘密的世界,当一个瑞士大学生面对德国浪漫派的时候,他探索的正是这样一个精神历史的肥沃的地区。不,这不是一个

---

① 《创造与命运》,第 180 页。
② 同上书,第 182 页。
③ 转引自吕西安·吉萨尔:《一个精神的批评家》,载法国《文学杂志》,1983 年 2 月号。

地区,而是人类灵魂的一种状态,这人类灵魂发现自己被不安所占据,怎么待着都不舒服,敞开向无意识的黑色圆圈。"① "主观"也好,"个人化"也好,阿尔贝·贝甘的批评是参与的批评,认同的批评。

(三)

作为批评家,阿尔贝·贝甘"与诗人的精神历程相遇合",在阐释诗人的同时也表达了自己,例如他论巴尔扎克的《人间喜剧》。1937—1939年,阿尔贝·贝甘写了一本薄薄的书:《洞观的巴尔扎克》,阐述巴尔扎克的"万有象征论"②,其实也是他自己的"万有象征论"。"洞观者"巴尔扎克一语,出自夏尔·波德莱尔的笔下,他在《论泰奥菲尔·戈蒂耶》一文中说:"我多次感到惊讶,伟大光荣的巴尔扎克竟被看作是一位观察者;我一直觉得他最主要的优点是:他是一位洞观者,一位充满激情的洞观者。他的所有人物都秉有那种激励着他本人的生命活力。他的所有故事都深深地染上了梦幻的色彩。与真实世界的喜剧向我们显示的相比,他的喜剧中的所有演员,从处在高峰的贵族到处在底层的平民,在生活中都更顽强,在斗争中都更积极和更狡猾,在苦难中都更耐心,在享乐中都更贪婪,在牺牲方面都更彻底。总之,在巴尔扎克的作品中,每个人,甚至看门人,都是一个天才。所有的灵魂都充满了意志的武器。这正是巴尔扎克本人。由于外部世界的万物都带着强烈的凸起和惊人的怪相呈现在他精神的眼睛前面,他使他的形象们抽搐起来,

---

① 吕西安·吉萨尔:《一个精神的批评家》。
② 马塞尔·莱蒙:《论一段精神历程》,载《阿尔贝·贝甘:一种思想的诸阶段,与阿尔贝·贝甘相遇》,瑞士巴考尼埃出版社,1957年,第18页。

使他们的阴影变得更黑,使他们的光明变得更亮。他对细节的异乎寻常的兴趣与一种无节制的野心有关,这种野心就是什么东西都看见,也把什么东西都让别人看见,就是什么东西都猜出,也把什么东西都让别人猜出,这种兴趣迫使他更有力地勾画出主要的线条,以便得到总体的远景。他有时让我想到那蚀刻师,他们绝不满足于腐蚀,而是把雕版的刻痕变成一道道沟壑。奇迹就从这种自然的、令人吃惊的才能中产生。然而这种才能一般却被说成是巴尔扎克的缺点。正确地说,这恰恰是他的优点。谁能够自诩有这样完美的天赋,能够采用一种肯定可以给十足的平凡铺满光明和绯红的方法?谁能做到这一点?说真的,谁做不到这一点,谁就终无所成。"① 观察者,洞观者,巴尔扎克? 这个在法国批评界争论至今的问题,实际上是一个批评方法论的问题。

何谓洞观者? 所谓洞观者,就是"梦幻的伟大追求者",就是"不断地《探求绝对》"的人。巴尔扎克洞悉他的每一个人物,透视每一件事情,在他的"精神的眼睛"前面,世界的每一个凸起都变得更加强烈,社会的每一种怪相都变得更加惊人,也就是说,在他的"精神的眼睛"的观照之下,世界既是一个被放大了千百倍的世界,又是一个被剥去了种种表象的全然裸露的世界。本来是一个肉眼所能观察到的实在的世界,现在变成了一个只有精神之眼才能看见的梦幻的世界。巴尔扎克不但在梦幻中创造了一个世界,而且把自己的梦幻披露在世人的面前,并且要求他们也具有一双能够看见这梦幻的精神之眼。唯其如此,他才能"给十足的平凡铺满光明和绯红"。然而,这梦幻并非荒诞无稽之物,而是"一种文明所产生的怪物及其全部斗争,野心和疯狂"的象征,是"他

---

① 见《波德莱尔美学论文选》,郭宏安译,人民文学出版社,1987年,第81—82页;又,《1846年的沙龙》,广西师范大学出版社,2002年。

把全部身心都投入其中"的那种创造:人我两忘,浑然不辨,超越了现实,却具有更高的真实,即蕴涵着历史的透视,又闪烁着哲理的光辉。总之,波德莱尔所说巴尔扎克是一位洞观者,其含义是:第一,他用想象的世界代替了存在的世界,他借用了后者的物质材料,根据他集体的神话重新加以组织,创造了一个新的世界。巴尔扎克的创造是一种诗的创造,神话的创造,也就是说,他用象征取代了现实。第二,在巴尔扎克的作品的内在世界和超自然世界之间,存在着一种神秘的、超验的联系。揭示这种联系主要靠直觉的洞观,精细的观察只能提供具体的材料,并不能达到事物的内在本质。第三,我们不能通过《人间喜剧》来认识法国社会,法国社会也不能印证《人间喜剧》。我们应该对《人间喜剧》进行诗的、哲学的把握,即它表现了一种超时空的人和世界的关系。阿尔贝·贝甘延续并发展了波德莱尔的观点,在《洞观的巴尔扎克》一书中一反法国批评界的传统看法,从现实和理想相互对立的层面上多层次、多角度地论述了巴尔扎克的"万有象征论":"一切都有意义;一切又都互相联系。《浪漫派的心灵与梦》的作者可以相信未来和变化。超越表象之外,他提出了象征论和万有类比论的原则(这种表述达到了一种奇怪的强度,也可以说,一种急迫性),在他看来,这种原则建立了存在的牢不可破的一致性。"(马塞尔·莱蒙语)[①]

在法国批评界乃至外国的文学批评界的传统观念中,巴尔扎克是一个现实主义甚至自然主义的作家,他的《人间喜剧》是 19 世纪上半叶法国社会的"百科全书",是"现实生活的准确再现",他关于创作的解释或说明"精辟地阐明了《人间喜剧》的现实主义创作方法",或者说"包括了一个完整的现实主义文学的创作纲领",他成了 19 世纪法国现实主

[①] 《论一段精神历程》,第 18 页。

义文学的最伟大的代表。他的流行最广的一句豪语是:"法国社会将成为历史家,我不过是这位历史家的书记而已。开列恶癖与德行的清单,收集激情的主要事实,描绘各种性格,选择社会上主要的事件,结合若干相同的性格的特点而组成典型,在这样做的时候,我也许能够写出一部史学家们忘记写的历史,即风俗史。"但是,阿尔贝·贝甘说:"'现实主义者'和'自然主义者'错了,当巴尔扎克说他除了与户籍竞赛、描绘他那个时代的社会、不加任何变化地把外部世界移进他所描绘的图画中时,他们只从词句上理解了他。"他指出:"当事关他的作品的真正价值或者作品出自的深刻的冲动时,作者并不总是最敏锐的见证。巴尔扎克也许是唯一的作家,其有意识的意图常常甚至完全地与作品的实现背道而驰。"① 他的人物,哪怕是再小的人物,都有自己的命运,往往不听作者的摆布,完全按照自己的性格逻辑行事。"巴尔扎克的人物,他们的行为,他们的言语,甚至他们的生理特征,其异乎寻常的现实强度都得力于一种隐秘的热情,在点燃这些创造物之前就已经在小说家的心中燃烧了。他们如此有力地存在,是因为他们以象征的方式存在,而绝不是像一种只表明自身的材料。"② 他笔下的社会是一个巨大的存在,萎靡,衰弱,混乱,但是一听到"金钱"这个字,就浑身充满了力气,两眼放光,双手发抖,像饿虎扑食一样,人人撕扯在一处。正义,自由,平等等等美好的字眼已经失去了新鲜的颜色,只有金钱的力量高高在上。巴尔扎克的描绘显然可以满足我们的好奇心,难道他能用这样的方式拴住他的"真正的读者"吗? 阿尔贝·贝甘说,不能。"人们不能从他带我们进去的世界全身而退,因为在每一页里,人们都面临着一系列的问

---

① 阿尔贝·贝甘:《一读再读巴尔扎克》,法国瑟伊出版社,1965年,第28页。
② 同上书,第38页。

题,人们面临深渊,感受着不安,走到了尘世的尽头;那里,生活向超出生活的地区洞开,时间在无限的边缘消失,事情的正常展开突然被超自然的影响打乱,或至少有被打乱的危险。人们感到的奇怪的印象——我说的是最世俗的小说,不仅仅是那些最荒诞的故事或神秘的书——恰恰近乎那些符合我们对世界和令人放心的标准的习惯的形象的东西,同时又被一种奇特性所包围,这种奇特性中有神圣和恶魔的东西。真实性就在那里,坚实,具体,不可撼动地建立在已知的材料的平衡之中;各种人的面孔大白于天下;他们的举动,他们的欲望,都保持在平常的尺度内,这种平常的尺度给日常生活以一种令人放心的平庸。但是,这些真实的事物,完全像我们梦幻最少的时候的那副样子的事物,却好像突然从一大片阴影中、从一片黑夜里的海洋中浮现出来,其汹涌的浪涛从四面八方包围着事情的不变的表面。更有甚者,这种人们以为首先是从日常生活中得之于观察的真实性仿佛不是外在的,仿佛它本身就产生于梦幻,是一片由浪涛形成的土地,其不动性乃是一种错觉。"①从阴影中、从黑夜的海洋中浮现出来的世界,才是真实的世界,而这是由巴尔扎克的幻觉决定的,即所谓"第二视力"所看到的世界。巴尔扎克在《驴皮记》出版序言中写道:"在诗人或的确是哲学家的作家那里,常常发生一些不可解释的、非常的、科学亦难以阐明的精神现象。这是一种第二视力,它使他们在各种可能出现的境况中猜出真相,或者说,这是一种我说不清楚的力量,它把他们带到他们应该去、愿意去的地方。他们通过联想创造真实,看见需要描写的对象,或者是对象走向他们,或者是他们走向对象。"这里的"第二视力"就是洞观者所独具的那种洞察力,那种透过现象直达本质的能力。这种能力绝不是那种标榜

---

① 《一读再读巴尔扎克》,第 42—43 页。

真实的现实主义者和自然主义者所能具有的,只能作为一种精神现象发生在诗人身上,或者发生在的确具有哲人气质的小说家身上,例如巴尔扎克。

从实证的观点看,巴尔扎克笔下的19世纪上半叶的法国社会的图景远非真实,他的故事、场景、人物的音容笑貌都比实际生活中所见到的要夸张得多,但是读者感到真实、可信,这是为什么? 阿尔贝·贝甘说,随着巴尔扎克对作家职业的掌握,他的小说中现实主义的成分多了,幻想的成分少了,但是,人物的精神升华却始终是世俗的故事,是具体化的故事,"真正的神话,应该在日常生活中、在时间中、在具体体现中来创造。生活的教训同时是艺术规律的发现。但是,成为一个真正的小说家后,巴尔扎克并未否定他最初的意图。关于生活的小说充满了神秘的意思,从这种神话的无言的存在吸取了它最大的力量。幼稚的读者在读《高老头》或《幻灭》的时候可能想不到它们有一个神秘的背景,他们看到正常展开的故事就建立在这个背景之上。可以肯定的是,他感到的强烈的真实性的那种印象恰恰来源于日常生活不断地相伴于一种隐藏的深刻性。真实的世界所以显得真实,因为它是另一个世界的透明的表面。人们感觉到是真正地在生活之中,但是,如果感觉不是时时都是不可见之物的象征和展现的话,那么人们是不会有这种感觉的。因为生活并不像自然主义者粗俗地设想的那样,局限于它的直接的表面。在生活的周围,在它之上或之下,在高处,在低处,尤其是在其内部,人们猜到或看到某种超出它的东西,生活才是生活。为了在其真正的真实中看待生活,应该具有洞观的能力,这不仅仅是为了呼唤梦想。"① 例如,在《人间喜剧》中,交际花,包括高等妓女、下等妓女、轻佻

---

① 《一读再读巴尔扎克》,第61—62页。

的年轻女工、漂亮的姑娘、巴黎歌剧院的学生等轻浮女人,其人数,其作用,其命运,都与当时法国的实际情况大相径庭,巴尔扎克并非不知道他是利用了小说家的虚构的权利,而他的解释不但非常有力,而且更清楚地表明了全部《人间喜剧》的创作意图。阿尔贝·贝甘说:"他(巴尔扎克——笔者注)看到在这个特殊的世界——它形成了一个社会中的社会——中,有'喜剧'的储备,有道德美的宝藏,有认识人心的宝贵的迹象:在他看来,交际花比其他任何女人都有,而且更加暗示地表明感情、冲动、能力,这一切是我们每个人的生命运动的源泉。他喜欢这些人,她们投身于种种冒险,并且没有社会秩序的任何保障。在她们的生活中,有着可能的结局的异乎寻常的多样性,从最悲惨的失败到平静的安置或辉煌的成功;或盛或衰,交际花都是一个拥有命运的卓越的人。最后,摆脱了正经女人的自私自利,幸免于那些保存自己、算计大度的人的谨慎,妓女们是唯一能奉献自己的人,这种奉献的确是完全的:交际花因爱情生或死,为无限的激情提供了一个榜样。"[①] 所以,阿尔贝·贝甘认为,巴尔扎克才不吝笔墨地凸显交际花的队伍之庞大、人品之超拔、体貌之美丽和性格之狡诈,而巴尔扎克本人之经验却不在他的考察的范围之内,因为"这种性质的材料对于作品的理解毫无用处。……我再说一遍,他(巴尔扎克——笔者注)所经受的魅惑之心理来源不重要。"[②] 巴尔扎克关注交际花之类女人的命运,固然与这些女人的个人行为有关,但更为重要的,是他试图通过对这些女人的描绘达到更广阔的目的:描绘社会。他在《驴皮记》的结尾写到馥多拉,说:"如果你愿意,不妨这么说,她就是社会。"[③] 真是一针见血,鞭辟入里。

---

① 《一读再读巴尔扎克》,第 107 页。
② 同上。
③ 巴尔扎克:《驴皮记》,中译本,梁均译,人民文学出版社,1989 年。

在法国学术界,还有另外一种流传极广的说法,即巴尔扎克"写得不好",他被指责为"文笔粗糙","叙事拖拉","描写臃肿","不尚剪裁"等等。对此,阿尔贝·贝甘说:"这里,可能他们的美学所犯的最初的错误使他们步入歧途,自以为拥有一种超过巴尔扎克的艺术,实际上他们注定要远远地不及他的成功。这些小说家剥夺了艺术的创造力和一切能力,只给它留下了忠实地模拟'现实'的能力,使艺术变成一个偶像。"① "剥夺"和"留下",在他看来,只不过是同一种错误的两副面孔罢了,一旦艺术离开了它的自然的界限、不再把体现精神生活——在自由地驰骋想象力的形式之内——作为它唯一的目的,那么它就必然成为一种愚蠢的崇拜的对象。阿尔贝·贝甘说:"这时,无论它倾向于脱离肉体、声称是一个完全非现实的世界的创造者而与世俗的普通存在没有任何共同的东西,还是正相反,它只愿意成为世俗世界的忠实的反映,这都不重要:在这两种情况下,具体的体现的必要性都被忽略了,或者是人们忘记了,为了再现生活,必须由精神来再创造表面的现象,或者是,为了反映不可见的深层,人们在现实的必要材料方面走得太远。如果艺术始终待在它本性的基本暧昧之中,在从事艺术、知道其相当临近的局限的人中引起某种谦卑,那么,它就不能给予自己绝对的创造的权力,或者给予自己一种纯粹模仿的权力而不充满着骄傲。"② 看来,在巴尔扎克,绝对的创造,或者纯粹的模仿,都不能使精神的世界化为肉身,即得到体现,必须通过第二视力透视万象纷呈的世俗世界,才能表现不可见的深层,"世俗"与"不可见",两者不可偏废。巴尔扎克的艺术正是适应了这种描绘现实生活又体现人间理想的要求,而这正是法

---

① 《一读再读巴尔扎克》,第28页。
② 同上书,第29页。

国古典艺术不能满足的。阿尔贝·贝甘指出:"巴尔扎克,其学习是匆忙的,不受古典的匀称的影响,例如18世纪的抽象倾向,实际上在某种意义上早在福楼拜之前就发出了诅咒。他不追求'美的风格'的和谐,也不受'崇高'的篇章的诱惑,如果那样的话,他肯定会跌进晦涩难懂和虚伪的高贵的泥坑,但是,他跟随他的最好的灵感,屈服于而不是制造语言的暗示,根据叙述的变化的要求选择他的表现。对他来说,风格绝不符合先在于小说的浮夸的模式,强加在他所写的每一页上。巴尔扎克的风格不在孤立的文章中,不在一个句子中,不在细节的完美中;它是由章节的关系形成的,是由总体节奏的快慢形成的,是由语调和词汇的变化形成的,而这一切都由时间和行动来决定。"① 阿尔贝·贝甘为我们指出了一条公正地评价巴尔扎克的风格的路径,例如,叙述速度的快、慢甚至停滞,字词语句的形象化、冲撞和分散的变化,突然进入的音乐的节奏,等等,一切的修辞手段都为了揭示出一个隐藏在纷乱的现实世界之下的更为真实的世界,所以,他说:"根据无数隐藏的类比关系,其网络在戏剧性和情节性之下编织,形成了他的小说的真正的经纬。"② 这就意味着,我们不能根据法国古典主义的均衡、适度和崇高等因素来评价巴尔扎克的写作,或者说,繁复,芜杂,沉重,等等,正是巴尔扎克的风格的力量所在。意味深长的是,阿尔贝·贝甘把真正能够理解巴尔扎克的风格、真正读懂《人间喜剧》的人称为"读书人"(le liseur)。

　　法国文学批评家加埃唐·毕孔在为《一读再读巴尔扎克》一书写的序言中说:"阿尔贝·贝甘的书的巨大意义存在于他所建立的巴尔扎克

---

① 《一读再读巴尔扎克》,第31页。
② 同上。

的作品的内在世界和超自然的世界之间的联系之中:他赋予洞观以一种神秘和超验的涵义,这种洞观首先表现为内在于现实的世界和现实的人之间的一种关系。……他的书的全部话语都是为了说服我们,至少是对巴尔扎克来说,有关诗的创造的另一个世界和精神真实的绝对的另一个世界,两者之间是一致的。因为巴尔扎克的经验与超自然现象有关;这里的神话与其说是内在生活的象征的表达,还不如说是世俗的命运与超自然的远景的一次对照。"① 加埃唐·毕孔的说法至少证实了一点,即阿尔贝·贝甘的书雄辩地表明,巴尔扎克远远地超越了传统批评对他的评价,他不单单是一个描绘他的时代的法国社会的圣手,不单单是一个听命于外部世界的观察者,他是一个透过现象看到本质的洞观者。

(四)

瑞士小说家莫里斯·泽尔马腾是在1942年夏天于瑞士瓦莱山区一个叫做里德的小村庄认识阿尔贝·贝甘的,他回忆当时的情景,说:"我立刻就知道了,他正在写一部关于雷翁·布鲁瓦②的著作。对于一位批评家来说,他选择的研究对象是怎样的一面镜子啊!不,他跟我通过阅读其著作认识的那个人不大一样。我发现他是一个深深地介入时局的人,他不像一个'教授',而是一个诗人,划过天空的每一道电波都会

---

① 《一读再读巴尔扎克》,第10—11页。
② 雷翁·布鲁瓦(1846—1917),法国作家。他视作品为战斗,他全然不顾文类的要求,显示出与传统的文学价值的决裂。他的作品反对社会,反对天主教,反对唯物主义,他以深深地介入其中为特色。

使他战栗。法国的分裂在他心灵的最深处伤害了他。维希的欺骗使他愤怒直到发出了诅咒。"① 他的学生玛丽-雅娜·于布拉尔回忆 1940 年的情景,他当时在巴塞尔大学当教授,她说:"他不是封闭在理论和抽象中的文人,他在淳朴中表现出一种英勇的气概,他把他全部的人格、时间甚至他的生命投入其中,为他捍卫的事业服务。研究文学从来也不是他的生命的目标,但是文学是某种精神价值的表现,它要求一种完全的介入。"② 这两段回忆说明,阿尔贝·贝甘是一个对社会的变化十分敏感的人,他要求文学批评家与社会同步,倡导一种介入的文学批评。就是说,"今天,一种判断和分类的纯批评,与文学史的观点和用于精神作品的所谓'客观'的科学一样地过时了。……今天,不再有文学的封闭空间了,原来这个空间只要有美学和心理学的标准就够了。作家不能再生活于历史舞台之外了,这个舞台每天都对人的概念本身提出疑问。"③

促使阿尔贝·贝甘提出介入的文学批评的是第二次世界大战,对于战时以及战后的种种事实的思考,例如希特勒的咄咄逼人,那么多的人赞同纳粹主义等等,使他得出这样一个结论:"现在,由数千年的挤压而成的这不幸的三百年传统的威望已永远地烟消云散了。"同时,"如果说战争还教给了我们什么,那就是人类'整个'地介入了历史,如果我们想战胜魔鬼,那么,弄清楚人类的任何问题都是有用的"。作为一个历史事件,第二次世界大战虽然告一段落,但是,人和非人之间的斗争并没有结束,战后的任何一种研究都不是"无功利"的,"因为他们参与行动的那个时代改变了他们……思考想象的力量不再是一种无动机的游

---

① 《阿尔贝·贝甘,一种思想的诸阶段》,第 227 页。
② 同上书,第 187 页。
③ 同上书,第 191 页。

戏,不再是一种单纯的智力的满足。人需要重塑,但是我们不会满足于就社会人的单一命运提几个问题,而是要好好地重新研究他的'处境'和他的能力的所有因素……"。①

首先要研究的是"法国的形势",社会的、政治的、经济的、文化的形势,一种既紧张又不稳定的形势,文学批评家并不享有置身事外的特权。阿尔贝·贝甘说:"我看不到他有什么理由摆脱共同的命运,不把自己的专业活动、他的职业、他的责任与共有的悲剧和疑问的存在相联系,这对我们每个人来说都是绝对的责任。"因此,"评论哪一本书,用什么方法评论,与他个人在政治、社会、国际上的看法不可能没有关联。他的批评必然在某种程度上是一种介入的批评。"② 这样的准则同样适用于对所谓"纯文学作品"的批评,批评家不能只根据他个人的知识和才智而不考虑当时的意识形态争论。他说:"他应该与时代休戚与共,在面对美学价值本身的时候,他会思考,与社会现状、当前历史、文明演变、人类思想可望取得的进步或者应当保存的传统相比,他的美学的、知识的、精神的标准有什么价值。在美学著作和非美学著作之间,没有绝对的鸿沟,诗歌作品和科学著作、社会学著作、政治著作绝对是两码事,即使在它们之间也没有绝对的鸿沟。"③ 批评家唯一要坚守的是人类的普世的价值,而不屈服于某种意识形态或传统观念,是非的标准每时每刻都存在于从事批评的人的意识之中。

阿尔贝·贝甘认为,批评家的职能是多样的,其中最重要的是教育的职能。他要教会读者如何读书,拥有读书的禀赋的人很多,但只有批评家要公开地说话,要写文章表明他对一本书的态度:他不仅需要说明

---

① 《创造与命运》,第 184—185 页。
② 同上书,第 185 页。
③ 同上书,第 186 页。

一首诗或一本小说的作者的态度,看看是否符合我们希望的当今文明中的人类的走向,还要说明诗或小说是怎样写成的,要把人们的注意力吸引到美学的形式上。阿尔贝·贝甘说:"批评家应该是这样的人,他熟悉本职的工作,为别人的利益而从事之。这个定义还不足以说明问题。我认为,在这个狭义的教育作用上还要加上另一种教育作用。一部有价值的文学作品产生于今天一个人(小说家,诗人)的内心生活,它可以说具有一种迹象或征兆的内涵,不仅与作者有关,而且与我们的时代有关。产生在今天的作品,在某种意义上说,无不告诉我们当今文明的危机:今日的人们大致什么样,公共生活中的我们情况又如何,我们缺少的是什么,我们要求的是什么,我们怀念什么,我们失去了什么,我们希望得到什么。"一部文学作品如果不是具有永远的价值,至少也是具有长时间的价值,我们所以能够欣赏一百年前的作品,原因就是该作品有"征兆的价值"。所谓"征兆的价值",就是作品通过个人的命运表达了全人类的诉求,而批评家的最高的职能就是揭示这种价值,就是说,"批评家在我们这个世界里的角色应该是识别这些征兆,确定这种诊断,以便帮助文学作品扮演它应该扮演的最深刻最有用的角色:一个提醒意识注意的角色。"① 批评家不单单是作品与读者之间的中介,而是要帮助作品实现它提醒读者注意的作用,这是阿尔贝·贝甘为批评家规定的最高的职责,同时也是批评家的崇高使命。进入 20 世纪以来,贬低或轻视批评家的言论大大减少,但是如阿尔贝·贝甘这样严肃正经地对待批评家之工作者仍不是很多,一些人要求作家和批评家参与他们的本职工作之外的一些活动,阿尔贝·贝甘不然,他非常赞同女批评家克洛德-爱德蒙德·玛尼的态度:批评家和作家一样,用他的笔参与现实的

---

① 《创造与命运》,第 188 页。

斗争。克洛德-爱德蒙德·玛尼是一个完全介入的批评家,但是她的介入完全在她的本职工作范围之内,即她的写作。对她来说,写作不是一件自足的游戏,不是一件没有目的的工作,而是生命本身成为一种表达,表达的语言乃是一种对生命产生影响的行动。她自认是一位作家,她的笔就是她参与现实斗争的工具,她写批评文章就像诗人写诗一样。批评家就是作家,这是一种崭新的观念,也是阿尔贝·贝甘的观念。如果说诗人并不需要清楚地意识到自己的使命,批评家则更加理性,更冷静地对待他所面对的世界,总之,批评家的话不是一个简单的评论者的话,而是要"努力去揭示作品是如何回答时代的召唤,触及今天的人类,参与当今历史的演变,加入那首仍然模糊的、倾向于未来的现时的交响乐。"① 圣伯夫是法国19世纪最重要的批评家,他可以倚在窗口漫不经心地望着大街上骚动的人群,然后回到他的写字台前平静地写下他对一本书的看法,像品味葡萄酒一样地判断一本书的优劣。但是,阿尔贝·贝甘指出:"不,圣伯夫,他的平静、孤独,他的批评方法不值得羡慕。他只不过是一个文学批评家,无足轻重。今天的批评家,要担负其他责任,体验别的快乐:一个与全人类同甘共苦的人的快乐。"② 圣伯夫的时代已经过去了,圣伯夫已不再是文学批评家的榜样了,今天的批评家有别的乐趣,那就是与时代同甘共苦的乐趣,这就是阿尔贝·贝甘的结论。这样的结论有着鲜明的时代特色。

阿尔贝·贝甘是一个介入的批评家,他的介入的方式是参与一份杂志的编辑工作,这份杂志就是综合性的人文杂志《精神》。《精神》的主编艾玛努埃尔·穆尼埃1950年3月22日去世,一个月后,阿尔贝·贝甘

---

① 《创造与命运》,第193页。
② 同上。

接替了他,担任《精神》的主编,但是,主持一个杂志的工作,尤其是一个综合性的人文杂志,对他来说无疑是一个挑战。他在1950年4月2日给马塞尔·莱蒙的信中说:"我昨天早晨刚一到,就遇上了这个问题(即接任问题——笔者注)。我还能够承担起一份这样规模的重任吗?我能够使《精神》保留它那广阔的视野吗?对我来说,这是一种崭新的生活,想一想就令人胆战心惊。而对于杂志来说,其结果还是未定的。三个礼拜之后做决定,我还什么也不知道。我怕我不能回避,但这意味着我将全身心地投入跟我的职业完全不同的另一种职业中去。"① 此后七年的事实证明,阿尔贝·贝甘勇敢地接受了挑战,并在一个完全不同的职业中有着出色的表现,他使《精神》杂志在保持艾玛努埃尔·穆尼埃所开辟的方向的同时,加强了文学的色彩,表现出对所有涉及人类命运的问题的兴趣,在思想上展开了对资产阶级的深入批判,政治上采取了偏左的立场。阿尔贝·贝甘的介入的姿态在日内瓦学派的批评家中表现得最为强烈,他不仅仅利用他的笔,而且为了他的刊物跑遍了五大洲,会见他所仇恨的人和他所热爱的人,用言辞阐述他和他的刊物所代表的观点。法国著名作家于连·格莱纳说:"在阿尔贝·贝甘的身上,支配一切的是一种对于绝对的激情。如果了解了这一点,就等于抓住了根本,就可以和他说话了。他的了不起的智力使他能看透一切,抓住一切,但是注意的程度有所变化,只有在涉及发现了过往中留下来的东西的时候,光亮才达到它最强烈的程度。"② 这是对阿尔贝·贝甘的最好的概括,所谓"过往中留下来的东西",就是"绝对"的东西,就是作品的"征兆"。马塞尔·莱蒙说:"十年前,我的朋友还觉得我对政治的事情表

---

① 《阿尔贝·贝甘,一种思想的诸阶段》,第62—63页。
② 同上书,第10页。

示'不自然'的兴趣,报以多少有些不耐烦的微笑,他说那都是些表面的东西,是单纯的经济现实、与精神全然不相干的现实所要求的。现在,历史无情地在他面前运行,历史,就是说,是时间和恶;历史和时间是恶的猎获物,人类的恶的力量正在获得满足。还能够相信'我们不属于这世界'吗?阿尔贝·贝甘进入了世界末日的氛围。"[1] 这番话说明了阿尔贝·贝甘倡导介入的文学批评的根本理由。马塞尔·莱蒙的这篇文章发表于1957年,在1975年罗马出版的《宏观与微观》的采访中,他说,自1940年之后,阿尔贝·贝甘改宗天主教,成了一个介入的作家,"离开了通常人们说的日内瓦学派的立场"。在马塞尔·莱蒙看来,介入与否,是一个人是否属于"通常人们所说的日内瓦学派"的一条重要的标准。

---

[1] 《阿尔贝·贝甘,一种思想的诸阶段》,第19页。

第四章

乔治·布莱:《批评意识》和意识批评

内容提要:文学是经验的对象,不是认识的对象,批评家的任务是揭示和评价作家的经验模式,故文学批评是一种意识批评。日内瓦学派的批评家的同与不同,但他们都以各自的风格表明批评主体和创作主体的遇合。《批评意识》追述自18世纪以降16位批评家的批评实践,分别探讨其追寻批评对象之"我思"的方式,从理论上阐明意识批评的各种概念,提出作者本人的方法论。什么是批评意识?它是如何觉醒的?批评意识就是读者意识,阅读是唤醒批评意识的触媒。文学批评的最根本的方法是通过三个阶段从一个主体到达另一个主体。批评就是阅读,阅读是对作品的模仿,进而成为一种再创作,这是乔治·布莱的批评观。他认为,批评家的工作实际上就是沿着作家的精神轨迹一步步返回源头,寻找其开端,这个开端就是作家的精神之流的"出发点",就是笛卡儿所说的"我思"。但是,"我思"并非一种可以发现的客观实在,而是一种只能从内部感知的行为,故"批评是一种思想行为的模仿性重复"。

乔治·布莱,比利时人,生于1902年,卒于1991年,先后在英国爱丁堡大学、美国约翰·霍普金斯大学、瑞士苏黎士大学和法国尼斯大学任教,所到之处,皆对学生有很大的影响。他一生著作等身,《人类时间研究》(四卷,1949—1968)、《圆的变形》(1960)、《普鲁斯特的空间》

第四章 乔治·布莱:《批评意识》和意识批评 159

乔治·布莱和让·斯塔罗宾斯基

(1963)、《批评意识》(1971)、《在我与我之间》(1977)和《爆炸的诗》(1980)等书,都是在国际批评界获得很高评价的著作。无论是对还是错,乔治·布莱于1959年第一次提出"日内瓦学派"这一称谓,他的《意识批评》也被看成是一部关于日内瓦学派的"全景及宣言"式的著作。

1985年至1987年,乔治·布莱出版了《不确定的思想》(三卷),以随笔的形式论述了从文艺复兴到当代的148位欧洲的作家、诗人和思想家的"不确定的思想"。他说:"文学史和思想史通常都研究确定的作品和思想。人们甚至说它们都突出作品和思想竭力要拥有的这一确定的特点。我们是否试图做一做相反的事呢?……我们当然不想做一部不确定的思想的历史,但是否有可能使各种变化显现在不同的时间和地点中呢?"于是,这种"否定的变化"就试图显示,"在特殊的确定的后面,隐藏着某种东西,它没有名字,几乎不可表达。这就是不确定的思想。"[①] 批评家的任务就是沿着作品开辟的道路,反溯而上,直至源头,寻找确定的思想后面隐藏着的东西,即不确定的思想。正是在这种"朦胧的、深刻的、相当模糊的"东西中,作者的创造冲动才挣脱出来,展开,成长,最后在一种多少是确定的文本中实现。"批评家竭力达到某种最初的、很难接近和辨别的状态,这种状态最本质的特点——看上去总是模模糊糊地——是先于精神的确定的形式而存在,但它是其产生的源头。"[②] 这种"状态",就是乔治·布莱所说的"不确定的思想",就是他所说的"出发点",就是他所说的"我思",他说:"多少熟悉我在批评方面的习惯的人知道,每当我准备接近一个作家的时候,我首先寻找的是我称之为他的出发点的东西。在我眼里,这个出发点,这种思想或自我思想

---

① 乔治·布莱:《不确定的思想Ⅰ》,法国大学出版社,1985年,第5—6页。
② 乔治·布莱:《不确定的思想Ⅲ》,1990年,第288页。

的方式,总是具有深刻的含义,由此开始一个作者或他的人物进入一种新的生活。……总之,在我的作者们的文本中,我首先要指出的是文本显示人物——同时意识到人物——的方式,它确定人物的出发点,同时也形成了他的'我思'。"① 批评就是要追寻批评对象的"我思",这是乔治·布莱的批评观的核心,这种核心在《批评意识》一书中有全面而详尽的表现。

(一)

《批评意识》一书出版于1971年,以对批评意识的追寻和描述为主题,全面而具体地呈现出乔治·布莱心目中的"日内瓦学派"的追求和面貌,是他的唯一一本具有理论色彩的著作。令人奇怪的是,这本被人称做描述了日内瓦学派的"全景及宣言"的《批评意识》,在作者本人提出"日内瓦学派"的称谓12年之后,竟在全书中找不到"日内瓦学派"的字样!

日内瓦学派的批评家们并没有统一的纲领和明确的口号,也没有严密的理论体系,甚至没有森严的门户和有名有姓的传人。与大多数以地域命名的批评流派不同,被称为日内瓦派的批评家并不都是日内瓦人,甚至不都是瑞士人,也不都和日内瓦有关系,他们只是几个同声相应、同气相求的卓越的批评家,彼此间有着深厚的友情和真诚的倾慕,并且持续地关注着相互的工作。他们组成了批评史上罕见的、各自独立又相互理解、相互支持的批评家群体。

---

① 乔治·布莱:《不确定的思想Ⅲ》,第27页。

马塞尔·莱蒙 1933 年出版了《从波德莱尔到超现实主义》一书,是为日内瓦学派之肇始。在这部以探讨"诗的现代神话"为宗旨的著作中,诗人的个人生平和社会联系被压缩到最低的限度,统治着当时批评界的实证主义和历史主义受到全面的清算。批评家努力追寻的是诗人的深层的内在生命,即作为初始经验的意识根源,并且通过自己的批评语言深入到诗人所创造的世界中去,像诗人一样"全面地融入事物",共同表达面对客观世界的体验和感觉。很快,当时执教于巴塞尔大学的阿尔贝·贝甘迅速做出呼应,他的《浪漫派的心灵和梦》(1937)是对法国实证主义批评的全面批判,力倡批评家"与诗人的精神历程相遇合"。莱蒙和贝甘是两位但开风气不为师的批评大家,经过乔治·布莱的浓厚的现象学色彩的过渡,使这一崭新的批评方法具有了某种哲学的根基。乔治·布莱的《人类时间研究》使法国的文学研究彻底地摆脱了"作家和作品"这种单一的传统模式,被看成是法国五六十年代兴起的"新批评"的滥觞之一。最后有让-彼埃尔·里夏尔的《文学与感觉》(1954)和《马拉美的想象世界》(1961)、让·斯塔罗宾斯基的《让-雅克·卢梭:透明与障碍》(1957)及让·鲁塞的《形式与意义》(1962)等著作,推波助澜,蔚为大观。虽有乔治·布莱的浓厚的哲学色彩,让·鲁塞对形式的强烈兴趣,让·斯塔罗宾斯基的明显的弗洛伊德精神分析学的气质,让-彼埃尔·里夏尔的鲜明的主题学研究法,但是一个独特、丰富、生气勃勃的批评群体已经宛然在目,加上乔治·布莱振臂一呼,天下遂靡然从之,使人不能不称之为"日内瓦学派"。真是一个求同存异的好例!

日内瓦学派的批评家们无论在其文学观念和批评实践中有多么大的不同甚至分歧,却对文学的基本性质有这样一种共识,即文学作品乃是人类意识的一种形式,文学批评从根本上说乃是一种"对意识的批评。"① 这里的"意识"指的是经过"归入括弧"、"中止判断"等现象学还原之后的意识之固有存在,即纯粹意识。现象学认为,意识不是纯粹的精神自身的活动,而是具有意向性的,即意识总是意识到什么,意识到外在的世界和人。思考这一行为(主体)和思考的对象(客体)之间有着内在的联系,他们相互依存,不可分割。意识不仅仅是被动地记录世界,而且还主动地构成世界。因此,在日内瓦学派的批评中,创造自我,批评自我,意识行为,人与世界或他人的关系等等,都是一些极端重要的概念,人与世界或他人之间的相互"注视"是一个被反复探索的主题,而主体和客体相互包容、相互涵盖是一个基本的原则。

日内瓦学派的批评家们继承了一种浪漫派的文学观,即认为文学作品不是某种先在典型的模仿或复制,而是人的创造意识的结晶,是其内在人格的外化。作为创造主体的人和社会主体的人并不等同,也就是说,批评家不能把作为创造者的作家和生活中的作家混为一谈,因为创造自我是在创造过程中实现的。文学作品是一种精神的历险,在其自身的运动中完成,故作品同时是一种创造和一种自我披露。这就是说,作品是作者的自我意识的纯粹体现,而不是作者实际生活的再现。所以,批评家要对作家潜藏在作品中的意识行为给予特别的关注,而不是把注意力集中于作者的生平、作品产生的实际历史环境等外在情况。

日内瓦学派的批评家们认为,文学作品不是一种可以通过科学途径加以穷尽的客体,故文学不是认识的对象而是经验的对象。作家的经验是在创造过程中逐渐实现和丰富的,批评家的经验也是在阅读和阐释过程中逐渐实现和丰富的。作家的经验模式不等于单纯的实际经验,乃是其意识在作品中得到再现的媒介,批评家的任务实际上是揭示

---

① 乔治·布莱:《批评意识》,郭宏安译,广西师大出版社,2002年,第268页。

和评价这种经验模式。此种经验模式深藏于反复出现的主题和意象及其结成的网络之中,批评家掌握了这种模式,也就掌握了作家生活在他的世界中的方式,掌握了作家作为主体和世界作为客体之间的现象关系。当然,一部文学作品的"世界"并不是一种客观的现实,而是作者作为主体已经组织过和经历过的现实。

在日内瓦学派的批评家们看来,批评乃是一种主体间的行为。文学批评不是一种立此存照式的记录,不是一种居高临下的裁断,也不是一种平复怨恨之心的补偿性行为,批评应该是参与的,它应该消除自己的偏爱,不怀成见地投入作品的"世界"。也就是说,批评家应该"力图亲自再次地体现和思考别人已经体验过的经验和思考过的观念"。同样的观念,乔治·布莱曾经这样表述过:"批评家是这样一个人,他不能直接地看到某些事。他只能间接地、通过中介地看到,借助于另一个人,这个人就是'被批评'的作品。一个借来眼睛的盲人,一个获得了听的能力的聋子,一个得到了诗人的才能的非诗人,这就是批评家。"①批评作为一种"次生文学"是与"原生文学"(批评对象)平等的,也是一种认识自我和认识世界的方式。因此,批评是关于文学的文学,是关于意识的意识,批评家借助别人写的诗、小说或剧本来探索和表达自己对世界和人生的感受和认识。

这样一种批评观,在日内瓦学派的批评家身上有不同的表现。在马塞尔·莱蒙看来,批评要由某种"苦行"达到一种"深刻的同情",批评家的工作在于"将存在的状态转化为意识的状态",批评者要重新创造艺术品,同时又须臾不能离开原艺术品,这就要求批评者进行"创造性的参与"。在阿尔贝·贝甘看来,批评者要自己进入作者所创造的世界

---

① 《批评的目前的道路》,法国联合出版社,1968年,第276页。

之中,"与诗人的精神历险相融合";有价值的批评乃是一种主观的批评。在让·鲁塞看来,作品是结构和思想的同时呈现,批评则要通过形式抓住意义,阅读乃是一种模仿。在让·斯塔罗宾斯基看来,批评是一种"注视",而注视与其说是一种摄取形象的能力,不如说是一种建立关系的能力。理想的批评是批评主体与创作主体之间的不间断的往返。在让-彼埃尔·里夏尔看来,批评要"将其理解和同情的努力置于作品的初始时间上",即作品的"最原始的水平"上,也就是"纯粹的感觉、粗糙的感情或正在生成的形象"上。而在乔治·布莱看来,批评的开始和终结都是批评者和创作者的精神的遇合,批评的目的在于探询作者的"我思",因此,批评的全过程乃是一个主体经由客体(作品)达至另一个主体。总之,日内瓦学派的批评要求批评的是:始则泯灭自我,澄怀静虑,终则主客相融,浑然一体,而贯穿始终的是批评主体和创造主体的遇合。

在《批评意识》一书中,乔治·布莱一方面阐明自己的批评观,一方面也在其他具有相同或相近倾向的批评家的批评实践中寻求支持。对于批评的批评者来说,批评对象一旦成为批评对象,其作者也就成为创造主体,其"我思"也就成为批评者追寻的目标。因此,《批评意识》既是一本理论的阐述,又是一次批评的实践,它全面而具体地呈现出"日内瓦学派"的面貌。在这个意义上,我们可以说《批评意识》是一部关于日内瓦学派的"全景及宣言"式的著作。

(二)

《批评意识》明确地分成两个部分,《上编》具体描述了批评家的批评实践,其要在于揭示他们各自追寻批评对象之"我思"的方式;《下编》则从理论上阐明批评意识的各种概念,提出作者本人的方法论。两部分相辅相成,从具体到抽象,从个别到一般,实际上总结了日内瓦学派的方法和原则。这种批评方法和原则在各位批评家的批评实践中有不同形式、不同程度的表现。这个日内瓦学派,是一个日内瓦学派的始作俑者眼中的形象。个别地看,他们是些具有强烈的个性的独特的批评家;综合地看,他们又构成一个具有相同或相似的精神追求的批评家族。

乔治·布莱在《批评意识》一书中评述了16位批评家的批评实践,他试图阐明的正是这些批评家如何通过某种独特的阅读方式捕获批评对象的意识,即"我思",他们分别在何种程度上取得了成功(也许是失败),并由此展示了批评意识运行的机制。

在斯达尔夫人那里,乔治·布莱发现了"钦佩"。斯达尔夫人说:"我感到需要看到我的钦佩之情得以表达。"表达是什么?表达就是批评。乔治·布莱指出,斯达尔夫人的批评始于一种对于批评对象的"钦佩行为",然而这种钦佩并非盲目的崇拜,它是"一种被感情支撑、照亮、甚至引导的认识",其力量和根源存在于"一种与纯粹感觉相混同的内在经验之中"。因此,斯达尔夫人这一句话所表明的东西意味着:"在批评认识方面,一切都取决于一种先在的、具有显示作用的感情,这种感情有别于作为感觉和钦佩能力的自我本身。我(moi)感觉,我(moi)钦佩,我(moi)在我身上发现将此种感觉化为认识的能力。""钦佩"就是斯达尔夫人的"我思":"不是我判断,故我在,因为这里在任何程度上都不涉及理性的判断;而是我钦佩,故我在,也就是说,我在我感受到的钦佩之情之中暴露了我自己,我在一种激动之中向自我显露了我,这种激动生于我,被他人唤起,又奔向他人。"故斯达尔夫人的批评"既是最自私的,又是最无私的,这是对自我的一种带有激情的认识,它得益于促使自我结合于陌生人的自我的那种充满激情的运动"。在阅读中,"钦佩"导致"参与","参与"导致"同情","同情"导致"认同"。斯达尔夫人的批评表明:"理解一位小说家、一位艺术家、一位哲学家,就是首先把另一个人感受并传达给我们的经验,其次把他们的传达能够在我们身上相继引起或唤起的类似经验与把这些经验牢记在心的当今我们的自我联系起来。简言之,为了认识一位作者,只认识他是不够的,还要(姑且这么说)认识自己或在他身上认出自己,应该一步一步地重新发现他让我们经历的全部情感。认识一位作家并不局限于一种孤立的钦佩行为,而在于通过回忆重新发现过去的阅读在我们身上积淀的一系列不同的情感。"这里,乔治·布莱实际上提出了一种崭新的阅读理论,即读一本书不仅是理解一个人(作者),而且是理解自身,作者自我和读者自我在作品中混融为一,而其中的关键在于"回忆"。"没有回忆的具有恢复作用的参与,就没有严格意义上的批评思维。"所以,乔治·布莱说:"批评行为不是一道转瞬即逝的光亮,它是一种再度燃烧的激情,是一种因反复而更易理解的钦佩。"这是一种崭新的阅读方式:"对于客观的作品的外在判断被一种参与——参与这部作品所披露和传达的纯主观的运动——所取代;然而,这种参与并不是在作品中淹没,而是作品在作品之外的重新开始。某种额外的东西出现了,这种东西若没有批评家的介入也许不会被察觉,它之被察觉,只是因为远处有批评家的回声。"这既是一种新的阅读理论,也是一种新的文学观,即文学不再是某种客观事物的反映。因此,乔治·布莱说:"斯达尔夫人可能是具有这种伟大而新颖的文学观的第一位批评家,这种文学观认为文学的目的是显露内在的人,而显露内在的人,就是让他重新出现在真正的批评意识之中,其特征深藏于他的过去之中。"这种文学观不是别的,正是浪漫派的文学观。"对于斯达尔夫人来说,文学批评的确是一种次生意识对于原生意识所经历过的感性经验的把握。批评的特殊的使命是'使创造天才得以再生'。"总之,对于乔治·布莱来说,斯达尔夫人的批评产生于一种"善意"的阅读和对于文学的"真正"的理解。所谓善意的阅读,就是"在感觉喜爱的同时来理解、因爱而理解。"①

"第一个采用这种方法的法国批评家是斯达尔夫人。"在 19 世纪的法国,只有一个人的批评可以和斯达尔夫人的批评一脉相承并比肩而立,这个人不是圣伯夫,而是诗人兼批评家夏尔·波德莱尔。"无论在文学方面,还是在艺术方面,波德莱尔的批评总是显示出它与批评对象之间的内在的同一,既没有虚伪,也没有保留,他成为他所意识到的那些人的兄弟、同类。"② 乔治·布莱发现,波德莱尔与批评对象之间的"内在的同一"有一个前提条件,那就是"忘我"、"弃我",把"我"忘记或寄托在别人(批评对象及其作者)身上。他说:"对他(指波德莱尔——笔者注)来说,经历他人的思想必须是在弃我之后并经弃我的准备,才具有全部的重要性,这种弃我与神秘派所谓的弃绝并无区别。唯有忘我才能实现与他人的结合。思想通过精神行为腾出空地,而只有这种精神行为才能允许这种奇特的自我入侵,它的内在的虚空正由这种入侵来填充。……只有从空白、从完全的无知出发,才会有认同。"通过"模仿"与"重复",诗人可以体验别人已经体验过的感受,批评家也是一样,"如果诗人在他身上重复他与之认同的那个人已然体验过的感情,那么同样的,批评家又在他身上、在他自己的思想中重复诗人已经接纳并使之浮现的那种感情"。所以,"诗人的兄弟和 alter ego(拉丁文:第二个

---

① 《批评意识》,中译本,第 8—17 页。
② 同上书,第 4 页。波德莱尔在《恶之花》的《告读者》一诗中写道:读者,你认识这爱挑剔的怪物,虚伪的读者,我的同类和兄弟。

我——笔者注),即批评家、读者,就是在其身上重复诗人的某种精神状态的那个人"。在波德莱尔看来,诗与画一样,都是"远距离地发射其思想",伟大的艺术家是些富有想象力的人,而富有想象力的人则是用他们的"精神来照亮事物,并将其反光投射到另一些精神上去"。因此,乔治·布莱说:"诗的传达的基本现象,首先是暗示力的运用。诗人是这样一个人,他设法通过他使用的语词强有力地把某种思想和感觉的方式暗示给读者的精神;而读者则是这样一个人,他服从阅读的暗示,在自己的身上并且为了自己重新开始感觉和思考诗人想让他感觉和思考的东西。"批评家和诗人或作家不同的是,他并非表现自己的暗示的力量,他要表现的是一个"易于接受暗示的灵魂",如波德莱尔所说:"读者在想象中感到被带进了真实之中,他周围洋溢着真实的气息,陶醉于缪斯的巫术所创造的第二现实。"这是他在阅读戈蒂耶的《木乃伊故事》时的真实感受,也是他对一种新的阅读方式的具体尝试:"这时,读者或批评家就不再是某种已经体验过的感情或思想的简单回声了,他们的思想中首先实现了一种诗人本人并不曾体验过的效果。"这是一种创造性的阅读,"缪斯的巫术"引起了读者感情的"陶醉",在"第二现实"中,也就是说,在一种由艺术所创造的幻想之中,完成了由诗人的创造主体到批评家的接受主体的转化,也就是由"原因思维"到"结果思维"的转化。诗人的意图,他的意图复现在纸上,在读者的精神中引起等于或超出诗人的意图的梦幻,这是诗或画的三种不同的状态,"艺术品只有在结束它的行程,在读者和批评家的思想中达到第三状态时才真正地被完成"。因此,波德莱尔的批评给予我们的教益是:"读者批评家补足作品,他们使它完善,实现其目的。"诗与批评之间是两种不同的思维,但是这种不同只是方向的不同,一个是从结果到原因,一个是从原因到结果,在本质上则是同一的,或至少有某种相似性。乔治·布莱说:"如果愿意写诗的人不混同于接受、阅读、让其在自己身上实现的人,一种明显的类比关系仍然存在于创造意志和接受意志之间,一个是空的,一个是满的,一个是使另一个成型的模具。……作者和批评家在一首诗中的全部真实的关系应该被看成一种主体间的现象,其中一个传达给另一个的东西不是一种同一,而是一种等值。"这就是说,批评与作品之间的关系不是主体与客体的关系,而是主体与主体的关系,这后一个主体正是作品后面的作者,批评家在作品中寻找的始终是作者的精神活动,即所谓"我思"。在这样的批评家面前,作品不再是纯粹的认识对象了,而是成为两个意识相互沟通的某种媒介。批评家与作者不是相互征服或占有,如取物焉;而是互相吸引,互相融汇,所谓默契。因此,批评行为不止于作品,而是经过作品直探作者的意识活动。从创作和批评的全过程看,就是诗人待物,有所动于中,将其思想和感情化为作品,传达给另外一些人,例如读者和批评家。批评家则须澄怀静虑,洞开心房而纳之,再现作者的思想和感情。如此则创作和批评构成一个首尾相接的循环,如此往复不已。这个循环的原动力是"回忆",既是诗人的回忆,也是批评家的回忆,两个回忆的交融造成了艺术品的完成。"波德莱尔作为批评家,其首要的优点就是总能完全地回答他所阅读或观赏的作品向他发出的暗示。他是一个完美的读者和艺术爱好者,在他那里,对作品的理解完全是一种回忆的行为。"在诗与批评中间,"有一种回声,一种交流,一种类似精神事件的回响的东西",这种类似告诉我们:"被类似联系在一起的不仅仅有自然和诗,还有诗和诗的批评。任何作品都企望从交流对象那里得到由相似的感情、思想、回忆和形象组成的回答。这等于说,艺术品应该在接受者的灵魂中被忠实地重新创造出来。"因此,波德莱尔认为,"唯一好的批评家是诗人—批评家(即诗人批评家一身而二任——笔者注),他为了完成其职能而在自己身上调用确属诗的资源。他的责任是在诗中发现一种可以在诗上与诗争雄的等值物"。这种思想"导致发现隐喻"。乔治·布莱由此发现了波德莱尔的批评的本质特点:"波德莱尔的批评,像现代批评的很大一部分一样,本质上是一种隐喻式批评。在这种批评中完成的认同行为在于发现一整套形象,属于诗境的各种形象在其中互相映照,而界定这种诗境正是认同行为的目的。"总之,乔治·布莱认为,波德莱尔的批评始则泯灭自我,"腾出空地",让作家的自我进入,继则"忠实地重新创造"艺术品,"陶醉"于诗人的第二现实的暗示,终则"重复诗人的某种精神状态"甚至超出诗人之所感。也就是说,"他(作为批评家——笔者注)是诗人或艺术家的镜子。然而,如果说他是这镜子,他愿意在自己的思想中反映他人的思想,那是因为他在这思想中认出了一种本质上的相似。他在反映他人的思想的同时,也反映了自己的思想,因为在他看来,诗人或艺术家的思想正是他的思想的反映。"① "弃我","忘我","腾出空地",在艺术品面前呈现出一片"空白",这是波德莱尔的批评的出发点。

马塞尔·普鲁斯特的《驳圣伯夫》向我们表明,他是一位卓越的文学批评家,他的批评活动和他的小说家的活动,都是第一位的,可以等量齐观。乔治·布莱发现,普鲁斯特的批评有两大特点,其一是文学批评先于文学创作:"不事先决定文学创作(小说、批评研究)得以实现的手段,就不会有创作。换句话说,对于普鲁斯特,创造行为之前就有一种对于此种行为及其构成、源泉、目的、本质的思考。一种对于文学的总体认识,一种对于文学的根基的无目的性的把握,应该先于计划中的作品。"先做读者,后做作者,这是普鲁斯特的独特的批评观念。所以,乔治·布莱说:"这种想在自己身上延续他人的思想节奏的意志,就是批评

---

① 《批评意识》,中译本,第 18—36 页。

思维的初始行为。这是关于一种思想的思想,它若存在就必须首先符合一种并非属于它的存在方式,并且在某种意义上具体地成为另一种思想借以形成、运行和表达的运动。根据所读的作者的速度调节自我,这不只是接近他,更是与他结合,赞同他最深刻、最隐秘的思想、感觉和生活的方式。"因此,普鲁斯特对圣伯夫最大的不满,是圣伯夫"态度矜持,拒绝进入他所批评的作者所处的状态之中并拒绝接受其观点"。普鲁斯特的批评之第二个特点是:"阅读一位作者的一本书,就是只见过这位作者一次。与一个人谈过一次话,可以看出他的一些与众不同的地方。但是,只有在不同的场合中反复多次,人们才能认出他的哪些地方是特殊的、本质的。"因此,批评就是反复地阅读:"理解,就是阅读;而阅读,则是重读;或者更确切地说,就是在读另一本书的时候,重新体验前一本书不完善地向我们提供的那些感情。由于有重新发现的时间,就有重新进行的阅读,重新亲历的经验,经过调整的理解。最好的批评行为是这样一种行为,读者通过它以及通过反复阅读的作品的全部,而回溯性地发现了含义深远的频率和富有显露性的顽念。"所谓"回溯",就是"倒退着前进来发现作品的共同主题"。在普鲁斯特看来,批评必定是主题的,乔治·布莱说:"普鲁斯特就是察觉到这一基本真理的第一位批评家。他是主题批评的创立者。"[①]

论及《新法兰西评论》的批评家群,乔治·布莱指出:"在法国第一次出现了一种批评思维,……这种批评思维不再是报道的、评判的、传记的或利己享乐的,它想成为被研究对象的精神复本,一种精神世界向着另一种精神世界的内部的完全转移。"这些批评家抱着一种极其谦逊的态度,以迂回或直接的方式接近甚至深入研究对象的主观世界,以求达

---

① 《批评意识》,中译本,第37—42页。

到一种认同。例如阿尔贝·蒂博代,对他来说,批评行为"开始于对他人思想的一种即时的、完全的、无保留的赞同:这是一种争先恐后的运动,梦想着与被批评的思想并驾齐驱,参加它的冒险,在一条使它受制于种种回响的旅途上陪伴着它"。但是,这只是蒂博代的初始的批评行为,他随即转向了社会学的控制,"其结果是,蒂博代的思想越是意识到交织于被批评作品周围的种种联系,就越是自然而然地不那么可能与那个生动活泼的中心相遇合了,而他的思想却恰恰是以处于这中心里为开始的"。乔治·布莱认为,蒂博代的批评是一种"离心运动"。再如夏尔·杜波斯,他甘愿做他人生活的"容器","自己沉默,采取一种完全接受的态度";他承认阅读对象的声音高于自己的声音,并且甘愿这种声音"在他自己身上说话"。对杜波斯来说,"做一个批评家,就是放弃自我,接受他人的自我,接受一系列他人的自我",也就是说,批评家"向一连串的人不断地让出位置,而其中的每一个人都强加于他一种新的存在。批评家不再是一个人了,而是许多人的连续存在"。其次如雅克·里维埃,他的批评是"摸索着往前走,辅以肉体的接触和对表面的探索;然后是对一种朦胧的现实的困难而笨拙的深入,思想在黑暗中进入一种对它加以抵抗的物质,哪怕是被迫地使弄清楚的努力不断延期"。再次如拉蒙·费尔南德斯,他说:"文学批评的目的是尽可能与作品相一致,顺应其创造性的运动,在理智的方面模仿其基本的行为。"所以,"被分析的作品中呈现出某种混乱、模糊、暧昧的那一切都应该在批评者所给予的相应看法中被代之以一种用语清晰的陈述。作品将为其纲要所取代,这纲要应是严格地朴实无华,其文笔要尽可能的抽象,其目的在于将决定作品运行的一系列原则显示出来"。

在马塞尔·莱蒙那里,乔治·布莱肯定了"参与"。他说:"阅读或批评,乃是牺牲其全部习惯、欲望和信仰。这是通过一种类似笛卡儿的夸张的怀疑的剥离而达到一种先决的虚无,达到一种空虚的状态,紧接着而来的不是我思中的有关我们自身存在的直觉,正相反,是有关他人的存在与思想的直觉。"① 乔治·布莱在莱蒙的批评中首先发现的正是这种"剥离",即"顽强的克制",克制自我,直觉到他人的存在,马塞尔·莱蒙自己说:"通过一种苦行,先是进入一种深层接受的状态,在此状态中,本质对极端很敏感,然后渐渐趋向一种有穿透力的同情。"苦行,深层接受,同情,这就是马塞尔·莱蒙的批评的三个阶段。乔治·布莱说:"批评家的接受性不是一种纯粹消极的品质。在这种精神通过自愿的忘我而置身其中的空缺中,并非一切都是寂静和空虚。或更可以说,寂静乃是一种等待的寂静,一种思想的张力,这种思想自己既不愿存在,又随时准备呈现出来……。"在这里,马塞尔·莱蒙比斯达尔夫人进了一步,他在钦佩地观照客体的同时,于同情之中努力在自身再造创造精神的等价物,批评主体和创造主体互相转化,实现批评的完全参与。也就是说,"通过放弃自己的思想,批评家在自身建立起那种使他得以变成纯粹的他人意识的初始空白,这种内在的空白将以同样的方式,使他能够在自己身上让他人的真实显现出来,并且不再以任何客观的面目显现,而且超越那些充塞着他、占据着他的形式,如同一种裸露的意识呈现于它的对象"。这种批评,乔治·布莱认为是马塞尔·莱蒙"对他那个时代的批评的本质贡献",这就是意识批评,"它在试图认识一种意识的对象之前,就已经发现、认出、重建了此意识的存在,并竭力与它重合,与它的纯粹主体的真实认同,为了成功,还要使自己置于这样的时刻,即意识还处于一种几乎是空白的状态,还不曾被它那一团芜杂的客观内容侵犯和打上印记"。批评家的主体意识清除掉"芜杂的客观内容",

---

① 《批评意识》,第 85 页。以下引文见于该书第 85—108 页。

在被批评的主体意识面呈现出一片空白,才能够使其进入,成为一个浑然无别的存在。"被泯灭的是内与外、被观照的事物和观照的注视之间的分别。同情成了真正神奇的行动,对于批评客体的认识因此变得和自我的认识具有一样的实质并完成于同一个地方。"这"同一个地方"就是作品。马塞尔·莱蒙对"清晰的意识"表露出某种"敌意",而受到"晦暗的意识"的"诱惑","主观的感觉和客观的感觉之间的边界消失了","这种变化的原动力乃是语言或言语"。乔治·布莱说:"还从未有一位批评家如此关心其语言,这不是由于对'语言优美'的简单的喜欢,而是因为言语乃是不可或缺的中介,由于它'批评的'认同才得以完成。于是,由于符号的统一功能,批评家也像诗人一样,同时成为主体和对象。不再是事物为一方,他为另一方了。他不再是面对事物的世界了。他在事物之中,如同事物在他身上。"就这样,马塞尔·莱蒙实际上是为神秘主义打开了大门。因此,乔治·布莱说:"对莱蒙来说,问题在于使事物不再是事物,对象不再是对象,使融为一体的意识和事物成为一种普遍的非二元性,神圣的内在性在其中四下里炸开。"总之,乔治·布莱在马塞尔·莱蒙的批评中看到了"参与"和主客相融的"综合",马塞尔·莱蒙的一番话清楚地表明了这一点:"或者有一个'普遍的灵魂',或者我不知道我们的精神参与什么'精神';在主体的最深处可能有这个无限的'客体';自然对我们可能不是陌生的;我和非我可能不是势不两立的;通过我们的感觉和我们自身中心的那种亲密感来与这些形式和这些所谓外在的本质进行交流不是不可能的,对我们来说,'一切事物都由肚脐连在一起'。"

阿尔贝·贝甘不是"一个认为可见世界存在的人",而是一个"与世界隔绝"、不能不守护着"封闭的灵魂的秘密"的人,但是,为了摆脱内心的冷漠,他成了批评家,因为批评家是"一个能够钻进他人思想之中的人,他甚至能够钻进他人的身体,钻进其感觉之中,尤其是钻进其目光之中——朝着物开放的目光","他借助一种'神奇的认同'和有选择的接引者,能够完成他单靠自己不能完成的事情"。① 乔治·布莱指出,对于贝甘来说,"诗、构成诗的词、诗启示或披露的真理、随着诗的发现而来的批评的发现,所有这一切都'始于同物质世界的接触'"。这"物质世界"就是"这个大地上的物"的世界,而这个"物"就是"可见的、具体的、地上的、真实的、可感的世界、世界之具体的形式、尘世的事物",即"现实",即"物是存在的","物存在于外,其处所非他,乃是世界","物存在于世界之中,其存在是一种在场、物的在场"。于是,乔治·布莱认为,阿尔贝·贝甘的批评的核心概念就是"在场"。然而,何谓"在场"? 乔治·布莱说:"在场不仅仅是一种在(das Sein),而且是一种此在(das Dasein)。就是在其具体的现时之中,在其展示的自身的显然之中,并且迫使同为在场的我们为它提供见证。因为本质不仅仅在此,在我们面前,当着我们的面,它的在场也同时依靠着我们的在场。这是一种力量,一种重力。"物的在场依靠我们的在场,而我们的在场是一种积极的在场,"这种在场是由确认和爱构成的"。诗人对物的"确认和爱"表现为一种运动,与物相俯仰的一种运动,批评家在伴随诗人的时候,"是能够跟随他的运动的"。批评家所以能够跟随诗人的"运动",是靠着一种"神奇的认同";他能够和诗人达到"认同",是靠着"有选择的接引者";所以,批评家和诗人之间有一种默契,而这种"默契"来源于批评家和诗人对物的在场有一种共同的体认。在《浪漫派的心灵和梦》中,贝甘论及德国诗人哈曼时说:"哈曼将原始时代我们的先人的状态想象为'令人眩晕的舞蹈'交替出现的深沉的睡眠,他们在'惊奇和沉思的静默中'

---

① 《批评意识》,第 110—111 页。以下引文见该书第 112—136 页。

久久地伫立不动,然后突然张嘴说出一些'有翅膀的话'。……面对世界的惊奇,这是第一个创造物的惊奇,也是'创造的第一个历史家'的惊奇,就是说,这是对于圣经神话的惊奇:自然的出现和人因此而感到的快乐在语言中得到表达:(上帝说,要有光,)就有了光!"诗人成了贝甘的"有选择的接引者",他引导贝甘对物之在场有所"感觉",而"这种感觉变成一种惊奇或陶醉","成为某种赞叹"。布莱在作为批评家的贝甘身上发现的"惊奇"、"陶醉"或"赞叹",正是他苦苦追寻的"我思",也就是说,"在一个蜕化变质的世界后面,还有一个原初的、无损的在场,那就是原始世界中物的在场;与物的这种原初的在场相应,有心灵面对物的原初的在场。两者相互依存"。"依存"的条件是:从"物之在场"通向"物中上帝之在场"。"诗的经验是以物的具体形式为依托的。他通向的不是对一个没有形象的上帝的把握,而是对存在于它的创造之中的上帝的直觉",这是贝甘对诗的界定,也是布莱对诗的界定,他通过评论贝甘而表达了自己的信念,如同贝甘所说:"在具体中摸到不可见之物的在场。"所谓"不可见之物",乃是上帝。

乔治·布兰是法国当代一位著名的文学批评家,《意识批评》对他的评论完全摆脱了细节的描述,高屋建瓴地对他的批评思想——意图批评——进行了概括,直指问题的核心:在乔治·布兰看来,批评家的职能就是"在决定作品之目的性和似乎需要这作品之目的性的交汇处寻求作品的意义"。乔治·布莱指出:"没有有意图的思想,没有一种试图在确定针对对象应采取的立场的同时也确定其对象的意识,就没有意向性。这样由于一切意图批评都具有的一种悖论,客体变成了主体的呈露者。……研究作品中的、属于作品的对象,这乃是突出确然是主体的行为,这种行动可以说是在将自己有倾向的意志引向对象的同时,也从外面和后面赋予对象最终的形式。简言之,意向性分离出结构,而结构又揭示出精神的习惯,即偏爱。"① 这就是说,批评家在揭示批评对象的思想的同时,表达了自己作为批评主体的思想。据此,布莱认为,布兰实际上比被批评者提出了更多的问题,虽然被批评者的思想是刺激、诱发布兰进行思考的一个源泉:"在布兰那里,对某些倾向的赞同,对某些追寻的坚持,批评家与被批评者的意图的认同,这一切在批评家身上产生的结果就是再度提出所有的问题,而且有那么多的思考,那么多的各种各样的'区别',以至于批评思维显得像是一种以被批评的思想为出发点和跳板的令人眩晕的、思辨的细致描述。"因此,布兰的批评总是比被批评者的思想多出点什么,"一种越来越严峻的张力出现在处于不同的精神力量之间的乔治·布兰的批评世界之中。这种批评可以说总是投入到一种令人心碎的辩证法之中,而这种辩证法在每一个意识中将任何欲望、任何对缺失的感觉、任何思想都固有的悲剧推向极致"。所以,乔治·布兰的批评是"一种忧患意识的反映,是一种对于精神的一切经验所具有的必然是忧患的、性质特别敏感的批评"。

乔治·布莱不无夸张地说:加斯东·巴什拉尔"在其他批评家弃之不顾的地方,获得了一种新的意识,建立了一种新的批评"。"因此,巴什拉尔完成的革命是一场哥白尼式的革命。在他之后,意识的世界,随之而来的诗的、文学的世界,都不再是先前那副模样了"②。他人"弃之不顾"的地方,就是意识最初产生的地方,就是"梦幻的斜坡"的源头,就是"模糊的、芜杂的、在精神边缘碰到的地方"。乔治·布莱说:"对于我们时代的相当一部分批评家来说,他人的意识只有在既远离其原初的虚空、又远离阻塞一切的形象和感知之流在它身上引起的拥挤之时,才可

---

① 《意识批评》,第 146—148 页。
② 同上书,第 149—182 页。

以被把握、被穿透的。因此,许多批评家注重某些特殊的时刻,陶醉、梦幻、情感回忆之浮现和准记忆状态……。"加斯东·巴什拉尔不同,"他是弗洛伊德之后最伟大的精神生活的探索者",他"把目光投向自我,探索内心生活的暧昧世界"。在巴什拉尔那里,存在着"科学认识的世界"和"梦幻的世界",这是两个边界判然的世界,是思想运动的两极,然而精神可以在这两极之间自由地跳动,"既可以是此,又可以是彼",即他所说的:"我把我的生活分作两个部分!"这两个部分其实就是客观世界及其主观化以及主观世界及其客观化,他称之为"客观认识之精神分析"。乔治·布莱说他完成了"一场哥白尼式的革命",大约就是指此。这种"客观认识之精神分析"导致一种"我思",一种"自我意识"。"这种意识不是一种客观认识的孤立原则,不是一种使人衰竭的光,也不是一种对其世界行使没有层次的统治的权威力量。它是一种谦逊的意识,没有很高的奢望,喜欢生活在它的形象之中,并使之聚在自己周围如一群共餐者一般"。这是一种"存在的觉醒",是一种"走出去的我思",也是一种"返回自身的我思":"一个这样的人的我思,以一种新的眼光看一个新的世界,从其新奇中提取一种对自我的不能忘怀的感知。例如,发现一个鸟窝,这乃是发现我们自己,我们感到惊奇、震颤,面对这一隐秘的东西我们充满一种伟大的钦佩感,其理由不得而知,但这打动了我们个人。"存在,感到存在,发现体现这种存在的物,这就是巴什拉尔的我思。这种我思表现为"惊奇","陶醉","震颤",以及随之而来的"赞叹"。乔治·布莱认为,"巴什拉尔的方法成就了文学批评中最准确的方法":文学是"一组形象,必须在具有想象力的意识借以产生这些形象的行动本身之中加以把握的一组形象"。"批评之所为若非承受他人之想象、并在借以产生自己的形象的行为之中将其据为己有,又能是什么呢?而这种替代,一个主体替代另一个主体,一种我思替代另一种我思,文学批评如若进行,只能在它所研究的想象世界所引起的赞叹中、在一种与最慷慨的热情无异的一致的运动中无保留地和这想象世界及其创造者认同。一切都开始于诗思维的热情,一切都结束于(一切又都开始于)批评思维的热情。首先要赞叹,永远要赞叹!对巴什拉尔式的批评家来说,面对诗人的创造世界所开放的,乃是一种最后的我思,即'赞叹意识'"。这里我们又看到了斯达尔夫人的"钦佩","我钦佩,故我在","钦佩"导致"参与","参与"导致"同情","同情"导致"认同"。意识的运动始于创造,结束于批评,又从批评重新开始,于是诗人的意识与批评家的意识相遇合,相认同。这里最要紧的是一种赞叹意识,或曰惊奇意识。诗人面对客观物要有这种意识,批评家面对诗人也要有这种意识。因此,"最好的批评行为是这样的行为,批评家借以在一种慷慨的赞叹的运动中与作者会合,而且在此种运动中颤动着一种等值的乐观主义,即'怀着与创造的梦幻发生同情的意愿进行阅读'……"所谓乐观主义,说的是批评家在敞开自己的心灵时确信:"诗人是通过他借以在想象世界时与世界相适应的那种同情来意识自我的,批评家则通过他对诗人怀有的同情在内心深处唤醒一个个人形象的世界,他依靠这些形象实现了他自己的我思:'我们与作家交流,因为这是我们与深藏在我们内心的形象进行交流。'故依仗诗人的接引,在自我的深处找到深藏其中的形象,这不再是参与他人的诗,而是为了自己而诗化。于是批评家变成了诗人。"这是乔治·布莱评论加斯东·巴什拉尔的话,其实也是他的夫子自道。他说:"当巴什拉尔的思想纵情于同情的冲动时,批评家的思想活动就汇入诗人的想象活动,其目的在于与之混而为一。对于两者来说,这乃是同一种具有同情的激动,同一种创造神话的能力。诗人和批评家共同追寻的是同一个梦。"这也是乔治·布莱心目中批评家的最高境界,他走的也是巴什拉尔开辟的想象学之路。

乔治·布莱在评论让-彼埃尔·里夏尔时说,在他手上,"一种新的批评产生了,他更接近初始的原因和感性的真实。"① 新的批评之"新"在何处? 乔治·布莱认为,"批评不能满足于思索一种思想,他还应该通过这种思想一个形象一个形象地回溯至感觉"。感觉,即"把具体化的世界转化为精神材料",或者"将想象物物质化",一件事物的两面,"实为一码事":"物之核心,精神之核心"。这就是新的批评之"新"。虽然让-彼埃尔·里夏尔是巴什拉尔的弟子,但是他与先生不同,"他的批评并不上升到一般。他的目的不是通过想象来认识一切想象的根基。它无所为,亦无所向。……在他那里,感觉之后仍然是感觉。只有感觉,并无其他。这里所发生的一切都好像是感性经验本身就是一种不可穷尽的东西,它所显现的事物很丰富,它的内容有细微的差别,竟使得感性所具有的记录能力永远没有机会停止作用"。如让-彼埃尔·里夏尔所说:"一切都始于感觉。"② 于是,"批评家不是走出自我迎向他人的某个人,而是等待着一定数量可以触、可以摸、可以掂量的对象被置于手下或眼下的某个人"。让-彼埃尔·里夏尔认为,文学是一个全然想象的世界,而批评乃是关于文学的文学,关于意识的意识。因此,"批评,乃是思想,乃是思想自身,同时也是借助于所读之书,如论文、小说、诗等等,与人之诸多具体的面貌发生联系。主体性和客体性,把握自我和把握物,这就是批评家交替进行的事情,实与其对手诗人或小说家无大差别。"③ 甚至还不止于此,在意识的活动中,批评家可以比他的批评对象处于更优越的地位。在里夏尔看来,"如果说一切文学活动的目的是表面上不可调和的诸多倾向之间的一种调和,那么,它们不是在批

---

① 《意识批评》,第 184—185 页。
② 让-彼埃尔·里夏尔:《文学与感觉》,法国瑟伊出版社,1954 年,第 18 页。
③ 《批评意识》,第 190 页。

评者那里比在创造者那里有更多的调和的机会吗？情况常常是，一位作家的作品尽管经过种种努力仍是不可救药地七零八落，却仍有唯一的、最后的救援存在，那就是批评家的介入，他重建、延伸、完成这作品，从而在事后给予他一种未曾想过的统一性"。

"对于精神的活动来说，除了这个地球上的世界之外没有任何出路，然而精神毕竟以某种方式被置于这个世界之外，而它似乎又不能与之认同。……被排斥在世界之外，然而又朝向这世界，斯塔罗宾斯基的思想证明了'执着于纯粹内在性之不可能'。无论它愿意与否，一种极适于理解内在性的智力必须以理解外在性为己任。"① 这是乔治·布莱对让·斯塔罗宾斯基的批评思想的一个根本的评价。他指出："人们只能触及与我们相像的东西，与我们有共同点的东西以及属于我们这世界的东西。但是，这里所说的世界似乎和精神没有任何共同的尺度。如何触及到它，如何与根本不同的东西建立联系，这显然是让·斯塔罗宾斯基的根本问题。"斯塔罗宾斯基建立联系的方法是"纯粹的注视"，是对存在之物的"观看"。在斯塔罗宾斯基那里，注视这种行为本身之中，"同时呈现出一种巨大的苛求和一种巨大的谦卑"："巨大的苛求，是因为他只对自己的智力有把握，他只相信它，只依靠它来期望谜团的解决和某种无为的、清醒的审美幸福，而这应是认识的极致；巨大的谦卑，是因为这里智力之呈现并非作为一种内在感悟的能力，亦非作为一些天赋观念——很少有思想更少直觉——之保护神，而只是作为一种外在认识的工具，在智力上这种工具是必须使用的，正如在身体上使用眼睛一样。"苛求和谦卑的结合，使智力可以穿透距离和障碍，直达世界的外在性。然而，距离与障碍虽然是一些"否定性的经验"，但是"它们充

---

① 《批评意识》，第204—225页。

满教益,没有道理加以忽视"。斯塔罗宾斯基说:"没有障碍的存在,没有抵抗它的必要性,就不能区分外在和内在。有了这些,整个本质将立刻展现在世界的眼前。"因此,"只有在与外在世界的抵抗相接触中,人的内在性才得以形成并且开始意识到自身"。世界的外在性的根本表现是人的躯体的存在,肉体成为人的"精神的创建者",而精神通过语言成为"肉体的解释者"。从精神到肉体,再从肉体到精神,这样的往返变化不是一蹴而就的,而让·斯塔罗宾斯基的特征是,"他完成了这一变化而并没有正在成熟的思想通常会感到的那种窘迫。他是通过描述一种很和谐的曲线完成其演变的。这一演变虽然进行得十分自如、平稳、没有观念的大动荡所带来的种种痛苦,却仍然是由衷地真诚的,同时也是由衷地感到幸福的,成为轻松的原因,快乐的源泉"。让·斯塔罗宾斯基所以如此轻松并且感到幸福地驾驭着批评的武器,其源概出于他的博学、医文兼修和既严格又灵活的方法。他的思想和他人的思想之间的关系,乃是他的兴趣的中心:"接近,分离,在陌生的思想中立足,重新又变得陌生,任何思想在其迁徙、相遇和变化中也不曾如此成功地致力于这种合与分的艺术,而全部批评即在此艺术之中。"于是,在他的批评中,以整体性为目标的"俯瞰的注视",以内在性为目标的"内在的注视",交替出现,彼此往返,而且永不间断,没有尽头。就这样,在不知疲倦的往返中,批评逐渐地接近它的目标。

综上所述,斯达尔夫人的"钦佩",波德莱尔的"弃我"、"忘我"和"腾出空地",普鲁斯特的"回溯",杜波斯的"沉默"和"完全接受",布兰的"忧患意识",莱蒙的"参与"、"寂静"和"初始空白",贝甘的"在场",鲁塞的"静观",巴什拉尔的"代替"、惊奇和"赞叹意识",里夏尔的"感觉",斯塔罗宾斯基的"凝视"和"不间断的往返"等等,说的只是一件事情,即批评意识的觉醒。

（三）

那么,什么是批评意识?它是如何觉醒的?

批评的对象是书,那么,书是什么?乔治·布莱认为,"书不是一种跟别的东西一样的东西"。首先,书是一个东西,即一种物质的存在,"在某人开始阅读之前,只有一个纸做的东西,它只不过是以它的某处的无生命的在场表明它作为物的存在。"① 但是,一旦有人开始阅读,情况就会不一样了,"您会看到它自告奋勇,自己打开自己"。书具有一种"开放性"。"书并不自我封闭于它的轮廓之内,它并不是安居在一座堡垒之内。它自身存在,但它更要求存在于自身之外,或者要求您也存在于它的身上。"简言之,读者和书之间,一旦阅读开始,壁垒就倒塌了。此时此刻,"大量的语词、形象、观念"从书里跑出来,被读者的思想抓住,他意识到他抓在手里的不再是一个"简单的物"了,甚至不是一个"单纯活着的人"了,而是一个"有理智有意识的人":"他人的意识,与我自动地设想也存在与我们遇见的一切人中的那个意识并无区别;但是,在这一特别的情况下,他人的意识对我是开放的,并使我能将目光直射入它的内部,甚至使我能够想它之所想,感它之所感。"所谓"特别的情况",是指"我"与"书"之间存在着一种读与被读的关系,书成了我的意识的对象,不再是一个纸做的物了,"它变成了一连串的符号,这些符号开始为它们自己而存在"。它们存在于什么地方?"只有一个地方可能作为符号的存在地点,那就是我的内心深处"。它们变成了纯粹的精神

---

① 《批评意识》,第237—268页。

实体,完全"依赖于我的意识"。物质的实体变为精神的实体,靠的是语言。"语言用它虚构的东西包围着我,就像水漫过被一个大海吞没的王国。现实的任何部分都不能躲避这种普遍的掩埋。文学的本质,即自由的语言、不受阻碍全面地运用其力量的语言的本质,是不理会任何客观的现实、任何确实的事物以及任何被证实的事实的。在虚构这个液体的世界中,没有任何陆地残存"。这种变化具有值得重视的优越性,即"这个由语言组成的内部世界与思考这个世界的自我并不是根本对立的。……它把我从我通常总是在意识及其对象之间所感到的那种不相容感中解脱出来"。其结果是:"我成了这样一个人,其思想的对象是另外一些思想,这些思想来自我读的书,是另外一个人的思考。它们是另外一个人的,我却成了主体。"也就是说,"我成了非我的思想的主体了"。一个主体取代另一个主体,一个我取代本来的我,这就是阅读,如乔治·布莱所说,"阅读恰恰是一种让出位置的方式,不仅仅是让位于一大堆语词、形象和陌生的观念,而且还让位于它所由产生并受其荫护的那个陌生本源本身"。所谓"陌生本源",就是书的作者的意识。所以,"阅读是这样一种行为,通过它,我称之为我的那个主体本源在并不中止其活动的情况下发生了变化,变得严格地说我无权再将其称为我的我了。我被借给另一个人,这另一个人在我心中思想、感觉、痛苦、骚动"。一本书吸引了读者,不仅在客观思维的层面上,而且也发生在最高的层面上,即主体性本身的层面上,所谓书"抓住了"读者。"理解一部作品,就是让写这本书的那个人在我们身上向我显露出来。不是传记解释作品,而是作品让我们理解传记"。作品的作者与作品的主体在思想和意识上有着某种类似,但决不可以等量齐观,"存在于作品中的、阅读显露给我的那个主体不是作者,甚至从他的全部作品的更具一致性的总和来说也不是。掌握着作品的主体只能存在于作品之中"。这是典型的现象学文学批评的观点,批评家当然不会忽视"各种传记的、作品的、文体的或一般批评的认识",但是,他尤为关注的是在作品中体验和理解作者:"这时,对我重要的是从内部体验我与作品并且只与作品所具有的某种认同关系。作品之外的任何东西都不可能享有此时作品在我身上所享有的那些不寻常的特权。……是它迫使我接受一定数量的思考和梦幻的对象,在我身上建立起相互关联的话语的网络,在这些话语之外,我的精神暂时不会为其他思想梦幻和话语留出位置。最后,是它不满足于将自我禁锢于精神现实的一种确定的环境中,又将这环境据为己有,使丧失所有权的自我成为我,而正是我在我的阅读中始终引导或记录作品(并且仅仅是这部作品)的发展。"这就是说,读者和作者融为一体,读者想作者之所想,感作者之所感,这种状况结束于阅读行为的结束,然后开始了批评行为。这种暂时的状态,乃是现象学文学批评的理想的阅读状态。"因此,只要阅读引起的这种生命的注入在它身上还在进行,一部文学作品就依靠着它取消其生命的读者而变成一种具有人性的方式,也就是说,变成一种意识到自己的思想,并且成为它的对象的主体。"作品借助阅读这种行为在读者的身上,或者更确切地说,在读者的精神上、意识上"体验着自己","思考着自己","申明着自己"。这样,乔治·布莱指出,读者面对一部作品,作品所呈露的那种存在虽然不是他的存在,他却把这种存在当作自己的存在一样地加以经历、思想和体验,读者的自我变成另一个人的自我,也可以说,另一个人的自我变成读者的自我,融融泻泻,混沌一片,在读者和作为"隐藏在作品深处的有意识的主体"的作者之间,通过阅读这种行为产生了一种共用的"相毗连的意识",并因此在读者一边产生一种"惊奇"。乔治·布莱说:"这个感到惊奇的意识就是批评意识。"批评意识实为读者意识。

（四）

　　读者意识，首先是读者意识到他手中的书不是一个如缝纫机、花瓶一般的物，不是一个客观的静止的存在，而是潜藏于他的内心深处的一连串有生命的符号。这些符号有一个有意识的主体，他可以感这主体之所感，可以想这主体之所想。由于读者意识，书摆脱了作为物的存在，变成了一种内在的精神主体。语言的介入使读者的我变成非我、另一个我，即阅读主体。阅读主体把他人的思想当作自己的意识对象，与创作主体形成一种包容或同一的关系。然而，在这种阅读主体和创作主体的交互作用中，阅读主体并非完全地丧失了自我，仍在继续其自身的活动，两个主体共用一个"相毗连的意识"。这就是批评主体和创作主体之间并且针对着客体的认同关系。

　　那么，在现代的文学批评中，主体和客体之间发生了哪些变化呢？且看乔治·布莱的检阅。

　　首先是雅克·里维埃的批评。在他那里，"认同只是初见端倪"[1]。他的批评"运用的唯一媒介，也就是它所拥有的媒介，就是感觉"。"由于诸感觉中最具精神性者是视觉，而视觉在这种特殊情况中又被一种根本的黑暗所蒙蔽，批评思维只能像瞎子一样朝着目标前进，凭触觉摸索表面，用棍子探察思想和对象之间有无物质的障碍。"于是，雅克·里维埃只能"结结巴巴"，吃力地"辨认"，"笨拙地查阅一种他永远也不能流畅地阅读的语言"。雅克·里维埃的阅读是一种"失败"的阅读。

---

[1] 《批评意识》，第246—256页。

然而，从这种失败中产生出一种更为"有效"的批评，这就是让－彼埃尔·里夏尔的批评："认同，对这位批评家来说，就是设法在他自己的身体里、感官里、感觉和思想的世界里感受与被研究的小说家或诗人所感受到的印象相同的印象。"这种批评的助手是"言语"，"没有任何批评的认同不是借助于它（言语）才得以准备、实现和体现的"。于是，"批评家的语言担负了一种使命，要再次体现已由作者的加以体现的那个感性世界。事情很奇怪，在这样的批评中，模仿者的语言比被模仿者的还要确实，可触可摸；批评的表达变成诗的表达，即与诗人的表达一样"。不过，"这种批评同时受到它所运用的语言的支持和妨碍：支持，是因为语言使它能在最初的状态中表达感性，这时几乎不可能区分主体和客体；妨碍，是因为语言过于厚重，不能被分析，它所描写的唯一一种主体性深陷于客体之中"。作品的结构被掩盖，它的有意图的活动被埋没，"人们看不到一种存在的至高原则、一种渐渐清晰的意识、一个终于摆脱了对象的主体显现出来"。这种批评尽管成功，仍有不足："从客体方面说，认同完成得几乎过于全面了；而从主体方面说，认同才略具雏形"。

在另一个极端上，一种批评试图"在客体的消失中从作品里提取作品所具有的纯然主体性的东西"，这是莫里斯·布朗休的批评："在这样一种批评中，人们找不到一段话、一句话、一个比喻不暗中怀有这样的目的，即将文学所反映的实存世界的形象化为几乎无用的抽象概念。……这样，精神就在它的思想和实存之间置入最大限度的距离。"这时，"批评已不再是模仿，而是使一切文学形式化为同一种无意义，以至于这些形式在被归结为同一的无效的同时，也泯灭了彼此之间的区别，都表现了同一种失败"。这种批评毁灭了文学，使之一无所有。也许它实现了批评思维和文学作品所显露的精神世界之间的统一，但是它损害了文学作品,因为它把一切都"归结为脱离了任何客体的意识,一种在某个真空中独自运行的超批评的意识"。

这两种批评之间的对照,使乔治·布莱认识到,"批评家所使用的语言媒介可以使他无限地接近或远离他所考察的作品"。接近,他可以使"批评思维能够与它的处理的模糊现实建立一种令人赞叹的默契关系";远离,"它会导致全面的分裂。此时它具有最大限度的清醒,其结果是完成一种分裂,而不是联合"。这两种批评产生了两种情况:"一种是未经理智化的联合,一种是未经联合的理智化。"其实,如果接近或远离若走向极端,则对于文学批评来说都有其优越性,也都有所损失。前者的批评思维是模糊的,但是能够立刻进入作品的心脏,参与它的内在生活;后者的思想是清晰的,能够赋予它所观察的东西以最高度的可理解性。这就是说,过度的接近使读者丧失自我意识,同时也丧失对存在于作品中的他人的意识,即"读者成了瞎子";过度的远离,则导致阅读主体和阅读客体相距过于遥远,"不能与之建立关系"。这两种批评是对立的,这两种批评都不是乔治·布莱心目中理想的批评。

能不能在接近和远离的交替的运动中把这两种批评结合起来呢?乔治·布莱发现了让·斯塔罗宾斯基的批评。"在斯塔罗宾斯基的批评中常有莫扎特的音乐所具有的那种水晶的特性,此时,这种批评是一种纯粹的理解的享受,是深入的理智和被深入的理智之间的同情的完美的交流。"在这种和谐的时刻,不再有排斥,不再有内外,"一切都显示出情投意合,共同的喜悦,理解和被理解的欢乐"。但是,无论斯塔罗宾斯基的批评多么理智,"也不纯然是一种精神的快乐",他的学医的经历使"对肉体的阅读补充了对灵魂的阅读"。因此,"斯塔罗宾斯基的批评具有一种巨大的灵活性。他的批评虽然上升到形而上认识的最高程度,却并不鄙视对下意识区域的探索。它时而接近,时而远离。它进行各种形式的认同和非认同"。"这种批评以相互告别结束:批评家向作者告别,作者向批评家告别。但是,这种告别在那些以共同生活开始的人们中间相互交换,被离开的人继续忠实地接受离开他的人的理智之光。"这种批评的唯一的缺点是,"它太容易深入被它照亮的地方了"。也就是说,"斯塔罗宾斯基的批评由于在作品中只看见居于其中的思想,因此在某种意义上是穿过了形式和物质的现实,虽不曾忽视,但未作停留,在这种批评的作用下,作品失去了厚度,就像在某些童话里,宫墙神奇地变得透明了"。于是,思想变得透明了,清晰了,客体却淡薄了,消失了,批评行为仍算不得完全成功。

批评行为的完全成功,乔治·布莱认为,可能存在于马塞尔·莱蒙和让·鲁塞的批评之中。"马塞尔·莱蒙的批评总是承认一种双重现实的存在,这种现实既是结构化的,又是精神的。他的批评竭力要几乎同时达到一种内在的经验和一种形式的完成。"但是,他的批评又是"与被批评的思想的模糊认同的反面","它首先是对作品这一形式的现实的冷静观照:客体处于精神的面前,像谜一样呈现于它,作为一种客观的完美强加于它,然而它与这客体总是难以认同"。"莱蒙的思想极善于使其主体性顺从于他人的主体性,并因此而沉入任何精神生活的最晦暗的内部,但是它并不擅长穿透作品的客观性所设立的障碍。"这条主体和客体的秘密通道需要让·鲁塞的批评来连接。让·鲁塞的批评要完成的事业是:"它努力运用作品的形式的客观因素,以求达到超越作品的一种非客观的、非形式的却是铭刻在形式中,并且通过形式得以表现的现实。"于是,莱蒙的教导在鲁塞的方法中得到完成,"这种方法引导研究者从客体性到主体性,从形式的(变化无常的)疆界到对任何形式的超越"。这种方法所以可能,是"因为批评家从一开始就在作品中承认一种主体原则,这种原则引导或协调它的对象的生命,适当地决定作品的形式,同时也借助于作品的形式生命决定着自身"。莱蒙和鲁塞的批评首先是研究形式,实际上是从客体过渡到主体。

研究了里维埃、里夏尔、斯塔罗宾斯基等人和莱蒙、鲁塞的不同的批评,乔治·布莱得出结论,无论是从主体到客体,还是从客体到主体,其实可以归结为一种方法:"从主体经由客体到主体",也就是说,批评家的主体经由作品到达作家的主体,最终实现两个主体的认同。这是任何阐释行为的三个阶段,如果要规避把批评行为视作一种兴趣的转移(从客体向主体或相反)的危险倾向,那最好是说:"批评家的任务是使自己从一个与其客体有关系的主体转移到在其自身上被把握、摆脱了任何客观现实的同一个主体。"所谓"同一个主体",实际上是指批评家的主观世界和主体意识,作品只不过是一种不可或缺的中介,作品固有的意识是不能混同于作者的意识和读者的意识的。总之,批评意识要通过作品的固有意识,达到一种"纯粹的精神实体",即"在任何精神活动中作为精神表现出来的那个自我意识"。作品的自我意识在三个层面上呈现:首先,"有一种十足精神的因素,深深地介入到客观的形式之中,这种形式既显露了它,同时又掩盖着它"。其次,"意识抛弃了它的形式,通过它对反映在它身上的那一切所具有的超验性而向它自己、向我们呈露出来"。最后,"它在那里不再反映什么,只满足于存在,总是在作品之中,却又在作品之上"。在最后的层面上,"没有任何客体能够表现它,没有任何结构能够确定它,它在其不可言喻的、根本的不可决定性之中呈露自己"。因此,批评的最高境界是,"最终忘掉作品的客观面,将自己提高,以便直接地把握一种没有对象的主体性"。

乔治·布莱认为,批评就是批评家通过作品的自我意识来把握作者的自我意识,在与作者意识的认同之中来表达批评意识,这里最重要的、最根本的是追寻作者的"我思"。

（五）

批评家的意识,作品的意识,作家的意识,三者既有交叉,又有重叠,又有认同,表现为在批评的过程中批评家的意识对于作家的意识的一种追寻,而所谓作家的意识就是作家的"我思"。

乔治·布莱在他从事文学批评的初期,曾经认为:"文学是生动的,多样的,却也是杂乱无章的一种存在,它所缺少的仅仅是、也恰恰是某种秩序,它要求我给予它。"① 给予文学以某种"秩序",在乔治·布莱的心目中,正是文学批评的目的或任务。但是,在文学这个充满"观念、感觉和形象"的世界中,"仿佛有一种令人愉快的、毫无抵抗的交流建立在这些精神实体和我本身之间。这些精神实体把它们的内容倾泻在我身上,然而是不加选择地、胡乱地倾泻在我身上。在某种意义上说,我是杂乱无章地接受了一个过于丰富的、阅读使我有幸传送给自己的生命"。于是,他喜欢打乱作品的结构,抹去一切形式的区别,使所阅读的小说、诗"只剩下一连串的语词",让"观念、感情和形象逃离被指定的地方","在形式的后面,在结构的后面,在语词的不断的水流的后面,只剩下了一件东西:一种没有形式的思想,总是在它接连不断的表现中与自己不同,却又总是在它的深处坚定不渝地忠于自己"。他说:"那时我的愿望是:使我的批评成为一种精神之流,与我在阅读中跟随的精神之流平行、相像,使他人的思想和我的思想结合,仿佛顺着同一个斜坡流动的同一条河流的两条支流。"他使自己处于一种两难的境地:"或者在其

---

① 《批评意识》,第 257—268 页。

富有旋律性的延续中、在其内在的冲动中把握作品,既没有确实清晰的形式,也没有可以表现的形式;或者认为这种延续可以经我的介入而从外部获得一种完全是一种人为的秩序,这种秩序只不过是一种思想在我笔下的系统陈述,这种思想不断地变化,我既是其主体又是其见证。"直到有一天,他想到他所说的"精神之流"是有"许多停顿点"和"新的出发点"的,才让他走出了这种两难之境:这些停顿点,这些出发点,就是他所阅读的那些作者们"反复地重新把握起思想着的存在",就是笛卡儿所说的"我思"。乔治·布莱认为,寻找"我思",这是文学批评的根本。

何谓我思?乔治·布莱说:"任何文学作品都意味着写它的人做出的一种自我意识行为。写并不单纯是让思想之流畅通无阻,而是构成这些思想的主体。我思,这首先是说:我显露出我是我之所思的主体。思想在我身上经过,像一道急流流过峭壁而并不与之混为一体一样,湿润着我这个人的不断活跃着的基础,并使之焕然一新。我目睹这种现象在我身上出现。软弱或强硬,清醒或模糊,我的觉醒了的思想从来也不能完全与它所想的东西混为一体。它处于未到达的状态。它单独活动,它定调子。"在思想所处的未到达的状态中,思想所描述的运动总是有许多的停顿点和出发点,从那里思想再次启动,于是,"自我显露出来,世界也通过自我显露出来"。所以,"任何文学文本,诸如论文、小说、诗歌,都有其出发点;任何有组织的话语都产生于初始的意识,并趋向于这意识渐次接触的诸后成点。……一切文学都是哲学,一切哲学都是文学。无论我读的是一篇什么,我都几乎不能不在每一行里发现同一种开端以及这开端之后的同一个旅程"。因此,人们可以这样说:"作家以形成自己的我思为开端,批评家则在另一个人的我思中找到他的出发点。……此外,批评家又从中发现了将一系列后果与这开端联系起来的可能性。我思还表明它不仅仅是一种初始的经验,而且好以内卷的形式成为分布在时间线上多种发展的原则。批评家只需跟随这条线。它为他规定旅程。一切都从最初的我思故我在开始,既可理解,又有结果。"批评家的旅程就是跟随作家在作品中表现的思想轨迹:"批评是一种思想行为的模仿性重复。它不依赖于一种心血来潮的冲动。在自我的内心深处重新开始一位作家或一位哲学家的我思,就是重新发现他的感觉和思维的方式,看一看这种方式如何产生、如何形成、碰到何种障碍;就是重新发现一个从自我意识开始而组织起来的生命所具有的意义。"作家的思想在作品中看起来是杂乱无章的,但是它受制于一种辩证作用而具有某种秩序,"作家这样建立起来的精神秩序应该成为批评家观察到的那种精神秩序。因此,批评家不再是被丢弃在内心生活的一片无尽的黑暗中而没有任何参照点。他溯回至源头"。批评家的工作乃是沿着作家的精神轨迹一步步地返回源头,看一看作家的初始经验源自何处,即我思。

"到处找我思,最后也许将文学归结为一个讨厌地一致的公分母。"这是乔治·布莱竭力要避免的危险。他确信:"自我感觉是世界上最具个性的东西。"他从加斯东·巴什拉那里继承了"无限大的我思"和"无限小的我思"的说法,在这两种极端的类型中,发现了许多其他的类型,"把它们区别开来,分离出来,承认它们的特殊性,辨认每一个人说'我思考着我自己'时的特殊口吻",这就是批评的根本任务。我思并不是封闭在自我意识的范围之内,它总有一个思考的对象,这对象就是世界。"谁也不能发现世界,假如他不是发现自己正在发现世界的话。"因此,"自我意识,它同时就是通过自我意识对世界的意识","谁以一种独特的方式感知到自己,就同时感知到一个独特的宇宙"。也就是说,"每一个人在思考自己的时候,就不仅给予他的存在以一种形式,也给予他想象的所有的存在方式以一种形式。这样,对自我的认识就决定了对宇宙的认识,而自我认识正是宇宙的镜子"。乔治·布莱得出了这样的结论:"一切都有赖于原初的我思;然后我思被重新获得,并且重新开始无数次,然而,在所有这些重获中,它总是忠于它最初的样子。发现一位作家的我思,批评的任务就完成了大半。这任务永远只能从这里开始取得进展。"然而,我思并不存在于自我意识之外,并非一个可以"发现"的客观存在,所以,"谁想'重新发现'他人的我思,谁就只能碰到一个思想着的主体,他在他借以思考着自己的那种行为中被把握着",因为"我思乃是一种只能从内部感知的行为。除非精神能够认同于那种可以自我感知的感知力,否则就抓不住我思"。作家的我思是可以有无限的多样性的,但是只有一种是批评家必须遵循的,那就是批评家与作家之间的认同:"批评行为要求批评者进行意识行为要求被批评的作者进行的那种活动。同一个我应该既在作者那里起作用,又在批评者那里起作用。因此,发现作家们的我思,就等于在同样的条件下,几乎使用同样的词语再造每一位作家经验过的我思。"乔治·布莱断言:"没有一种初始的运动,就不会有批评,批评思维正是通过这种运动潜入被批评的思想的内部,并暂时地在认识主体这一角色中安身立命。"初始的运动,非我思而何?批评家将从这里开始他的旅程。我思是一种原因的范畴,除此而外,还有其他一些范畴,如数的范畴,时间的范畴,空间的范畴,想象的范畴,关系的范畴等等,这些范畴互相联系,而且它们都同时与"同一个意识行为"相联系。"它们共同构成了一个朝向其对象的思想的发展,这思想从它们那里借来形式和基础,并停留在它与外部世界的关系之中。然而这思想在孤独中出现——而且常常在孤独所引起的焦虑中——这还指使对自身的思考,是尚未分化成形的自我意识。"批评首先应该做的,就是抓住这个"最初的我",因为它是"对最初的存在的感知",然后才是跟随作者的意识的一系列变化,并且理解之,解释之。于是,乔治·布莱最后得出结论:"一切批评都首先是、从根本上也是一种对意识的批评。"

综上所述,乔治·布莱以批评意识为核心描述了一种阅读现象学,日内瓦学派的阅读现象学,其实也是文学批评的现象学。批评就是阅读,而阅读则是对作品的模仿,进而成为一种再创作。这是乔治·布莱的批评观,也是他的批评实践。富有哲理,富有诗意,成为他的批评的特点。总之,乔治·布莱的批评,日内瓦学派其他批评家的批评,都是一种具有创造性的、想象力的、充满文学性的批评,卓然特立于一个科学主义甚嚣尘上的时代,虽然对传统批评持批判态度,却又与之保持密切的联系。可以看出,日内瓦学派的批评观是一种非历史的、非意识形态的、唯心主义的批评观。这与它的哲学渊源现象学有关。先验自我,意识之构成作用,现象即本质,唯有直觉能把握现象,悬置与还原等等,这些现象学的主张不可避免地给日内瓦学派的批评打上或深或浅的烙印。然而,我们也应该看到,日内瓦学派的批评家毕竟不是哲学家,甚至也不是文学理论家,他们的批评实践不是现象学的直接应用。他们多半是从现象学中获得了某种启示,尤其是现象学试图恢复人类主体在世界中的地位这样一种努力给了他们极大的鼓舞。因此,日内瓦学派在不能不为现象学的偏颇付出代价的同时,也理所当然地在文学批评这一领域中成就了可称辉煌的事业。

第五章

让·鲁塞：总体的读者，全面的阅读

内容提要：批评的基础是阅读，而阅读是读者和作品之间的"恋爱"，是一种神魂颠倒的过程。理想的读者是"总体的读者"，是"全面的读者"，他进行的是一种多角度、全方位的阅读，使作品的整体同时呈现在思想的目光之下。这是一种"模仿"，在阅读中不加评论地模仿艺术家的创作从而与艺术家的精神活动相认同。《形式与意义》的主旨是阐明一种批评方法：透过形式抓住内容。批评是创造者和观赏者之间进行交流和认同的中介，没有批评，作品可能湮没不彰，但是批评永远也不能代替作品。现代艺术一反传统艺术内容与形式的二元论，提出一种新的观念：创造与创造的实现是同时并存的，作品的展现就是艺术的展现。艺术家通过创造形式表明他是一位艺术家，形式不再是一具骷髅，一个模式，一个框架或一个容器，它与内容是并生共存的。批评是一种探索或摸索，永远是未完成的，它通过多种道路反复地前进或后退，也许可以接近对作品的完全的理解，这是让·鲁塞所理解的批评。

让·鲁塞 1910 年生于日内瓦，2002 年逝世于日内瓦，一生的大部分时间里，他都是日内瓦大学的文学教授。他在大学学的是法律，为了不激怒父亲，他一直坚持到拿了学士学位。但是，他作为旁听生研习他所热爱的文学，所以一旦结束了法律的学习，他马上就开始了文学的研究。他首先到德国大学里当了三年的法语教师，回到瑞士以后，他在日

让·鲁塞

内瓦商业学校教授德语,同时开始酝酿一个庞大的学术研究计划:法国17世纪古典主义文学。进入日内瓦大学之后,他终于可以全副精力地投入关于文学的研究了。他1949年开始担任马塞尔·莱蒙的助教,1962年和让·斯塔罗宾斯基一起晋升为教授,直到1976年退休,一直在日内瓦大学任教。他是一个真正热爱文学的人,毕生以倾听文字为乐,他的学生日内瓦大学教授约翰·E.杰克逊说:"让·鲁塞是一个真正的大师。他把一生都给了他热爱的事情:读书,写作,教学。"[1] 在国际文学批评界,他被认为是一个开拓新局面的领军人物之一,但在广大公众之中他的名字却鲜为人知。他参与了20世纪60年代新批评和传统批评的大论战,却对在媒体上露面不感兴趣,他像一个真正的作家一样,只想通过写作来表达自己。他写过诗,但使他真正建立了第一流作家的声誉的,却是文学批评,是1953年发表的著作《法国巴洛克时代的文学》。这是一部在马塞尔·莱蒙的鼓励和指导下完成的博士论文,这本书使法国人第一次以全新的眼光看待法国古典主义的文学,开辟了一个研究法国文学的新领域。他的第二本书是《形式与意义》,发表于1962年,雅克·德里达认为此书是结构主义的奠基之作。[2] 人们可以对德里达的看法进行某些修正,但是不容置疑的是,鲁塞已经成为"新批评"的重要成员了,不过,他从未成为术语和行话的奴隶,他的文字始终保持言简意赅、清新可读的品格。此后一系列著作的出版表明,他的研究向小说的叙述和比较文学(他的研究范围扩展到法国当代作家如克洛德·西蒙和罗伯-格里耶的叙述风格、瑞士法语作家如费迪南·拉缪和阿丽斯·里瓦兹以及文学与绘画、雕塑、音乐之间的关系,等等)的方

---

[1] 引文见他发表的一篇悼念文章《让·鲁塞,毕生倾听文字》,2002年10月《日内瓦报》。
[2] 罗杰·弗朗西雍:《让·鲁塞或阅读的激情》,瑞士佐埃出版社,1993年,第17页。

向扩展,这些著作是:《内与外,论17世纪的诗与戏剧》(1968)、《小说家那喀索斯,论小说中的第一人称》(1972)、《唐·璜的神话》(1978)、《目光相遇,小说中的第一次见面》(1981)、《贴心的读者,从巴尔扎克到日记》(1986)、《过渡——交流与转移》(1990)和《向着巴洛克的最后一瞥》(1998)。总之,让·鲁塞是一个关注文学作品的形式并从形式中挖掘意义的批评家,其"作品是日内瓦学派最重要的著作之一,在其中占有特殊的地位:钟爱艺术所产生的对形式的兴趣和批评意识结合在一起。"[1]

(一)

苏黎世大学教授罗杰·弗朗西雍在谈到让·鲁塞的批评时说:"批评活动的第一阶段是读者或观赏者与迷住他的作品的相遇。没有这种恋爱的行为,阐释的工作是不可能的。当然,这种着迷的感觉所产生的盲目应该继之以理解的愿望,但是没有前者就没有后者。"[2] 批评的基础是阅读,而阅读是读者和作品之间的"恋爱",是两者之间的心心相印、神魂颠倒的过程。在《法国巴洛克时代的文学》的引言中,让·鲁塞曾经这样描绘初次接触巴洛克艺术的感受:"这篇论文的缘起是很遥远的,那时面对着德莱斯顿的兹维格教堂的装饰的、运动的美景和俯视艾尔伯河的大河湾的建筑的外观和穹顶之奇妙的整体,我有一种一见钟情的感觉。看到巴伐利亚和奥地利的教堂,这种爱恋非但没有消失,反而

---

[1] 让-伊夫·塔迪埃:《20世纪的文学批评》,第94页。
[2] 《让·鲁塞或阅读的激情》,第22页。

越发强烈,变成了一种对贝尔南的罗马的持续的钟情。于是,对一切或远或近的有关巴洛克的东西,继而对巴洛克文学问题,产生了一种恒久的兴趣。"① 这是他 1953 年写下的文字,其时他 43 岁;46 年之后,他已经是一鬓发皤然的 89 岁的老人了,他写下了这样一段话:"开始的时候,有一种相遇,包含着这个词所蕴涵的一切感情的意义:在确认伟大的创造者罗马三杰贝尔南、波罗米尼和科尔多纳之前,匆匆一瞥巴伐利亚的田野上的一座人们称之为巴洛克的建筑就感到了一种狂喜。我承认,这首先是一种魅惑,一种赞叹,也就是说一种快感和盲目;作为这类事物的一个新手,对于建筑的阅读准备不足,对于结构的注意太少,我对于观看很敏感:广场、雕塑、喷泉呈现出具有波形装饰和逼真的拱顶的表面景象。惊奇并非工作的程序,还需要为此产生一种欲望。"② 这种欲望就是做出努力来理解和阐释这种惊奇的内涵。在让·鲁塞看来,欣赏建筑,欣赏文学作品,都是精神的陶醉,都是阅读的行为,而作为阅读,两者没有区别。四十多年以前的事情,回忆起来还栩栩如在眼前,还是那样地富于感情,足见让·鲁塞对于阅读的倚重和坚持:没有阅读就没有批评。"爱恋","魅惑","赞叹","快感","盲目","惊奇","一见钟情","持续的钟情",这种种词汇表明的是:让·鲁塞所谓的"阅读"不是走马观花一目十行匆匆一瞥作品的文字,不是浅尝辄止蜻蜓点水跳跃式地关注故事的情节,也不是以点带面各取所需功利地攫取书的内容,更不是居高临下六经注我式地强迫作品服从读者的意愿,而是和作者一起沉浸在作品所创造的世界之中,或与作品的文字拥抱,或与作品的文字搏斗,总之是与作品打成一片,不分彼此,仿佛男人与女人之间

---

① 让·鲁塞:《法国巴洛克时代的文学》,法国约瑟·科尔蒂出版社,1983 年,第 7 页。
② 让·鲁塞:《向着巴洛克的最后一瞥》,法国约瑟·科尔蒂出版社,1998 年,第 13—14 页。

产生了爱情。这样的读者就是让·鲁塞所说的"贴心的读者",他像恋爱中的人一样,与作品契合无间,相与周旋,与作品、与作者化为一体,参与作品,认同作者。把阅读比做恋爱,这大概是让·鲁塞的一个创见。

让·鲁塞说:"进入一部作品,就是改换天地,就是打开视野。真正的作品仿佛暴露了一道不可跨越的门槛,同时又在这个禁止通过的门槛上架了一座桥。一个封闭的世界在我面前构筑,但是开了一个门,它是建筑物的一部分。作品的整体既封闭门户,又打开通道,既是一个秘密,又是解密的钥匙。但是,最初的经验始终是'新大陆'的经验,是差异的经验;无论是新近的作品还是古典的作品,都必然地要求建立一种与现状决裂的秩序,并确认一种服从于它自己的法则与逻辑的统治。作为读者、听众、静观者,我感到身临其境,但也感到被否定了:面对作品,我不再像平常那样感觉和生活了。我被拖进一种变化之中,目睹了创造前的毁灭。"① 当读者打开一本书的时候,他就打开了一个新的天地,但是这个新天地与他的现实生活完全是隔离的,断裂的,他必须放弃他的现实生活,才能进入书的世界,否则他就如重负在身,不能进入,这就是"不可跨越的门槛"和"桥"、"封闭门户"和"打开通道"的含义。这也是"毁灭"和"创造"的关系,毁灭的是读者的现实生活,创造的是书所展现的想象的生活,所以,没有毁灭也就没有创造,没有创造,毁灭也就失去了意义。一部成功的作品使读者的毁灭得到了创造的奖赏,而一部不成功的作品,因为没有创造,也就使读者的毁灭成了无用的牺牲。因此,从阅读到批评,只是成功的作品的过程,而不成功的作品导致阅读的失败,也就谈不上批评了。让·鲁塞说:"面对着一部没有把有意识的阻力和有意识的充实对立起来的作品,读者放弃阅读,掉头而

---

① 让·鲁塞:《形式与意义》,法国约瑟·科尔蒂出版社,1982 年,第Ⅱ—Ⅲ页。

去。对也好,错也好,他作为批评家的失败确认了作品的失败。"① 然而,什么是成功的作品?让·鲁塞认为,成功的作品是提供了一个封闭的、完整的世界并同时提供了可供进入的通道的作品,其文本的结构经得起阅读的目光的注视,协调一致的想象力具有一定的厚度,有生命力的机体坚实稳固,可以回答阅读提出的问题。所以,"认真阅读的人在阅读的过程中停止评判;要评判必须保持距离,置身于外,视作品为物及无生命的机体的状态。深刻的读者待在作品中,随想象力的运动和结构的布局而上下;他聚精会神地参与,无法恢复镇定,他专心致志地经历一场人生奇遇,无法摆出旁观者的姿态。"② 总之,成功的作品使读者感到既被"建立"起来,同时又被"否定",在这种吸引和排斥的矛盾中,他可以"模仿",可以"参与",可以"认同",继而产生一种"理解和阐释的欲望"。

时间和空间,是文学作品借以展开的两个最基本的范畴,也是读者阅读文学作品的两个最基本的参照,作品的文字按照一定的顺序排列,要求阅读在时间的延续中一步步展开,但是,要使阅读成功,必须使作品的各个部分同时呈现出来,像一幅西方的油画一样。让·鲁塞说:"有成果的阅读应该是一种总体的阅读,是对认同和应和、相似和对立、反复和变化,以及对文理集中的关节和展开的环扣十分敏感的阅读。"又说:"把书变成一张同时并存的相互联系的网络,这样的阅读才是全面的阅读;这时意外的惊喜会突然出现,作品浮现于我们眼前,因为我们有能力准确地演奏一首词语、形象和思想的奏鸣曲。"③ "总体的阅读"、"全面的阅读",是理想的阅读,它要求所读的作品像一幅画一样,

---

① 《形式与意义》,第 XV 页。
② 同上书,第 XIV 页。
③ 同上书,第 XII—XIII 页。

其词语、想象、思想以及人物、情节、场面等等都同时呈现,使读者一眼就可以看到图画的全部。但是,文学作品毕竟不是画,它更像一首音乐作品,如一首奏鸣曲,有它自己的节奏、速度、节拍的轻重和旋律的变化,其思想和感情按照音符的排列一步步地顺序表达。"因此,特别在小说中,也在戏剧中,人们将考虑一个形象或一个情境相对于周围的形象或情境的先后关系,一个动机出现或消失的时刻,材料的延伸或聚集,对未来的预告和对过去的回顾,对读者的回忆和期待的可能的利用,当然还得考虑速度、情节发展速度的效果"。① 所以,要取得观画一样的效果,对读者来说,唯一可能的途径是中止判断,全身心地参与到作品中,与作品中的人物同呼吸,共命运,一句话,与作者认同。这样的读者就是"全面的读者",就是"苛求的读者",他"将从各个方向阅读作品,采纳变化不定但始终相互联系的视角,辨别在反复和变形中追踪的形式和精神的路径,优先的道路,动机或主题的线索,他勘察表面,深挖底部,直到在他面前出现一个或多个聚合中心、全部结构和全部意义的辐射焦点……"②,达到一种连接四处分散的东西、同时阅读连续的或反复阅读直线的东西的效果。③ 总之,他要使作品的整体同时呈现于思想的目光之下。其实,这里让·鲁塞提出了一种阅读的方法,即"模仿",在阅读中不加评论地模仿艺术家的创作从而与艺术家的意识活动相认同。

让·鲁塞要求阅读成为"总体的阅读",成为"全面的阅读",要求读者成为"苛求的读者",成为"全面的读者",表明他是一个真正热爱文学的人,真正喜欢读书的人。虽然他是一个文学批评家,但是他的读书不

---

① 《形式与意义》,第 XIII 页。
② 同上书,第 XV 页。
③ 《批评的目前的道路》,法国联合出版社,1968 年,第 64 页。

是为了批评,而是为了读书的乐趣。为了批评读书,读书成了一种职业的需要,带上了某种功利色彩,只会离"总体的阅读"、"全面的阅读"越来越远,从而完全背离读书的真意。远离读书的快乐,使读书成为一种苦行,唯一的结果是产生了一篇评论或研究的文章,可以说,非写不读,成了某种批评家的座右铭。阿尔贝·加缪在《反与正》序中对作家的快乐说过这样的话:"作家当然有快乐,他为这些快乐而生,这些快乐也足以使他感到满足。至于我,我感到这些快乐是在构思的时候,是在主题显露、作品的结构在突然明晰的感觉面前呈露的那一刻,是在想象力突然与智慧浑然一体的那些令人销魂的时刻。这些瞬间就和它们的产生一样一闪即逝。剩下的就是实施了,那可是一种漫长的痛苦。"① 作家的快乐和痛苦也是读者(批评家)的快乐和痛苦,读者享受快乐的时候,他是作家;读者承担痛苦的时候,他变成了批评家,也就是说,批评家享受着作家的快乐,也承担着作家的痛苦。快乐,是因为他在阅读的阶段是与作家认同的,他参与了作品的创作;痛苦,是因为他离开了作品,与作品保持距离,进行阐释乃至于评价。所以,批评是阅读以后产生的可能的行为,然而批评又是什么呢?

(二)

1966年9月2日到12日,在巴黎举行了一次规模盛大的研讨会,现象学、社会学、语言学、精神分析、形式主义、文本分析等流派都有代表人物参加,实际上是一次法国新批评的大检阅。研讨会的议题是文

---

① 《阿尔贝·加缪:随笔》,序言,法国伽利马出版社,七星版,1965年,第9页。

学批评的目前的道路,会议由乔治·布莱主持,他的发言的题目是:《一种认同的批评》。让·鲁塞也做了发言,题目是:《作品的形式真实》。两个发言相互呼应,虽然一个是反对形式,或者说,重视形式是为了摧毁它,一个是为形式辩护,力陈文学作品的形式和内容不可分割。让·鲁塞在发言中,针对人类学家克洛德·列维-斯特劳斯对文学批评的评价:文学批评是骗人的"镜子作用",是"幻想的和咒语的",说了这样一番话:"让我们给这些说法带上正面的意义吧,我们说:默契,模仿,参与,在最好的情况下是直觉、敏感和才华。让我们给批评家运气吧,也许是冒险,让他成为和作家们一样的作家。"① 默契、模仿、参与,直觉、敏感、才华,这不是意气用事,这是他对 1962 年出版的《形式与意义》一书的提法的精练和概括,他在该书的《引言》中写道:"最初的经验,是跨过一道门槛的经验,是向着一个不同的世界开启的门的经验。在把批评家看作创造者和观赏者这两个判然有别的世界的不可或缺的中介之后,直到一个理想的点,即分隔两者的距离消失,观赏者和创造者认同,绕了一个大圈子之后,我终于又发现了距离和分隔。我到了作品面前,第一次接触的撞击使我发现了一个自治的世界;在我从各个方向上把作品浏览过后,离开它的时候我又有了类似的经验;恢复知觉,回到通常的世界,我在身后留下了一部分猎获物;我带走的并非全部的作品,因为我失去了那种不可替代的在场和接触。我原以为从作品中获得了全部含义和全部结构,现在不得不看到我缺少一些东西,一部分秘密将永远埋葬在我身后,在我合上的这本书里,在我离开的这幅画里。我刚一转身便感到有必要通过这无法类比的接触、这不可制服的在场来填补初露端倪的不在场。即使透过形式抓住涵义确保我最大限度的占

---

① 《批评的目前的道路》,第 59 页。

有,我仍然感到作品和它的读者、创造者和它的'影子'之间的关系只有按照无休止的往复和唯有作品可以满足的消费的方式才可以设想。"①这一段话中,文学批评的阶段、功能、方法和遗憾尽数包含在内了。批评的第一阶段是一种撞击,是面对一个全新的世界的惊奇,是全面的、感性的、在精神上不分彼此的接触,总之,是一种"恋爱"。紧接着感性的接触,是用另一种文字表达出阅读的经验,这种经验是对作品的形式和内容("透过形式抓住内容")的理解和阐释,批评家要暂时地变成理论家。批评的必要在于它是创造者和观赏者这两个彼此不同的世界进行交流和认同的中介,没有批评,文学作品可能湮没不彰。但是,批评永远也不能代替作品,批评永远也不能探到作品的终极的秘密,也许这两者之间无休止的往复和对作品所进行的全面的阅读,才有可能弥补这种遗憾于万一。这是让·鲁塞的批评观的最精彩的地方:"没有批评家的活动,作品有可能一直淹没不彰。倘若未被理解和透露,它如何被人感受呢?但必须承认,这个对其在场必不可少的行为并不能代替它。这正是批评的悖论,也许是它的悲剧:作品需要批评,就是说需要一种穿透它的目光,但是批评趋向于变成一部作品,变成超越于一部作品的东西,其中有整个作品,就是没有它的在场。这是具体的在场,批评永远不能提供其对等物;批评给我们整个作品,但有什么东西逃脱了,这就是我们对于作品本身的肉感的接触。"② 肉感的接触,即全面的阅读,是批评得以进行的必要条件,可以说,没有阅读,就没有批评。批评可以是精彩的,深刻的,全面的,可以就作品产生一部作品,但是批评永远也不可能代替作品,消灭作品。如果读者先读的是批评的话,好的批

---

① 《形式与意义》,第 XXIII 页。
② 同上书,第 XXII 页。

评,可以吸引读者读作品;而坏的批评,足以淹没作品。如果读者先读的是作品的话,好的批评,可以吸引读者再读作品;而坏的批评,则足以败坏作品。然而,如何鉴别批评的好坏呢?换句话说,是否批评方法决定批评的质量呢?

批评是探索,也可以说是摸索,"作者也好,批评家也好,事先都不知道行动结束之后将找到什么。批评的工具不应在分析之前就存在。读者将不受拘束,但始终保持敏感和警觉,直至风格的信号,即不可预料但给人以启示的结构出现。"① "批评的工具"可以理解为批评方法论的具体化,什么样的批评方法要求什么样的批评工具,即概念,例如,马克思主义的批评使用的概念是革命、阶级、阶级斗争等,社会学批评使用的是环境、主题、意识形态等,英美新批评使用的是形式、机质、张力等,精神分析批评使用的是本我、情结、力必多等,结构主义批评使用的是关系、网络、系统等,现象学批评使用的是意识、认同、经验等,但是,现代文学批评还有一些共用的概念,如文本、结构、叙述等等,只不过不同的流派对于这些概念的解释或有不同罢了。无论如何,现代文学批评给予方法论或者批评工具的关注似乎过于强烈了。在上个世纪50、60年代各种新的批评在法国登上舞台的时候,有一种方法论热的表演十分抢眼。每一种新上台的批评流派都声称发现或发明了一种新的批评方法,并且试图用这种新的方法把其他的一切方法尽行剿灭,表现出一种包打天下直至一统天下的雄心壮志。当然,不排除一种策略的考虑,例如新批评对传统批评的声讨和批判:新批评内部诸流派不乏分歧,但对待传统批评则是一致对外,合力攻击,必欲置之死地而后快。但是,他们奉方法为神明,以为方法改变一切,决定一切,这种思想则是

---

① 《形式与意义》,第 XII 页。

确定无疑的。十年之后，他们知道打不倒传统批评，但是他们自己已站稳了脚跟，在批评的王国里为自己划出了一块地盘。时至今日，传统批评和新批评双方都平复了怨恨之心，放弃了情绪化的语言，肯坐下来检点自己的战果，清理自己的失误，渐渐形成了一种双雄并立、相辅相成的格局。实际上，传统批评企图压制新批评，取消新批评，新批评企图打倒传统批评，成为批评中的正宗，这两种企图都是不能实现的。到了20世纪80年代，法国文学批评界已经摆脱了狂热的、相互攻讦的阶段，从对方法的迷信和迷恋中走了出来，进入了认真的检讨、冷静的思考、辛勤的工作的阶段。已然站稳脚跟的各批评流派都在忙于内部的清理和建设，力图以丰富的成果表明自己的存在。他们似乎认识到，在文学批评中，独霸论坛，定于一尊，在今天乃是不切实际的幻想。野心可以产生出无数抨击性的小册子，却绝然产生不出经得起时间考验的理论成果。然而，倒回去40年，新批评的倡导者必不肯容忍传统批评和他们瓜分批评王国的领土，更不用说回归传统了。所以，在当时的情况下，在1962年，敢于说"批评的工具不应在分析之前就存在"，是需要一定的勇气的。批评的工具在批评行为之前存在，这是几乎所有新批评的倡导者都同意的一条原则，也是一个事实，罗朗·巴尔特说，任何一种与意识形态有关联的批评都是新批评，例如马克思主义批评，社会学批评，精神分析批评，结构主义批评等等，都是在批评行为之前就有一种思想作为指导，批评的结果不过是这种思想的表现罢了。马克思主义批评以马克思关于阶级意识和阶级斗争的理论为指导，社会学批评以孔德、迪尔凯姆、韦伯等人的思想为指导，精神分析批评以弗洛伊德、荣格、拉康等人的理论为指导，结构主义批评则以索绪尔的语言学理论为指导，现象学批评比较复杂，原则上以胡塞尔的现象学哲学为指导，例如"回到文本"就与"回到事物"有着本质上的联系,但是具体到各个批评家,则各有其特点,并没有理论上的自觉性。所以,批评的方法不存在于批评的行为之前,它在批评的过程中一步步地形成的。在这个过程中,它可以使用不同的方法,马克思主义的,社会学的,精神分析的,结构主义的,等等,只要有助于理解和阐释作品的形式和内容。鲁塞的批评的步骤是缓慢的,有时是迂回的,他有着一个静观者的从容不迫,因为他在批评之前并不为批评设定一个目标,也就是说,他并"不知道行动结束之后将找到什么"。乔治·布莱谈到他的批评时说:"为了这样从客体走向主体、从形式走向实体,这种批评必须穿越一定数量的阶段,在一定时间内实现一种可感知的进展。鲁塞从来也不显示出他立刻就占有了他的宝物,似乎可以说,对他最有影响的东西是以一种极度的缓慢让人感到其作用的。"乔治·布莱对他的观察很有道理。

(三)

让·鲁塞说:"一般来说,现实——现实的经验和对现实的影响——并非与艺术无关。但是艺术求助于真实的事物只是为了取消它,并用新的现实来代替它。与艺术接触,首先便是承认新现实的出现。跨过一道门槛,进入诗的领域,开展特殊的活动,这种对作品的观赏意味着对我们的存在方式的一种怀疑,对我们的全部视点的一种转移,用稍加改动的瓦莱里的话说,就是从混乱走向秩序,即便秩序的意愿是混乱;从无意义走向意义的协调,从无形式走向形式,从空洞走向充实,从不在场走向在场。一种有组织的语言的在场,一种精神在一种形式中的在场。"① 艺术的真实不等于真实的事物,艺术的真实是想象,是创造,而真实的事物不是艺术,如果艺术只满足于复制真实的事物,那只能是制造。古代的艺术家懂得这一点,他们创造了无数的艺术品,但是,只有一部分批评家才区分了创造和制作,所以,亚里士多德才说:"诗人的职责不在于描述已经发生的事,而在于描述可能发生的事。历史学家和诗人的区别不在于是否用格律文写作,而在于前者记述已经发生的事,后者描述可能发生的事。所以,诗是一种比历史更富哲学性、更严肃的艺术,因为诗倾向于表现带普遍性的事,而历史却倾向于记载具体事件。"② 让·鲁塞是区分了创造与制作的批评家之一,而这种区别是传统艺术与现代艺术之间的根本分水岭。他说:"创造不是制作。它不是从内到外、从主体到客体的过渡,在我们看来它应该始终是一种内心的活动,它所以求助于素材和技巧、求助于语言手段、求助于自然的形式,仅仅是为了使它们内在化。"③ 他在加埃唐·毕孔的笔下找到了知音,毕孔说:"有一种现代的艺术意识,与它以前的意识相较,它给我们这样的启示:创造的艺术刚刚取代了表现的艺术。在现代艺术之前,作品似乎是先前经验的一种表现……作品讲的是构思或见闻;因此从经验到作品只是向制作的技巧过渡。对现代艺术而言,作品不是表现而是创造:它展示的是在它之前见所未见的东西,它形成而不是反映。"④ 让我们把鲁塞引用的毕孔的话补足吧!他的引语中的删节号代表了这样的一句话:"这种经验或者是被加工制作的认识、理性和文化的结构,或者是一种经历过的即时性",而接着他的引语的是毕孔的这样一段

---

① 《形式与意义》,第Ⅲ页。
② 亚里士多德:《诗学》,陈中梅译,商务印书馆,1996年,第81页。
③ 《形式与意义》,第Ⅵ页。
④ 转引自让·鲁塞:《形式与意义》,第Ⅶ页。

话:"从此,从经验到作品,有了一个创造的结果。因此,现代的艺术家第一个设想了全部的困难,甚至是作品的不可能。布瓦洛说:'构思得好,则表达得清晰。'浪漫派说:'做一个活着的人吧,你们将是艺术家。'当传统的艺术家面对作品的时候,他并不是两手空空。而现代艺术家则是空着两只手。他把手伸向了不可能之缪斯。"① 他说这是毕孔进行的"最富于启迪的思索",它在我们面前暴露了"艺术的本质",现代艺术的本质。这是一个巨大的差别,是现代艺术"对创造过程产生的意识的巨大胜利":"构思与制作同时并进,作品的形象并不先于作品存在……"传统的理论家则不同,他们提出先有"思想",先有"内在意图",这种思想或内在意图独立于它的实现,就是说,作品是某种思想的载体。他们认为,从思想到作品是一个制作和实现的过程:"一个'完美的形式'被创造出来,或被头脑所接受,艺术家将试图表现它;精神作品在先,作品本身在后,后者或许只是前者的遥远而微弱的反映。"② 这种审美观已经被现代艺术家和批评家抛弃了,他们在现代的艺术实践中形成了一种新的艺术观念。现代人对艺术的看法源于"艺术家和诗人的觉悟,以及评论界的长期思考":"它们深刻地改变了我们的艺术心理和审美观。审美观大概比创作本身变化更大。"③ 新的艺术观念是:创造和创造的实现是同时的,作品的进展同时是艺术的展现,也就是说,"艺术家在创造过程中,随着形式的确立变成诗人、画家或音乐家。不在前也不在后,正是通过创造,他变成他自己。……诗人被他所创作的作品指引、支配、塑造,通过作品暴露出自己是诗人。"④ 同样,批评家

---

① 加埃唐·毕孔:《阅读的效用》,法国水星出版社,1979年,第547页。
② 《形式与意义》,第Ⅷ页。
③ 同上。
④ 同上。

也是通过其批评作品暴露出自己是批评家,这就意味着,批评家不是带着一种先在的观念面对作品,而是通过对作品的批评形成自己的批评观念。现代艺术观念的形成,有批评家的贡献在,让·鲁塞是最早指出这一点的批评家之一。他说:"我认为,这种有机的结合与亲密的相互关系为一切创造所固有,构成了艺术作品的定义:结构与思想同时充分发展,形式与经验相混杂,二者的产生与成长相互关联。"①

(四)

让·鲁塞这样解释他撰写《形式与意义》这部著作的理由:"通过形式抓住意义,指出给人以启示的布局和表达,发现文学肌理中那些与显示实际经验及其运用同时并进的扭结、形象、新颖突出的特点。人们早已料到:艺术寓于精神世界与可感结构、视觉与形式这一相互的关联之中。"②他的理由有这样的背景:"我想到的是俄国形式主义、盎格鲁-撒克逊评论派,尤其是美国新批评派,以及法国的诗人:福楼拜、马拉美、普鲁斯特、瓦莱里或福西翁这类艺术史家所进行的思考论战和实践。"这样的背景透露出让·鲁塞的批评思想的来源,他对这种来源有所继承,也有所批判。

传统的文学批评认为,一部文学作品是一定的内容和与其相适应的形式互相结合的有机整体,内容内在于作品,决定作品的价值,而形式则是作品内容的附加物,受内容的制约,总之,形式是外衣,是容器,

---

① 《形式与意义》,第 X 页。
② 同上书,第 I 页。

而内容才是实体。内容是重要的,形式是附属的,可以先有内容,然后找寻合适的形式,也可以先有形式,然后填充新的内容,所谓"旧瓶装新酒"。内容决定形式,有什么样的内容就有什么样的形式,于是,形式是否契合内容,就成了判断文学作品是否成功的一个标准。形式可以凭借直接的观察来确定,而内容必须通过分析和综合等一系列思维的功夫才能彰显。总之,内容决定形式,形式本身没有独立的意义和价值。自从 19 世纪末和 20 世纪初,文学批评发生了重大的变化,从俄国形式主义直到法国新批评,经过半个世纪的萌发和酝酿,文学批评终于形成了一个突破,这个突破首先是从形式和内容的分别与关联开始的。现代的文学批评反对传统的文学批评割裂形式和内容的认识,认为形式是"有意味的形式",形式之中有内容,内容之中有形式,形式和内容不可分割。形式主义者"从传统的形式—内容类比中解脱出来,从形式作为外壳、作为可以倾倒液体(内容)的概念中解脱出来"。他们认为,"艺术的 differentia specifica(特殊差异)不是在构成作品的要素中表现出来的,而是人们具体利用这些要素时表现出来的。因此,形式的概念便有了另一种意义,它并不要求有其他任何补充的概念,也不要求有任何类比","它不再是一种外壳,而是有活力的、具体的整体,它本身便具有意义,无须任何类比。""因此,形式主义者最终摆脱了被看作是制作图样和分类的形式主义框框(这是不了解形式方法的评论家们常常提到的形象),摆脱了对一切教条都津津乐道的某些学院派积极奉行的形式主义框框。""至于'形式'这个词,形式主义者必须改变这个含混不清的词的意义,使之不再被通常和'内容'这个词联系在一起所束缚,而'内容'的概念更为混乱,更不科学,必须打破传统的类比,从而使形式的概念具有新的意义。"① 这就意味着,形式在文学研究中具有独立的、不依附于任何其他概念和类比的意义。所谓"新的意义",就是在文学研究中只能把作品本身视为理解和阐释的中心与根据,而不能用作家生平、心理因素或社会环境之类来解释作品。到让·鲁塞的《形式与意义》发表的时候为止,也就是说到 1962 年,传统批评和现代批评就形式与内容的争论达到了激烈的程度,他说:"关于文学现象的性质和领会作品的方式,关于创作与现实、艺术家与历史、感觉与语言的关系,关于想象力这个首要功能在艺术中的作用,存在大量无把握的和针锋相对的意见。如果说有一个概念挑起了矛盾和分歧,那正是形式这个中心概念。"让·鲁塞指出了"形式"在这一系列争论中所处的关键地位,但他也十分理智地表明:"应该说难题在此堆积如山,我并不认为能够解决它们。"② 这是实事求是的态度。"'让·鲁塞继承了现代批评的精华',巴尔扎克说:'拿着画笔想',德拉克洛瓦写道:'做'和'画笔'在这里意味着:创造形式。形式不是一具骷髅或一个模式,它既不是一个框架,也不是一个容器;对艺术家来说,它既是最隐秘的经验,同时是唯一的认识和行动的工具。形式是他的手段,也是他的原则。"③ 他在这里实际上指出了形式和内容的一种新的关系,即同时并生的关系,不是一个决定一个,一个依附一个,形式和内容在作品的发展过程中相互补充,相互生发,最后达成一种创造。

靠什么来辨认形式呢?让·鲁塞说:"首先让我们肯定它并不总在人们以为可以见到它的地方,作为深层的萌发物和作品可以感觉到的

---

① 鲍·艾亨鲍姆:《"形式方法"的理论》,载《俄国形式主义文论选》,茨·托多罗夫编,蔡鸿滨译,中国社会科学出版社,1989 年,第 29、30、32、36 页。
② 《形式与意义》,第 I—II 页。
③ 《批评的目前的道路》,第 69 页。

暴露,它既不是外表,也不是铸模和容器;既不是技巧,也不是创作艺术,并且不一定与形式的探索、各个部分应该有的平衡以及各种成分的美相混淆。作为揭示和显现的活跃而未曾预见的原则,它超出规则和技巧的范围,不能简化为一个提纲或一个概要,也不能简化为一套手法和手段。任何作品皆为形式,因为它是作品。从这个意义上说,形式无处不在,甚至存在于那些嘲笑形式或力求摧毁它的诗人的作品中。有蒙田的形式和布勒东的形式,有无定型或有意破坏艺术品的形式,正如有沉思冥想或抒发情怀的形式。而企图超越形式的艺术家将通过形式这样做——倘若他是艺术家的话。'作品各有各的形式',巴尔扎克的这句话在此获得了它的全部意义。"① 这就是说,形式不能通过直接的观察来辨认,必须通过仔细地阅读和认真的分析才有可能抓住。例如,"在出现一种协调关系,出现一条动力线,一个萦绕心头的形象,一条参与或共鸣的线索,一个会聚的网络",这时,也仅仅在这时,形式是可以被抓住的。"这些形式的常数,这些透露出精神世界、由每位艺术家根据需要重新创造的联系",让·鲁塞将其称为"结构"。② 他所说的结构就是作品内部组织的"会聚,联系,布局"。虽然他的著作《形式与意义》被看作文学结构主义的奠基之作,但是他本人却对在文学研究中运用结构主义表示很大的怀疑。他指出,语言学的两大论据,其一是能指和所指的结合是随意的,其二是语言和言语的分别,语言学研究的是语言,这两大语言学的基础都与文学研究不合:文学作品中因为有风格的存在,故能指和所指的结合不再是随意的,文学研究的是言语,即言语的使用及其效果。所以,他写道:"让·斯塔罗宾斯基指出,没有一个'结

---

① 《形式与意义》,第Ⅺ页。
② 同上书,第Ⅻ页。

构的意识'就没有结构,我要明确地说,一种个别的意识。"① 这就是说,个别的意识就是结构的意识,就是某一个作家艺术家有意进行结构,才会有结构。形式就是结构。真正的文学批评研究的是形式,即文学结构,与"独立于意识"的结构主义的分析有很大的不同。

(五)

让·鲁塞关于文学批评的思考,开始于他的著作《法国巴洛克时代的文学》。在这部著作中,他在从激情的阅读到冷静的批评中获得了启发,将分析巴洛克艺术的方法移植到文学分析中,从而开创了法国文学研究的新领域,这个方法就是形式分析的方法:"一种始于形式经验的阐释,这种形式经验试图在各种感性的状态下并通过言语的资源来经历和感受作品。"② 他注意到,观赏者面对一幅画或一座教堂,各种艺术的元素(例如色彩、构图、装饰、人物、风景等等)同时地一起呈现在面前,他不需要在这些元素之外寻找画或建筑的意义。例如,画的框框就把欣赏者的目光限制在画之内,而画框本身也就带有了意义。一幅画和一个文本固然不同,但是画的欣赏可以为文本的鉴赏和分析提供有益的建议,"因为它使得意义与肯定存在于写的作品中的更为隐晦的形式的关系大白于天下"。对一个文本进行鉴赏和批评分析,就要寻找和分析文本的"框框"。在阅读的陶醉与认同之后,让·鲁塞说:"无疑会有这样的时刻到来,感觉与理解相分离,摆脱这种令人感到幸福的淹没,

---

① 《批评的目前的道路》,第67页。
② 同上书,第60页。

为了以另一种方式谈论作品而拉开距离;不是为了代替作品,而是为了使作品成为可见的,为了在它的所有方向上展开作品,首先是在它最经常的、最明显的、同时也是对未经训练的眼睛面前最不可觉察的真实中抓住作品,这种真实是它的形式真实。"① 在这方面,作品的读者和乐曲的听者是一样的,他们的第一个任务是重新构筑隐藏在延续中的统一性,并使之具有同时性,也就是说,让作品的各种因素一起呈现在读者的脑海中。文学作品的形式分析因此可以这样来确定:"使内在的应和与关联发生联系,由部分决定的片段和由整体决定的部分发生转换,对分散的成分进行统一的处理,最后,对持续的进程有一种同时的看法,这种看法迭合了时间的系列的所有阶段。"② 这就是福楼拜 1852 年 7 月 22 日的信中所说的话的意思:"我想一眼就读过这 158 页的文字,并且在一个思想中抓住所有的细节。"形式真实的含义是:抓住作品连续进展的细节的关系,使之同时呈现在思想的面前,这是批评家的工作。这样对形式真实的分析表明,"在形式真实中存在着一种有机地构成的系统,存在着一束彼此关联的成分"。人们可以把它叫作"结构",但是它与语言学和人类学上的结构主义有所不同,它是文学上的结构,它不止有一个,还有其他的结构,取决于作家的意识。让·鲁塞提出了形式真实的概念,大大地扩展了形式的传统含义,使之与文本的结构相联系,使文本分析又多了一个有力的工具。

为了使文本分析的工具进一步精确化,让鲁塞提出了"样式"(la formule)的概念。他说:"样式,就是说,小的形式,通常用法上的形式,每个人都可以运用的形式。样式可以被看作形式的一种材料;当蒙田、

---

① 《批评的目前的道路》,第 62 页。
② 同上书,第 63 页。

卢梭或拉克洛使用它来说话、来创造他们自己的语言的时候,它又变成了形式。样式可以从外部被一个观察者(或者一个结构主义者)来加以分析,形式则只能被一个与卢梭认同的人理解,其意义也只能被他所领会,通过卢梭,以一种模仿、参与的姿态可以感受形式。"① 样式的积聚可以变成形式,条件是一个批评家进行一种认同批评。

让·鲁塞说:"在试图捍卫一种我犹豫是否可称为'形式主义'的批评,一种我有时候称为味觉的敏于形式真实的批评,我要求观赏者有一种特殊的、被加工的感觉,他在其中加进去一种美学的欲望,一种'会聚着所有感觉'的震撼。"最根本的原因是:"一部作品是一个具体的存在,同时也是一个精神的存在,它呈现于品尝,是一种美味。"② 这可以说是对日内瓦学派的批评的最基本的概括,它是一种从感觉开始,经过分析,又回到感觉的批评,它的分析无论多么精微深入,无论多么抽象超越,但始终有对作品的品尝在,始终是一个有血有肉的、生动活泼的生命。他又说:"无论我对起隔离作用的框框、对在其内部自我阐明的机体说什么,这种贪食美味的、动人心魄的把握永远是不完全的,永远是未完成的;每一次它触到了中心、触到了扭结,它找到了路径或有意义的突起,它就预感到其他的中心、其他的路径,最后它又回到有疑问的赞同上去,又回到超越被抓住的形式的认识上去,这种赞同,这种认识,仍然是作品。总之,对于读者,作品是动人的,是俯视一切的,这是对的,在这场无休止的作品与它的批评者之间的斗争中,总是批评家承认无能为力。"③ 这里,让·鲁塞表明了日内瓦学派的批评的本质:批评永远也不能取代作品,批评永远是未完成的,批评的路径不止一种,需要

---

① 《批评的目前的道路》,第 68 页。
② 同上书,第 70 页。
③ 同上。

反复地、无休止地、运用各种方式地进行,才有可能逐步接近作品的真实。无论是作家,还是批评家,他们的工作都是一种探索:在作家,作品是在摸索中形成的,创造与制作是同时的,尽管有的作家事先有提纲;在批评家,他在追寻作品的意义时是逆作家的意识而动的,他在写作的过程中发现通向作品的核心的道路,如果此路不通,他还得返回另寻出路。

第 六 章

让·斯塔罗宾斯基:目光的隐喻

内容提要:让·斯塔罗宾斯基提出了文学研究的"批评之美",指出批评之美是作家心灵的再现。若没有"意思的追寻",则心灵之美失去了根基。他把文学批评看作一双有生命的眼睛,创立了一种注视美学。让·斯塔罗宾斯基关于注视的研究是从语文学和语义学开始的。与当代许多标榜先锋派的批评家不同,他把语文学和语义学当作一切阐释的必不可少的基础。他从词源入手,揭示出"注视"这个词的沿革,溯流而上,直至源头:"被隐藏的东西使人着迷。"注视的对象是一个被遮蔽的文本,遮蔽与去蔽遂成为文本与批评之间最基本、最经常的关系。让·斯塔罗宾斯基关于注视的描述是完备的"注视美学",包含了他对文学批评的隐喻:注视就是阅读,阅读就是批评的注视,意义就在语言符号之中,而不在语言符号之外的某个"深层"。批评指向了两种可能性:一种是以整体性为目标的批评,一种是以内在性为目标的批评,完整的批评不在这两种可能性之中,而在两者之间的"不疲倦的运动"之中。对于一切认识的活动,都应该肯定地说:"注视,为了你被注视。"

让·斯塔罗宾斯基 1920 年生于日内瓦。他是波兰人的后代,他的父亲很年轻的时候就来到了瑞士。他在日内瓦大学先学的文学,在马塞尔·莱蒙的指导下结束古典文学的学习。紧接着,他又于 1948 年完成了医学的学习。毕业后在日内瓦州立医院做精神分析医生,时间长

让·斯塔罗宾斯基

达5年。同时,他在日内瓦大学作马塞尔·莱蒙的助教,在《当代瑞士》、《文学》等杂志上写文章、翻译卡夫卡等等。直到现在,让·斯塔罗宾斯基始终在文学和医学两条战线上为捍卫人类的精神价值而辛勤地工作着。1956年,他先后完成了两篇博士论文:文学论文《让－雅克·卢梭:透明与障碍》和医学论文《忧郁的治疗史,从开始到1900年》,此外,他写有:《孟德斯鸠论孟德斯鸠》(1953年),《活的眼》(1961年),《自由的发现》(1964年),《卖艺者的肖像》(1970年),《批评的关系》(1970年),《1789:理性的象征》(1973年),《三个复仇女神》(1974年),《运动中的蒙田》(1982年),《恶中的药》(1989年),《镜中的忧郁》(1989年),《动与反动》(1999年),《魔法师》(2005年)等等。让·斯塔罗宾斯基是所谓"日内瓦学派"唯一健在的大师。

1984年7月,让·斯塔罗宾斯基接受雅克·博奈的采访,针对批评者与作者合一、一个真正的批评家是"作者的二次方"的问题,回答说:"是的,当他放下笔的时候。而诗人,当他写下第一个字的时候,他就是作者了。批评家一上来就把他的言谈诗化了,可能导致完全的失败:他将既不是诗人,也不是批评家。(我这里说的不关乎诗人从做诗的经验出发写的批评文章。)使得帕诺夫斯基的某些研究或者乔治·布莱的《圆的变形》——还有其他例子可以指出——如此之美的,是研究工作都是通过严肃和谦逊来完成的。(批评之)美来源于布置、勾画清楚的道路、次第展开的远景、论据的丰富与可靠,有时也来源于猜测的大胆,这一切都不排斥手法的轻盈,也不排斥某种个人的口吻,这种个人的口吻越是不寻求独特就越是动人。不应该事先想到这种'文学效果':应该仿佛产生于偶然而人们追求的仅仅是具有说服力的明晰……我主张简洁,而非乏味和中立。如果人们反对我,说我在这里确定了一种批评的美学,说我要求批评文章使自己无迹可寻,只通过其表面的遗忘来显示它的诗的性质,那我无话可说。只有意思的追寻使作品走得尽可能远的时候,这种批评的美学才能施其技,非如此我亦无话可说。意思的追寻,服从于意思(尚需寻找)的权威,这是一项工作,说它是道德的并非自命不凡。这是一个先决的要求。在此之后,如果批评工作产生了一部作品,而这部作品被认为是美的,那再好也没有了。"[1]

20多年前,乔治·布莱出版了《圆的变形》,让·斯塔罗宾斯基为这本书写了一篇序,序的开头这样说:"某些思考或批评的学术性著作在读者的理智上唤起一种精神之美的感觉,这种美使它们与诗的成功相若。它们具有一种唤起的能力,一点儿也不让与最自由的文学语言。它们源于同一种自由,因为追求真理而尤为珍贵。乔治·布莱的《圆的变形》是最好的例证之一。在这种情况下,诗的效果越是不经意追求,则越是动人。它来自所处理的问题的重要性、探索精神的活跃和经由世纪之底通向我们时代的道路的宽度。它来自写作中的某种震颤和快速的东西、连贯的完全的明晰和一种使抽象思想活跃起来的想象力。它从所引用的材料的丰富和新颖上、从其内在的美上、从其所来自的阅读空间的宽广上所获亦多:在乔治·布莱的目光为了写作这本书而问讯的文化景观中,文学、神学和哲学之间的界限消失了;语言的分别被忽略了,每一个作者都首先在自己的语言中被阅读。法国(和法语瑞士)、意大利、西班牙、德意志、盎格鲁－萨克逊世界提供了互相说明的伟大例证,在思想的统一的秩序中遥相呼应。被探索的领域——不存在任何系统和彻底的奢望——几乎是西方的全部文化领域。"[2]

这两段话,相隔20年,一是口头上的,措辞文雅,但不那么严谨,一

---

[1] 《时代/让·斯塔罗宾斯基》,蓬皮杜中心,1985年,第17—18页。
[2] 让·斯塔罗宾斯基:《圆的变形》,序,弗拉玛里庸出版社,1971年,第7—8页。

是文字上的,用语明晰,并显得非常精练。话语不同,然而表达的思想却是那么一致,丝毫没有扦格矛盾之处。把这两段话加起来,我们就有了关于批评之美的完整的论述:明晰,简洁,深刻,丰富的论据,广阔的联想,轻盈的手法,于不经意中达到诗的或文学的效果,这就是批评之美。

批评家要怀着"严肃和谦逊"的态度来从事研究工作。批评家能否怀着严肃和谦逊的态度来从事研究工作,决定了他的研究的面貌。"严肃"意味着平等,"谦逊"标志着钦佩。倘若批评家高高在上,或取"臣服"的姿态,必不能与批评对象形成对话的态势。或者,批评家率尔操觚,不能以钦佩的态度对待批评对象,他的研究必然是一纸纵情之作。也就是说,有去无回,有来无往,批评家不能把批评对象当作交流对象。没有交流,则成死水,文章而为死水者,必少洄流九转之形,且乏鼓荡澎湃之象,亦无吹嘘吐纳之气。有对话,有交流,则成活水,文章而为活水者,则澹澹乎,渺渺乎,浩浩乎,无不成佳构。当然,这种"诗的效果"或"文学效果"不可强求,亦不可故意或刻意而为,否则会适得其反:"既不是诗人,也不是批评家"。

批评家要顾及到问题的重要性以及论据的丰富、新颖与可靠。问题的重要不仅与原作有关,而且与批评展开的远景有关。问题本身可以不重要,但是它可以引发重要的问题,仿佛星星之火,可以燎原。通向问题的道路要勾画清楚,勿使如逸马般狂奔,不知所之。论据不但要丰富、新颖与可靠,而且要巧于安排、布置,引人入胜。所谓"连贯的完全的明晰"指的是论据,论据的安排布置要简明无碍,大路小路,纵横交错,然而都指向一个所在,令读者一眼便能看出,有明晰之乐。批评要说理,提出重要的问题;论据要充分,使问题的阐明达到自足的地步。

批评家还要注意探索精神和想象力。探索精神不仅在于对原作意义的寻觅和追问,而且在于对原作所表现的思想和感情进行开拓,以达到新的深度,给读者以新的启迪。没有探索精神的批评是枯燥乏味、死气沉沉的批评,等而下之,则是原作的干巴巴的重复,这样的批评不做也罢。想象力不仅能"使抽象思想活跃起来",而且能够使批评所提出的一切观点具有生命力,它像一道光,照亮了它所经过的各种凹凸。它是波德莱尔所说的"洞观者"的能力,或者巴尔扎克所说的"第二视力",使批评家的著作具有穿透力,即所称极小所指极大的那种能力,从而具有某种文学意味。

批评家也不可忘记某种"个人的口吻"。个人的口吻来自"手法的轻盈",来自"写作中某种震颤和快速的东西",也来自语言,来自他对事物的独特的观察角度。角度不同,语言自然不同。语言不同并不在于选用的语汇不同,更多地在于语言结构的不同,而语言结构的不同则在于词语的搭配不同。词语搭配不同,则语言显示出异样的光彩。有人以为,个人的口吻之独特得力于刻意的追求,这是舍本逐末之辞。口吻的独特并非故意与人不同,而是不同角度的观察决定了表达的选择,有所选择,则出奇焉。口吻既然是个人的,就必然是独特的,而这种独特性是不能刻意寻求的,它应该具有某种普遍性,所以斯塔罗宾斯基才说:"这种个人的口吻越是不寻求独特就越是动人。"

批评家更不可忽略"阅读空间的广阔"。阅读空间的广阔或狭小直接影响着批评的肢体之丰腴或瘦弱。肢体丰腴则内容深厚,流转雍容,行动宽松,望之光彩照人,举凡文学、历史、哲学、神学、心理学、甚至医学等学科的材料奔来笔下,任其驱遣,得车轮大战轮番轰炸之效;肢体瘦弱则气血不调,捉襟见肘,辗转不灵,望之灰头土脸,行文学批评者文学学科的材料尚不能运用自如,遑论其他诸种学科。所以,阅读空间的广阔,是产生大批评家的必要条件。

当然，批评也不拒绝"猜测的大胆"、"手法的轻盈"、所引证材料的"内在之美"、"勾画清楚的道路、次第展开的远景"，而这种"道路"是"通向我们时代的道路"，等等。

总之，批评之美不是批评的外在的装饰，单纯的辞藻不能造就批评之美。批评之美是批评的内在表现，是批评家素质的外化，是其阅读空间的凝聚，是其运用语言的能力的考验，是其洞察世界的眼光的展示。一句话，批评之美是批评家的心灵的再现。然而，这一切有一个前提，有一个"先决的要求"，即"意思的追寻，服从于意思（尚需寻找）的权威"，舍此则批评之美失去了根基。

"意思的追寻"是让·斯塔罗宾斯基所主张的批评活动的根本目的。他的批评是"自由"的，更是"追求真理"的，因而也是具有"道德"意义的。他评价帕诺夫斯基、布莱等人的词语，正好说明了他本人的批评：他的批评具有真、善、美的素质，因而具有文学的属性。

（一）

在日内瓦群体的批评家中，让·斯塔罗宾斯基是最向人文科学诸学科开放的批评家，也是最讲究方法论的批评家，更是一位最灵活、最善于兼收并蓄的批评家。他关于文学批评的见解集中在《活的眼》和《批评的关系》这两部著作中，后者又名《活的眼二集》，这说明，他始终把文学批评看作一只有生命的眼睛。

让·斯塔罗宾斯基最初在文学批评上的贡献是创立了一种"注视美学"，也就是说，他关于注视的主题学研究最终超越了主题学，使他形成了一整套别具风格与特色的文学批评的理论。

注视，是存在哲学的研究对象，也是文学批评的主题学研究的重要课题，它集中而强烈地反映出人与人、人与自己、人与世界的关系。斯塔罗宾斯基的批评实践一开始就紧紧抓住了人这个主体，从各方面探索人的意义，因此，他对"注视"这一主题的关注实际上已经超出了主题学的兴趣，直接通向一种批评的本体论，也就是说，让·斯塔罗宾斯基提出了自己的批评观。

斯塔罗宾斯基关于注视的研究是从语文学和语义学开始的。他与当代许多标榜先锋的批评家不同，从未把语文学和语义学在文学批评上的作用视为过时，而是将其作为一切阐释的必不可少的基础。他指出："语文学致力于检验文本，根据语境或当时的用法审核词的意义，揭示词的前身，了解文类、通行用法、诗意和修辞的历史，判定特殊的言语和平常的言语之间的差异。无论是语法的理解，还是历史介入的定位，都有一个阅读的不可避免的先决的工作，就是我们的同时代人根据语言学的、符号学的或者实用主义的描述系统重新表达并焕然一新的工作：这是更加形式化的语法和修辞学。"① 因此，语文学和语义学的工作乃是任何阅读不可回避的先决的工作，而种种的新方法未尝不是传统语文学的"精细化"的表现。斯塔罗宾斯基在美国霍普金斯大学的时候，适逢他的同事乔治·布莱和列奥·斯皮策进行激烈的争论。布莱拒绝形式的研究，力主认同批评，而斯皮策则在文本的语言和风格中寻求意义，斯塔罗宾斯基没有偏袒任何一方，却为他们的著作写了序言，一本是布莱的《圆的变形》，一本是斯皮策的《风格研究》，这种居间的立场很说明问题，它至少告诉我们，在斯塔罗宾斯基的眼中，语言和风格的研究对于文学批评来说是多么重要。

---

① 《时代/让·斯塔罗宾斯基》，第11页。

列奥·斯皮策1887年生于维也纳,是著名的语言学家和文学批评家,他在文学批评上提出了文学风格学,或称风格学批评,与卡尔·沃斯勒并称学派的创始人。风格学批评创始于20世纪初,风行欧美,在美国影响最为巨大。从整体上说,风格学批评以研究具体的言语事实为任务,在其全部语境中评论文学作品。列奥·斯皮策在卡尔·沃斯勒的直接或间接的影响下,提出了一种建立在作品的风格特征之上的批评,弥合了传统的语言研究和文学研究之间的分野,深入作品的中心,在作品的语言形式即风格的独特性之中寻求理解作品的钥匙。他的具体做法是:1. 批评内在于作品。风格学要以艺术作品而不是以外在于作品的因素为出发点,并提取出它自己的范畴,承认任何作品都是唯一的,与其他的作品具有不可通约的性质。2. 任何作品都是一个整体,在作品的中心能够发现创造者的精神。"作者的精神是一种太阳系,一切事物都在它的轨道上,都受到它的吸引:言语、情节等等都是这种整体的卫星,这个整体就是作者的精神。" 3. 任何细节都能使我们深入作品的中心,因为作品是一个整体,其中每一个细节都是必要的。一旦进入中心,人们就会看清楚所有的细节。正确地观察到的细节会使我们得到理解作品的钥匙。4. 人们通过一种直觉——这种直觉是可以通过观察和推断加以验证的,通过一种由作品的中心到作品的边缘之间的往返运动来进入作品。这种最初的直觉"是天才、经验和信念的结果"。5. 经过这样整理重建的作品融入一个更大的整体之中,作者的精神因此反映了民族的精神。6. 这种研究是风格学的研究,它从语言的特征中获得了出发点。7. 特征正是作者个人的风格,是一种对于标准的语言用法的偏离,语言范围内的任何偏离都反映了另一个领域内的偏离,例如文学的领域。8. 风格学应该是一种同情的批评,作品是一个整体,应该在它的整体上、从其内部来体会理解它,应该对作品和作者抱有完全的同情。① 在斯皮策以后,在欧洲,尤其在美国,出现了大量的类似的研究,史称新风格学或风格批评。1970年,斯皮策在法国出版了他的论文集(他除了博士论文外,没有写过专著,八百多篇论文皆以论文集的形式用德、法、英、意、西等文字出版)《风格论》,引起了很大的反响,让·斯塔罗宾斯基为之写了长篇序言,在序言中说:"列奥·斯皮策任何时候都没有离开过纯粹的语言学。这种纯粹的语言学对他来说具有中心的、战略性的地位,是一种'源知识'。正是因为这种语言学对他来说具有这样的性质,他才觉得它不应该禁锢在专门的范围内,这种范围是学术性的分类的一种偶然的反映。语言学是一种与意思有关联的形式的科学,具有诠释的功能,在任何有言语需要阅读、有意思需要辨认的地方,它都可以介入。"② 这句话的意思是,斯皮策解释文本时是从语文学出发的,他在语言学和文学之间架起了一座桥梁。斯塔罗宾斯基指出:"看到相对于通常用法的风格上的差异,衡量这种差异,确定其表达上的含义,把这种发现和作品的口吻、总的精神协调起来,因此更广泛地确立创造天才的特性,通过他,再确立时代的倾向,这就是斯皮策的批评开始时的运动。"③ 斯塔罗宾斯基勾画出斯皮策的整个认识过程:从对一个文本的整体意思的暂时理解出发,然后研究一个个表面上处于边缘的细节,运用一切科学的和直觉的知识的资源,把阐明的细节与预感到的整体相对照,找出其间的含义,寻找证实逐渐变得明确的意义的把握的新细节,不忽略可能出现的异议和怀疑,始终警惕着不使分析活动服务于偏见,这就是斯皮策所喜欢的诠释活动的全过程:"由整体到局部、由局部到整体的往返,其间确立了一种文本从一开始

---

① 以上资料取自彼埃尔·吉罗:《风格学》,法国大学出版社,1963年,第71—75页。
② 让·斯塔罗宾斯基:《风格论·序言》,法国伽利马出版社,1970年,第10页。
③ 同上书,第19页。

就包含着的明晰,这种明晰任何仔细的阅读都隐约地看到了,但是由解释的功能渐渐地明确起来。"① 最后,他以这样的词句结束了他的序言:"一个永无止境的行程,通过一系列不可确定的循环,在既是他自己的又是其对象的历史中呼唤批评的注视:这无疑是这种没有尽头的活动的形象,其中投入了理解的愿望。理解,意味着承认永远理解得不够。理解,就是承认一切含义都悬而未决,只要人们还没有完成理解自身。"② 斯塔罗宾斯基对斯皮策的批评理论有着深刻的理解,并从中吸取有益的养分,正如法国批评家让-伊夫·塔迪埃所说:"他(斯皮策)集直觉与推理、博学与敏感于一身,既是人文主义者,又是结构主义者。这种批评基于一种美学:艺术作品形成一种整体,其形式和内容融为一体,与生活相分离(文学的马不是一匹真实的马,文学中的钱不是生活中的钱),正因为这种分离,它才能影响生活。这就是为什么斯皮策摈弃了与作品无关的生平阐释、消解作品的观念分析和使一切美学判断不起作用的、扰乱艺术家工作的根源批评。语文学的谦逊的实践的最大教益在于只对作品、只对个人的作品的忠诚之中。"③ 斯塔罗宾斯基正是从斯皮策的批评实践出发,吸取了语文学的谦逊的品格,以自己的博学、推理、直觉与敏感为利器,从语文学入手开始了自己的批评。他对批评的最初的贡献,是建立了一种"注视美学"。

---

① 《风格论·序言》,第30页。
② 同上书,第38—39页。
③ 让-伊夫·塔迪埃:《20世纪的文学批评》,法国贝尔封出版社,1987年,第68页。

（二）

让·斯塔罗宾斯基以主题学研究开始了他的批评事业,往往从词源入手,然后扩展到整个文本,反复倾听词语的声音,例如他对"注视"的研究就极具代表性,并因此而发展出一种批评的理论。

1961年,让·斯塔罗宾斯基出版了论文集《活的眼》,题目取自让－雅克·卢梭的小说《新爱洛漪丝》,小说中有一正直的无神论者德·伏尔玛尔先生,他是女主人公于丽的丈夫,他对于丽和她的情人说:"如果我有什么主要的激情,那就是对于观察的激情。我喜欢阅读人们心中的思想:因为我的心没有给我什么幻想,因此我冷静地和不带兴趣地进行观察,而长时间的经验给了我洞察力,我的判断不会欺骗我;因此在我连续的研究中,自尊心的全部报酬就在于此,因为我不爱充当角色,但只爱看人家演角色:社会对于我的可爱之处在于可以观察而不在于参加进去。假如我能改变我的本性和变为一只活的眼,我很愿意这种交换。这样我对于人们的不关心并不使我独立于他们;我虽并不努力于被他们看到,我却需要看到他们,我虽不对他们成为可贵的,但他们却是我必需的。"[1] 伏尔玛尔先生怀着观察的激情,见证了小说主人公的爱情的微妙变化。论文集取了这样的名字:《活的眼》,表明了作者的"观察的激情"和"洞察力",题目以下统领着五篇文章:《波佩的面纱》、《论高乃依》、《拉辛与注视诗学》、《让－雅克·卢梭与反省的危险》和《使

---

[1] 让·斯塔罗宾斯基:《活的眼》,法国伽利马出版社,1961年,第20页。引文见《新爱洛漪丝》,第四卷,伊信译,商务印书馆,1996年,第211—212页。

用笔名的斯丹达尔》。《波佩的面纱》实际上是一篇序言,以下四篇文章分别研究了四种通过看与被看达到的迷惑或蛊惑的目的,例如,高乃依作品中的颂扬的目光,拉辛作品中的发愣的目光,卢梭的裸露癖和观淫癖所流露出来的对于迷惑的追求,斯丹达尔通过使用笔名而达到对于他人目光的躲避,这一切透露出作者的用意:研究人看世界、人与人互相交换的目光,研究看与被看,从中引出某些阅读的原则和育人的目的。他从一个词出发,从词根开始,溯流而上,直到源头,再顺流而下,囊括所有的支流,编织了一张文本之网,这张网的纲就是:"被隐藏的东西使人着迷。"①

且以高乃依和拉辛的戏剧为例,看看斯塔罗宾斯基如何以"注视"为源分析两位作家笔下的人物,尤其是他们令人"眼花缭乱"或"沉入黑夜"的爱情。

高乃依(1606—1684)一生写有30多部喜剧、悲喜剧和悲剧,以悲剧最为著名,号称法国"悲剧之父",其剧作以贵族的"责任"、"荣誉"战胜个人的感情为主题,主人公勇敢、坚定、富于牺牲精神,称为"英雄悲剧"。拉辛(1639—1699)继高乃依之后登上法国剧坛,把法国古典主义悲剧推上顶峰。他的戏剧简洁凝练,尤其善于塑造女性形象。他写过悲剧、喜剧10余部,《安德洛玛刻》、《费德尔》、《贝蕾尼斯》等是他的代表作。

斯塔罗宾斯基这样概括高乃依的喜剧和悲剧:"一切都始于眼花缭乱。""人一生下来就具有他为自己造出来的了不起的命运:在普天下的人的眼中,他一出世就是胜利者。他最高的幸福不是孤立地存在于看的行为中,甚至也不是孤立地存在于做的力量中,它存在于使人看的复杂行为中。那么,什么样的丰功伟绩、什么样的意志才有能力产生并传

---

① 《活的眼》,第9页。

播一种不可磨灭的眼花缭乱呢?唯一有效的努力,其效果可以保证的唯一的努力将是自我牺牲,这是一种行动,人通过这种行动将其全部力量反转来对着自己,完全地否定自己,以便在作为证人的人类世代的注视中获得重生。"① 喜剧《梅里特》的主人公提尔西一见"美丽的面孔的光辉",立刻就改变了原有的一切,放弃了誓言,转眼间变成了"目光一瞥"的俘虏。"光辉"、"眩目"、"眼花缭乱"等,都是高乃依喜欢用的词语,在这些词语的后面隐藏着什么?斯塔罗宾斯基指出:"'光辉'一词在高乃依的作品中如此频繁地出现,非常清楚地表现了这种主动的辉煌。那是一种胜利的惊讶,一种令人震惊的征服,一种不经过斗争的凯旋。就像路易十四的胜利一样:'路易只要出现就行。'城墙倒塌了,骑兵队逃跑了,人民低头了。极端地说,个人的在场不再是必要的了。一句话,一个命令就代表了君主的存在,使他不必亲自出现。……在场的魔法很容易地变成了远距离的行动。……很明显,我们面对的是一种从很原始的感情借用武器的修辞术:面对神圣的事物及其光辉的一种震惊。……如果思考不能解释我们为什么拜倒于权力,那就应该找出某种强迫我们的超自然力,就应该使王公贵族们相信他们的豪华和眩目的光辉使我们发呆,失去抵抗。既然我们一见之下就被征服了,我们就不再需要讨论他们的权威的理由了:那是强加于我们的。"② 于是,爱与恨,生与死,一幅肖像就行了,一瞥目光就够了,仿佛一剂看不见的毒药使人迷惑或死亡。看与被看,迷惑与被迷惑,都是不由人自主的,人为一种神秘的力量所操纵,这神秘来源于"看的力量":"这是一条从诱惑到真实、从瞬间的惊奇到永久的胜利的道路。"③ 力量与软弱,坦

---

① 《活的眼》,第 18 页。
② 同上书,第 33—34 页。
③ 同上书,第 43 页。

率与遮掩,非但不互相排斥,反而相互融合。使人看与隐藏,承认与压制,往往结合为同一种行为。在《熙德》中,罗德里格与施麦娜压制着他们的爱情,但不是为了消灭它,而是为了掩盖它,仿佛它并不存在。荣誉的观念,礼貌和责任的规矩,迫使一个人分裂为"内在"的我和"外在"的我,分为秘密的我和呈现在众人目光之下的我。一种对亲情的尊重使施麦娜对她的父亲隐瞒了她的爱情,她的爱情不能拥有"大白于天下的甜蜜的自由"。在她得到父亲的决定之前,她必须压制着她的任何表白。一个人外在的表现符合荣誉和责任的规矩,和一个满怀激情但不能表达的人,是同样真实的,因为这里分裂为二的,并非真实的存在和虚幻的表象,而是一种权利,这种权利的一部分可以在光天化日下展现,而另一部分则非得隐藏起来不可,这两种权利都受制于一种反映出价值选择的"社会监督"。没有障碍,没有对障碍的克服,就不可能区分"外在"和"内在",一个完整的存在(一个人)就暴露在众人的目光之下。斯塔罗宾斯基的结论是:"高乃依的悲剧几乎总是结束于眼花缭乱的'感谢'的时刻;人们看到个人的骄傲的结局和集体的利益统一起来,其存在和幸福决定于王公的辉煌的闪光。因此,高乃依是一个眼花缭乱的幻象的诗人,这个幻象的全部的能力恰当地充满了光明。……主人公的意志力靠一种外力得以增强,这种由赞赏的目光形成的外力转向他并赋予了他:高乃依式的结局就存在于两种力量的交汇之处。此外,主人公不言自明地知道,他怎么表现人们就怎么看他,既不变形,也不减少。人们看他的目光在他的存在中证实了他,全部地接受了他,认可了他。表象和他人的主体性并未使真实成为问题:误解始终被排斥。表象给英雄的我带来了证明,如果不被众人看,则英雄的我就不会有这个证明。因为我只有出现,才有完整的存在。如果他不断地请普天下来作证,那是因为他只有在证人面前出现,他才意识到自己的存在。"①

在拉辛的剧作中,目光具有同等的重要性,但价值和意义不同。"这是一种不乏强度但少圆满的目光,它不能阻止目标的逃避。对拉辛来说,看的行为总是被不幸所纠缠。……目光不断地表现出饥渴和怨恨。看是一种悲怆的行为,总是一种对觊觎的对象的不完美的捕获。被看并不意味着光荣,而意味着耻辱。在他激情的冲动中出现,拉辛的主人公不能自我证明,也不能被他的对手承认。他经常试图躲过众人的目光,因为他觉得事先就被定罪了。总之,他不得不接受着目光,他永远也不能在完全的明显中出现。"② 拉辛在欢乐的目光的映照下创造了黑夜的目光,这目光具有某种诱惑力,也具有某种羞耻感,例如,安德洛玛刻忘不了庇吕斯在特洛伊城的大火中闪闪发光的眼睛,尼禄在火把的照耀下第一次看见居妮的"泪痕点点的眼睛",贝蕾尼斯看见所有的目光都转向了提都斯,告诉他不能娶一个外邦的女王,费德尔第一眼看见希波利特的时候,她的不幸就开始了,……。"拉辛的人物知道,一切都开始于夜间遇到的事物。决定他们的命运的是看见了这些眼睛,从此不能摆脱它们的形象。"③ 看的行为虽然具有控制的力量,但是包含着弱点或对于弱点的意识;相反,几乎在同时被看在他人的眼中是有罪的。拉辛的人物所等待的,是一种爱抚的眼光,然而他发现的却是一种犯罪感。他的人物的罪恶在一个先验的审判者的目光下展现,这个审判者就是太阳,就是上帝。斯塔罗宾斯基说:"弱点和过失永远存在,几乎是彼此相融,这就是拉辛给予看的人的行为和被看的人的处境的意义,唯一不具弱点的目光是先验的审判者的目光,它或者不及或

---

① 《活的眼》,第 72 页。
② 同上书,第 73 页。
③ 同上书,第 80 页。

者超出了悲剧的世界。人永远也不能走出悲剧世界,也就是说,不能走出弱点和过失。他不能从任何地方得到救助。如果他感觉到了审判者的俯视的目光,那只是增加了痛苦,而不是得到了疗治。对于睁开双眼的人和知道自己被看的人来说,没有平静。"这就是拉辛的"目光诗学。"① 斯塔罗宾斯基还对注视做了具体的解释:"注视表达了对于一种贪欲的痛苦的警惕,这种贪欲事先就知道占有等于毁灭,然而它既不能放弃占有,也不能放弃毁灭。在拉辛那里,悲剧性不单单与情节结构相联系,也不单单与结局的不可避免性相联系,而是全部人类命运从根本上被判决了,因为一切欲望命定地陷入注视的失败之中。……于是人们在欲望的中心、在视觉贪欲的残忍的闪光中猜到一股绝望的火,这股火追逐着它自身的死亡:由于不能得到希望的东西,它就只能通过选择灾难和沉入黑夜来克服它的痛苦。当英雄们沉入深渊时,无情的神则在充满光明的天上宣布,他们是一场颂扬其全能的灾祸的绝对见证。"②

对高乃依和拉辛的分析,包括对卢梭和斯丹达尔的分析,是为了引出批评对作品的关系,即批评注视作品。那么,注视的结果是什么呢? 注视的过程中又有什么发生了呢?

(三)

让·斯塔罗宾斯基在论奥地利批评家列奥·斯皮策的风格学时指

---

① 《活的眼》,第 88 页。
② 同上书,第 21—22 页。

出,纯粹的语言学对他来说是一种"源知识",是一切评论的出发点,在这一点上,他与斯皮策是一样的,他的批评从考察词源开始,例如对"注视"的研究。

让·斯塔罗宾斯基发现,法国语言表示定向的视觉使用的词是名词 le regard,动词是 regarder,有"看、注视、注意、面向"等义,其词根是 gard,然而这词根最初并不表示看的动作,而是表示等待、关心、注意、监护、拯救等,如果加上表示重复或反转的前缀 re 则表示某种"坚持"。因此,作为名词和动词,"注视"表示的是"一种重新获得并保存之的行为。"① 这是一种持续的冲动,一种重新获取并加以保存的欲望,一种继续深入并扩大其所获的意愿。"'注视'具有一种跃跃欲试的力量,它不满足于已经给予它的东西,它等待着不断运动的形式的静止,朝着休息中的面容之最轻微的颤动冲上去,它要求贴近面具后面的面孔,或者重新接受深度所具有的令人眩晕的蛊惑,以便重新捕捉水面上光影的变幻。"② 这是对人的注视的描述,他面对的是他人和世界,他之所对可能是有声的和嘈杂的;这也是对一种批评的描述,他面对的是文学艺术作品(文本),他之所对是无声的和沉默的。这两种注视都是主动的,又都是被动的。主动的时候,注视就是探询;被动的时候,注视就是应答。因此,"注视"乃是眼睛这种感觉器官的有意向性的行为。

"注视"的对象是一个被遮蔽的文本,遮蔽与去蔽遂成为文本与批评之间的最基本、最经常的关系。枫丹白露派的一位画家画了一幅古希腊美女萨比娜·波佩的画像,靓面白臂,风姿绰约,浑圆的乳房隐约可见,但是,她罩了一重薄薄的纱,挡住了观者的目光,使其处于见与不见

---

① 《活的眼》,第 11 页。
② 同上书,第 12 页。

之间。蒙田早就发出了这样的疑问:"为什么让波佩遮住她那美丽的脸?是为了让她的情人们觉得她更美吗?"斯塔罗宾斯基接过了蒙田的问题,一针见血地指出:"被遮蔽的东西使人着迷。……在遮蔽和不在场之中,有一种奇特的力量,这种力量使精神转向不可接近的东西,并且为了占有它而牺牲自己拥有的一切。"① 这就是说,波佩的面纱产生了一种神秘的吸引力,而"神秘的特性是使我们必须将一切不利于接近它的东西视为无用或讨厌的东西",其"唯一的许诺是让我们得到完全的满足"。这就是文学批评的命运。日内瓦学派对批评的一致要求是:始则泯灭自我,终则主客相融,而贯穿始终的是批评主体和创造主体的意识的遇合。斯塔罗宾斯基对批评的见解,就其出发点来说,是与日内瓦学派的其他批评家完全一致的。波佩的面纱要求于"注视"的,正是忘掉自我,超越肉体,在可见之物后面的神秘空间中"耗尽自身"。文本要求于批评的,也正是超越文字的表面,探求掩藏在阴暗的深处的"珍宝",即"被隐藏的东西"。"为了一种幻想就丢掉一切!为了生活在一种毁灭性的迷狂中就让人抢走现时的世界!鄙视可见的美而爱不可见的美!"这乃是一种"对于被隐藏的东西的激情"。这其实就是批评的原动力。有人指责它是魔鬼的诱惑,有人指责它是上帝的诱惑,总之是一种欺骗,其实,理论的任务就是"解释这种激情"。波佩的情人们"并非为她而死,他们是为她那不兑现的诺言而死的"。这就是"注视"的命运,也是批评的命运。

斯塔罗宾斯基对"注视"的描绘,处处与批评有关,让我们想到批评的特性。他指出,"注视"的特性有六②:

---

① 《活的眼》,第9页。
② 同上书,第12—15页。

一、"注视很难局限于对表象的纯粹确认。提出更多的要求乃是它的本性。实际上,所有感官都具有这种急切性。习惯上的通感之外,每一种感官也都渴望着交换权利。"歌德在一首《颂歌》中说:手想看见,眼睛希望抚摩。斯塔罗宾斯基补充说,注视想变成言语,"盲人的夜充满了固定的注视",因此,在不具备视觉的情况下,人也可以借助补充的通道,例如听觉或触觉,在自身与外界之间建立"有意图的联系"。斯塔罗宾斯基在这里"更多的是将'注视'称为建立联系的能力,而非拾取形象的能力"。视觉具有进取性,注视在视觉与视觉的对象之间建立了主动的联系。

二、在所有的感官中,注视最具急迫性,其表达方式也最为明显。"一种神奇的、从来不是完全有效的、但也从不气馁的微弱意愿伴随着我们的每一眼:抓住,剥去衣服,使人呆立不动,深入进去。"在表达一种强烈的愿望时,"注视"仿佛本身变成了一种物质的力量,跃跃欲试。瓦莱里说:"如果注视能让人受孕,那该有多少孩子!如果注视能杀人,街上将满是尸体和孕妇。"因此,人的每一道目光都伴随着某种意愿,"蛊惑,就是让隐藏在一个不动的瞳仁中的东西发出光亮"。

三、"注视假使不为过量或不足的光所出卖,就永远也不会餍足。它使某种不会缓和的冲动得以通过。"注视(看)为欲望打开了全部空间,然而这并不能使欲望得到完全的满足,同时又使欲望留有可望而不可即的遗憾。"人们知道充满欲望的目光是多么地悲哀",因为人的注视可以发现一个崭新的空间,可是人却无力到达,徒唤奈何而已。

四、"看是一种危险的行为。……极力想使注视所及更远,心灵就要盲目,陷入黑夜。"兰塞,蓝胡子的妻子,俄尔甫斯,那喀索斯,俄狄浦斯,普赛克,美杜莎,或死亡,或化为水仙,或变成石头,或跌进沙漠,或犯下弑父娶母之罪,其原因就是想看到真相,"在这一点上,神话和传说出奇地相互一致"。

　　五、"注视保证了我们的意识在我们的身体所占据的地方之外有一条出路,在最严格的意义上说,这是一种奢侈。……诸感官中,视觉最易犯错误,天然地有罪。"视觉最容易体会到各种诱惑,也最难抵制诱惑对虚荣心的满足,因此,"奥古斯都觉得拒绝看马戏的快乐简直是最大的痛苦"。教会的神甫对"注视"持最严厉的态度:"勿将你们的眼睛盯在一件使其愉悦的东西上",超过了孔子关于"非礼勿视"的教诲。"最微不足道的借口都能俘获我们的眼睛,使我们的精神迷失方向,远离拯救之路"。

　　六、"无论在肉体好奇的意义上,还是在精神直觉的意义上,看的意愿都要求使用一种第二视觉。"那是一种朝向"彼岸世界"、朝向"理念"的注视,是一种"精神的、肉眼不可见的"超越了视觉的注视。第二视力是一种超越表象、直达本质的洞察力,它可能开始于直觉,也可能成于经验的累积。

　　综上所述,"注视"天然地包含着某种愿望和要求,不可避免地要对视觉的原始材料进行"全面的批判"[①]。所谓批判,乃是判定第一视觉所看见的表象是虚假的,是一种"假面具和伪装"。然而,第二视觉的境界又是"与表象相协调的",并且认可表象本身所具有的诱惑力,例如波佩的面纱。因此,注视在穿过表象深入实质之后,又必须"返回直接的明显之物",一切又从这里重新开始。例如蒙田,他的智慧是建立在对假面具和伪装的批判之上的,然而这种智慧又"在自反的注视的保护下,相信感觉,相信感觉呈现给我们的世界"。斯塔罗宾斯基的注视是一种历险的开始,是认识世界和他人的开始。这意味着对主体间性的

[①] 《活的眼》,第15页。

承认,承认其存在既是实在的,又是不连续的,两者互为前提。"注视"有一种奇妙的作用,既造成了人与人之间的距离,又促使人与人相互接近。注视的这种作用于主体间的功能揭示了表象和真实之互为表里的关系,进而达到对于表象的全面的把握。萨特也极为重视"注视",在《存在与虚无》一书中进行了详尽的描述,使之成为"他人是地狱"这一论断的理论基础。在萨特看来,"人也是这样一种生灵,他不能看到某一处境而不改变它,因为他的目光使对象凝固,毁灭它,或者雕琢它,或者如永恒做到的那样,把对象变成它自身"。注视是意识的搏斗,是进攻,是评判,是敌意,是企图占有,是自欺的遮盖。显而易见,这与斯塔罗宾斯基的看法大异其趣,尽管萨特的影响也是明显的。

在斯塔罗宾斯基关于"注视"的描述中,包含了他关于文学批评的隐喻式的描述,这就是说,如果对象是一部文学作品,那么"注视"就是阅读,而阅读就是批评的"注视"。批评家面对文本,既是被动的,又是独立的,他一方面"接受文本强加于他的迷惑",一方面又"要求保留注视的权利"。他的注视说明他预感到在明显的意义之外还有一种潜在的意义,他必须"从最初的'眼前的阅读'开始并继续向前,直到遇见一种第二意义"。"注视"引导精神超越可见的王国,例如形式和节奏,进入对意义的把握。它使符号变成有意义的语句,进而推出一个形象、观念和感情的复杂世界。这个潜在的世界要求批评的注视参与并加以保护。因此,这个世界一旦被唤醒,就要求批评家全身心地投入。他要求接触和遇合,它加强自己的节奏和步伐,并强迫批评家紧紧跟随它。意义就在语言符号之中,而不在语言符号之外的某个"深层"。

在这种对于意义的追寻中,批评的"注视"所提出的要求实际上指向两种极端的可能性。一种可能性要求批评家全身心地进入作品使他感觉到的那个虚构的意识之中,所谓理解,就成了逐步追求与创造主体的一种完全的默契,成了对于作品所展示的感性和智力经验的一种热情的参与。然而,无论批评走得多远,他也不能完全泯灭自身,他将始终意识到自己的个性。也就是说,无论他多么热烈地希望,他也不能与创造意识完全地融合为一。如果他真地做到了忘我,那么,结果将是沉默,因为他将只能重复他所面对的文本。因此,要对一个文本说出某种感受和体验,与创造主体认同是必要的,但不可能是完全彻底的,要做出某种牺牲。

另一种可能性正相反,就是在批评家和批评对象之间拉开距离,以一种俯瞰的目光在全景的展望中注视作品,不仅看到作品,也看到作品周围的历史的、社会的、文化的、心理的诸因素,以便"分辨出某些未被作家觉察的富有含义的对应关系,解释其无意识的动机,读出一种命运和一部作品在其历史的、社会的环境中的复杂关系"[1]。然而,这种俯瞰的注视将产生这样的后果,即什么都想看到,最后什么也看不清楚:作品不再是一个"特殊的对象",而是"变成了一个时代、一种文化、一种'世界观'的无数表现之一",终至消失。因此,"俯瞰的胜利也不过是一种失败的形式而已:它在声称给予我们一个作品沉浸其中的世界的同时使我们失去了作品及其含义"[2]。

阅读的经验证明,斯塔罗宾斯基提出的这两种对立的可能性都是不可能实现的,如果批评家固执地追求此种理想境界,必将导致批评的失败,即形成一种片面的不完整的批评。那么,完整的批评如何能够形成呢?斯塔罗宾斯基指出:"完整的批评也许既不是那种以整体性为目标的批评(例如俯瞰的注视所为),也不是那种以内在性为目标的批评

---

[1] 《活的眼》,第26页。
[2] 同上。

（例如认同的直觉所为），而是一种时而要求俯瞰时而要求内在的注视的批评，此种注视事先就知道，真理既不在前一种企图之中，也不在后一种企图之中，而在两者之间不疲倦的运动之中。"① 这里提出了斯塔罗宾斯基的批评方法论的核心，即阅读始终是一个双向的动态过程，而其目的则是："注视，为了你被注视。"这就是说，阅读最终要在批评主体和创造主体之间建立联系，在这种联系中，两个主体都是主动的，同时又都是被动的，都是起点，又都是终点，一切都在不间断的往复的运动之中。因此，批评最好是认为自己永远是未完成的，"甚至可以走回头路，重新开始其努力，使全部阅读始终是一种无成见的阅读，是一种简简单单的相遇，这种阅读不曾有一丝系统的预谋和理论前提的阴影。"② 批评在这种未完成的状态中往复运动，有可能上升为一种文学理论，走向批评的自我理解和自我确定。

萨比娜·波佩的肖像陈列在日内瓦美术馆里，成千上万的参观者在她面前驻足，被她吸引，然而他们看到了什么？他们看到的是被一袭轻纱遮住的脸和乳房，他们的目光显然有进一步的要求和欲望。然而，斯塔罗宾斯基的分析并非要揭去这重纱，而是揭示这重纱的各种作用，可以说，他的解读也是一重新的纱，批评的纱。波佩的眼睛望着那些想要看她的人，她在想：她要呈现在什么人的面前？她装作还是希望人们冒犯她？她要诱惑谁？她在欲推还就的姿态中体会到什么样的快乐？她期待着与人共度美好的时光？同样的问题也会产生在她的观赏者那里。然而，问题是无穷的，解答也是无穷的，波佩的"不兑现的诺言"使

---

① 《活的眼》，第 27 页。
② 让·斯塔罗宾斯基：《批评的关系》，法国伽利马出版社，1970 年，第 13 页。

问题和解答永无尽头,这也正是批评的魅力所在。

让·斯塔罗宾斯基在结束《波佩的面纱》的时候说:"(批评)在许多场合中,更应该忘记自身,让作品突然抓住自己。作为回报,我将感到作品中有一种朝我而来的注视产生:这种注视并非我的询问的一种反映,这是一种陌生的意识,他寻找我,固定我,让我做出回答。我感到我暴露在这个问题面前。作品询问我。我在为自己说话之前,我应该将我的声音借与这种询问我的力量。于是,无论我多么驯顺,我总是有偏爱我创造的令人放心的和谐的危险。睁大眼睛迎接寻找我们的凝视,这是不容易的。也许不仅仅对于批评,而是对于一切认识的行动,都应该肯定地说:'注视,为了你被注视。'"批评并不单单询问作品,它也要接受作品的询问,形成一种互动的关系,才能达到批评的最高境界。批评本身应该成为作品,阐释应该成为一种创造。这是让·斯塔罗宾斯基的"注视美学"的本质所在。

第 七 章

让·斯塔罗宾斯基:批评的轨迹与阐释的循环

内容提要: 让·斯塔罗宾斯基的批评,尊重传统,力求创新,在新旧两种批评的攻讦和交汇中开辟着自己的道路,冶文学、哲学、史学、自然科学(医学)于一炉,形成一种独特的阐释风格。让·斯塔罗宾斯基把批评看作"由整体到局部、由局部到整体"的往返的一个"永无止境"的行程,由这种行程所形成的"批评的轨迹"是他最喜欢的概念:批评的轨迹展开于(通过同情)接受一切和(通过理解)确定一切之间。但是,批评不能止步于理解,而要对理解的东西作出阐释,阐释要靠"客观的研究"。批评的轨迹包含了"阐释的循环"的概念,他的阐释的循环是一种双重的循环,即两个同时的、并存的循环:一个是以阐释为中介的从客体(文本)到客体(批评文本)再回到客体(文本)的运动,此为德国人所说的阐释的循环,是客观的循环;一个是经由文本的从主体(批评主体)到主体(作品主体)再回到主体(批评主体)的运动,此为主观的循环,这是让·斯塔罗宾斯基的一大创新。

  1970年,让·斯塔罗宾斯基出版了一本论文集,题做《批评的关系》。该论文集包括三个部分:其一,批评的意思;其二,想象力的王国;其三,精神分析学与文学;有评论家认为,这是"让·斯塔罗宾斯基以最完整的方式展示他对文学作品的分析诸问题的思考的一本书"①。所谓"对文学作品的分析",就是现代的文学批评;所谓"思考",就是让·斯塔罗宾斯基的批评思想。传统的文学批评的模式是作家加作品,最典型的方法是实证主义的方法,其极端是分析作家的生平,由作家的生平来解释作品的产生和意义。现代的文学批评,其极端者完全抛开作者及其所属的社会和历史的环境,用符号学、结构主义、精神分析等方法来分析作品的形式、结构和深层含义,试图建立一种文学科学。让·斯塔罗宾斯基所主张的现代文学批评与此略有不同,它并未完全否定传统,甚至可以说是尊重传统,吸收其积极有益的成分,找出批评所具有的各种关系,历史的、社会的、文化的、精神的、语言的、文本的关系,最终形成一种全新的对作品的阐释。

(一)

从文学批评在法国的发展史看,让·斯塔罗宾斯基的批评继承、革新并发展了一种传统,这个传统从亚里士多德到朗吉纳斯,到贺拉斯,到布瓦洛,到圣伯夫,到朗松,直到让·斯塔罗宾斯基,一直绵延不绝。在法文中,"批评"作为名词出现于 1580 年,作为形容词出现于 1667 年,作为动词出现于 1611 年,"批评家"则出现于 1637 年。可以说,批评作为一种对文学艺术作品的品评和鉴赏的行为出现于 16 世纪末和 17 世纪。18 世纪末,让－弗朗索瓦·马蒙代尔(1723—1799)对法国古

---

① 卡梅罗·科朗杰罗:《让·斯塔罗宾斯基:训练注视》,瑞士佐埃出版社,2004 年,第 48 页。

典主义和新古典主义的批评做了这样的总结:"首先,我们把批评看作一种恢复古代文学的研究方式。"① 在他看来,批评是各种方法的综合,它使我们得以恢复文本的真实,例如《圣经》和古代的文献,以我们今天的观点看,这是一种语文学或者文学史的方法。但是,认识到这两种方法的一致是远远不够的,应该看到这种简单的文本批评的方法曾经引起了巨大的震动,解经者和人文学者确信,有些东西他们永远也不能知道了。他们怀疑,游移,批评,因为他们知道事物变化了,无论我们如何努力恢复文本的真实,它们也不能是最初阅读时的原貌了。这时的批评面对的是面目不清的文本,需要校勘和考证。"为了评判这一工作的重要性,只需想象最初的评论者面对古代最珍贵的文献所产生的混乱就行了,经过了世纪的更替,经过了这种更替在人们的意见、风俗、习惯中所引起的变化,尤其是经过了文艺复兴之前的长时间的野蛮和无知的时代,有多少混乱需要厘清啊,这种种的变化似乎阻断了我们和古代的交流。"确信我们和古代的交流中断了,而我们需要把它恢复起来,批评就是在这种复原古代文献的愿望中建立起来的。

但是,人们用于重建这种沟通的方法具有局限性和危险性,因为斯宾诺莎等人的批评是建立在批评精神之上的,诚如康德所说:"我们的时代确实是一个批评的时代,一切事物都要置于批评之下。"因此,在马蒙代尔看来,批评就有了第二种含义:"文学批评的第二个视点是把它看作人类产品的一种明智的检验和公正的评判。"这种检验和评判不仅包括文学,也包括人类的一切产品,例如科学和艺术,对于精神产品的批评只是其中的一个分支。科学在于寻求真理,文学在于寻求美,而美

---

① 转引自让·莫里诺:《诊断的关系或批评中的斯塔罗宾斯基》,载《时代/让·斯塔罗宾斯基》,第39页。

和真理具有同样的本体论的基础:通过延续着传统的作品,创作者和批评者从许多分散的美之中形成了一种理想,"正是由于这种超越一切现存产品的、精神上的范例,人们才把各种类型的天才作品结为一体"。文学批评在其目的上说,与科学上的寻求真理有一种更为深远的相似性,即它不仅要对形式上的美进行评判,而且要对表达上的真和伦理上的善给予评价。文学是表现的,同时又是道德的,两者不可分割,这给予批评家两个价值判断的标准:表现的真实和道德的价值。因此,古典主义和新古典主义的批评是一种规范化的批评,所谓"规范化的批评"有两层意思:它依据一种理想美的标准来评判,同时依据一种规范了18世纪的道德准则来评判。于是,批评引进了一个新的评判的标准,即敏感性,一方面是"感性的灵魂"的品质,另一方面是感受作品的主体与作品之间的关系。正是这种新的标准引起了批评的震动,使它渐渐地改变了方向。如果说马蒙代尔调和了理性美与欣赏主体的苛求,那么批评的重点逐渐地放在了作品的接受和感受作品的主体的反应之上。随着艺术的传播范围逐渐扩大,艺术的欣赏者和批评者不再局限于内行人之中了,也就是说,艺术的批评者也可以成为艺术的实践者了,他不再需要一种标准了,他完全可以根据自己的反应和要求来评价一部作品了。于是,批评家的标准只有一个,即他自己的感受,他成了公众在艺术品面前的引导者了,因为公众已经不能依靠自己对艺术品的判断了。美的理论向着感受的理论演变:美不再以标准或外在的模式来加以确定了,它只存在于观照美的人的接受之中。艺术成为消费的对象。感受主体从属于一个与作为产品的艺术相分离的社会团体,与他的解放相续而又相对的是作为创造者的艺术家的解放,他们都切断了与理想的外在的美的一切联系。文学创作从有机性和完整性获得解释,因而其含义得到了完全的改变。在古典主义时期,一件艺术品或文学作品的产生被理解为手工作坊的活动,眼睛盯着先在的事物、依据某种规则、利用某种手艺来进行模仿,因而产生出一种客观存在物。艺术家被看作具有某种技巧的人,而批评家可以拆卸和恢复艺术品这架机器的结构,看看它是否运转灵活。在这个时代,宇宙的结构时而被比喻为一架钟表,时而被比喻为演戏时用的一套机关。随着浪漫主义的出现,理解的模式也改变了,有生命的机体取代了无生命的机械。艺术作品的产生被看作是种子的萌发,看作是一种可与植物的生命的诞生和成长相比的有机过程。批评家不再需要知道如何描述一种自然的进程,像人们拆卸一架机器一样。批评也不再需要解释,它只需理解和与创造主体同化。这种认同批评的传统一直延续到今天,例如夏尔·杜波斯、马塞尔·莱蒙、乔治·布莱等人的批评。作品不但是有机体,还具有整体性。一部作品是一个单子,是一个小宇宙,是大宇宙的中心,是一面反映大宇宙的镜子。批评本身应该成为诗的一部分,而诗本身是一个封闭的整体,只能接受诗的评判,所以,批评也应该成为创造的。现代批评每言创造性的批评,其实创造性的批评早在浪漫主义时代就已露出了端倪。

我们已经看到,今天的批评把它的根须深深地扎在两种变化之中,一方面,批评家作为读者进行着自由的探索,追寻文本的快乐,"叙述他的灵魂在杰作之中的奇遇"(法朗士语);另一方面,批评家作为创造者生产文本,欲与他的对象比试高低。今天,文学批评正寻找着新的方向。例如,批评的科学化已经有了一段历史了,而今又沉渣泛起,形成了一股更加强大的潮流,布吕纳介的演化论,泰纳的实证主义,社会学主义,心理主义,精神分析主义,符号学,语言学等等,轮番占据了批评的前沿,试图精确地界定文学的真实。但是,文学批评的长期经验证实了这种种主义的结果的脆弱性,首先这种批评所依据的某某学的科学性并没有得到保证,其成果并不能确保用于文学而不产生偏差;其次,就算其成果确切无疑,如何用于文学也还是个问题,正如让·斯塔罗宾斯基所指出的,批评所面对的文本是"外在的因果系统的产物"。文本是一部作品,它不能被归结为一组可能的条件或情境。文学批评的科学化的推进必然引起反向的运动,于是人们看到出现了一大批专注于文本的倾向,例如内在的批评,结构的批评,形式主义等等。但是,人们查阅历史,发现这些倾向同样有它们的传统,从德国到俄罗斯,到美国,绕了一大圈再回到法国,俄国的形式主义原来就是德国和法国的形式主义与象征主义的直系弟子!与科学主义相对——科学主义把文学作品看作一系列客观条件的产物,例如种族、环境、时代或深层心理等;与科学主义必不可少的同伴历史主义相对——历史主义认为作品只有在产生它的文化中才能得到理解。象征主义和形式主义要求纯粹文学的权利:文学是一个自主和自足的领域,不能被归结为它以外的事物,它只能以一种被它视为本质的文学性来加以界定。文学理论和文学批评有它特有的对象,使用一种特有的方法加以分析,因为作品是一个自身封闭的整体,其分析是共时性和内在性的,其结果是显露它在其特殊性中所具有的内在的特点。

今天,规范化的批评依然存在,担负着指导阅读的责任,但是,报刊等媒体给它的版面不多,这极大地限制了它的长度和深度。另外的批评方式虽有多种,但大多是在价值判断确定之后才着手进行,诚如让·斯塔罗宾斯基所说:"我们若觉得一部作品值得研究,它的价值、重要性和深远的意义得事先加以确认才行。"[1] 还有一种批评的形式,建立在一种规范之上的价值判断起着决定性的作用,这就是先锋批评,或称程

---

[1] 让·斯塔罗宾斯基:《论批评的现状》,载《狄奥根尼》第 74 期,巴黎,1971 年,第 63 页。

序批评。这种批评试图显示文学发展的一种新的方向,既控制着文学的创作,又控制着文学分析,例如对新小说的批评,这是一种新的规范化的批评,它提供了一种新的规范,试图更新叙述的观念。这种批评不做价值判断,任何时代的任何作品,不管是经典名著,还是流行小说,在它眼里都具有同样的价值。与这种批评相对立的,是文学史研究或称大学批评,旨在历史地恢复文本及其起因、来源和影响。还有一种批评广泛地存在,那就是作家或艺术家所进行的批评,叙述他们的阅读经验和创作感受,从而寻求其创造的秘密和美学的选择。诚如阿尔贝·蒂博代在1922年所说,真正的和完整的批评,"我们所理解和进行的批评是19世纪的产物",它包括三种类型:自发的批评(近世转化为报纸的批评)、职业的批评(即教授的批评)和大师的批评(即文学艺术作品的创作者的批评)。① 让·斯塔罗宾斯基在法国《文学杂志》1982年2月号上的一篇访问记中说:"看来蒂博代对批评形态的界定还没有过时。他首先看到的是即时的批评,即报刊文学记者的批评;其次是职业的批评,即大学教授的批评;最后是大师的批评,即公认的作家的批评,他举出了雨果的《莎士比亚论》……"1987年,巴黎新索邦大学教授让-伊夫·塔迪埃在《20世纪的文学批评》一书中,再次肯定了蒂博代的分类,并指出三种批评各自发生的变化,而其变化则来源于巴黎索邦大学教授莱蒙·毕加尔1964年发表在《世界报》上评论罗朗·巴尔特的《论拉辛》的一篇文章。

  1963年,罗朗·巴尔特发表了《论拉辛》,他说,在法国同时存在着两种批评,一种是"大学的批评",一种是"意识形态的批评","十几年来,在法国进行的多少有些重要性的批评都与拉辛有关,例如吕西安·

---

① 阿尔贝·蒂博代:《批评生理学》,法国尼泽出版社,1971年。

戈德曼的社会学批评,让·包米埃和莱蒙·毕加尔的生平批评,乔治·布莱和让·斯塔罗宾斯基的深层精神分析……"。① 此后不久(1965年),毕加尔便发表了抨击性的小册子,题目取做《新批评还是新骗术》,彻底否定了巴尔特的《论拉辛》,同时还批评了吕西安·戈德曼的《隐藏的上帝》(1955)、夏尔·莫隆的《拉辛作品和生平中的无意识》(1957)和让-保尔·韦伯的《诗作的缘起》(1961),这三个人分别代表着社会学批评、精神批评和一元主题批评,而他的主要攻击对象罗朗·巴尔特的《论拉辛》则是一部典型的结构主义分析。作为深层精神分析的代表的让·斯塔罗宾斯基,只是被毕加尔轻轻地扫了一笔。莱蒙·毕加尔把一切以当代社会思潮为理论基点的批评一律称为新批评,也即新骗术,他的小册子引起了轩然大波,相继有罗朗·巴尔特的《批评与真实》、让-保尔·韦伯的《新批评还是旧批评》和谢尔盖·杜布罗夫斯基的《为什么要有新批评?》出版,一场大论战开始了,论战持续了十多年。其实,新批评的出现是由于文学批评内部发展的需要,传统批评的弊病只不过是给了它一次爆发的机会罢了。新批评对传统批评采取的是攻其一点不及其余的方法,力陈所谓朗松主义的弊端,而不曾全面、完整地讨论他的方法,例如把朗松的批评思想带到英国的古斯塔夫·吕德勒就在《论批评和文学史的技巧》专门给大学生讲述了批评的目标,他说,批评有九大目标:1. 作家研究,研究作家的生平、遗传、气质、性格、教育、文学养成、事业等;2. 单独的作品研究,研究个别作品的来源、起因、历史、结构、性质、意图、作者的含义、文类、时间及流传、影响等;3. 一个作家的全部作品研究,综合个别作品的结论,总体评价天才及其演变,与已存和同时的作品之关系、影响等;4. 作家团体和流派研究,流派的理想,产生的原

---

① 罗朗·巴尔特:《批评文集》,法国巴黎瑟伊出版社,1964年,第246页。

则,历史的原因,形成,发展及衰亡,个别作家在流派中的地位,与集体理想之间的关系,更新的契机,矛盾及下一个流派的产生,与时代的关系,竞争及延续的原因和法则;5. 流派的团体和断代的研究,研究区别及共同的特点,与总体文明的关系,社会的、政治的、精神的、道德的、宗教的相似与不同,它们的法则和集体的心理;6. 断代的团体及文学的总体研究,研究其起因、发展、成长、丰富、扩大、变化、延续,相似与不同,民族心理;7. 不同国家的文学及比较文学研究,研究交流、影响、欧州及世界的潮流,相似与不同,原因及法则,民族心理;8. 作品的系列与文类研究,研究起因、构成、发展、伪造、衰退与死亡,原因与法则;9. 思想与运动研究,研究人道主义、进步、理想、异国情调、为艺术而艺术等,性质、发展和死亡等,原因与法则等。他还指出,就其研究的手段看,文学批评分为内在批评和外在批评等等。① 我们可以看到,传统批评远非新批评笔下所描绘的"专断"、"僵化"、"以为弄清了作家的鼻子的形状就弄懂了作家"的可笑形象,实际上它丰富得多,灵活得多,也深刻得多。而新批评把马克思主义、现象学哲学、结构主义精神分析学等社会科学的立场和方法引进文学批评,为文学批评的发展注入了新的活力,厥功至伟。新旧两种批评之间出现了剑拔弩张的态势,有人认为是健康的,标志着批评的成熟,但更多的人认为是批评"出了问题",处于"危机"之中。例如,莱蒙·让在《危机的局势》② 一文中就指出了作家和批评家的关系处于危机之中,批评和作品(批评对象)的关系成了一种进攻和防守的关系。他列举了三种情况:一、批评教训作品,"压迫作品",批评的根据是某种教条,有确定的标准,有美学的规则和意识形

---

① 古斯塔夫·吕德勒:《文学批评和文学史的技巧》,1923 年牛津版,1979 年日内瓦斯拉特金出版社重印,第 3—5 页。
② 载乔治·布莱主编的《批评的目前的道路》。

态的需要;二、批评无视作品,或是它不能进行深入的分析,或是它不能理解,或是仅止于欣赏。这就是那种大学教授的批评,他们满足于考证版本,调查作者的身世或有关的时代的历史;三、批评掩盖作品,例如罗朗·巴尔特认为,真正的批评的功用不是暴露作品、发现作品,而恰恰是掩盖作品。这也正是新批评的野心所在,其结果是批评取代了作品,似乎阅读批评可以代替阅读作品。更为严重的后果是,不是文学作品产生文学批评,而是文学批评产生文学作品。有些作品迎合批评,要求批评的合作,甚至按照批评的尺码来生产。越来越多的小说离开批评就根本无法阅读,他们需要一种阅读指南,如同药品需要一种使用说明书一样。实际上,作家把批评家当成了唯一的读者。许多新小说派的作家声称他们的小说需要读者的合作,需要读者的参与来共同完成他们的作品,其实这种读者大概只是某些批评家而已。所以,新旧两种批评之间的论战的意义不在论战本身,而在论战的结果。这结果不在谁输谁赢,而在论战之后出现了两大倾向合流的趋势,新批评走向式微,传统批评(例如文学史研究)再造繁荣,新旧批评泯除恩仇,相互拥抱,达到了一种你中有我我中有你的新格局。到了上个世纪的 80 年代,人们就已清楚地看到,传统批评企图压制新批评,取消新批评,新批评企图打倒传统批评,成为批评中的正宗,这两种企图都是不可能实现的,其唯一的出路是共处,这种共处虽不是和平的,却是互补的。让·斯塔罗宾斯基的批评,尊重传统,力求创新,在新旧两种批评的驳难攻讦于前、交融汇合于后中开辟着自己的道路,冶文学、哲学、史学、自然科学(医学)于一炉,形成了一种独特的阐释风格。

（二）

1990年，瑞士弗里堡大学教授让·鲁多采访了让·斯塔罗宾斯基，在访谈中，让·斯塔罗宾斯基这样表示："如果要在我的著作前面写一则《读者须知》，我会写：'这是一个读者在说话。他要求你们和他一起阅读他在字里行间看到的关系，倾听产生于听到的声音的变化之中的音乐。因此，我说话是为了唤醒我的声音之外的一种声音，唤醒另一种音乐。我们应该是很多人来分享这种知识和这种音乐。'"① 让·斯塔罗宾斯基确定了他作为一个批评家的位置，他在文本的字里行间看到了关系，他要唤醒另外的声音，文本的声音，与读者来分享。

让·斯塔罗宾斯基把批评看作"由整体到局部，由局部到整体的往返"的"一个永无止境的行程"，"往返"到"永无止境"的程度，是文学批评的关键所在。所谓"整体"和"局部"，都是一个相对的概念，"整体"可以指世界、社会、人生，也可以指一个作家的全部作品，也可以指某一部具体的作品；"局部"可以指一部作品，也可以指一部作品的某一细节；"行程"则是两者之间的互动，而这种互动是"永无止境"的。对于文学批评，他最喜欢的概念是"批评的轨迹"："从对一种包容性理解的天真的欢迎，从一种受制于作品的内在的规律的、没有预防的阅读，到面对作品及其所处的历史的自主的思考。"这是批评从开始到（暂时的）结束的全过程，就是说，批评从阅读开始，到一篇批评文字的产生结束，始终在"批评的关系"中行进，也就是说，轨迹的运行是在一定的历史和社会

---

① 见法国《文学杂志》，1990年9月号。

中进行的。阅读是无数次开始,批评文字也是无数次产生,永无终结,这就是"批评认为自己是未完成的则更好,它甚至可以走回头路,重新开始其努力",而每一次走回头路,重新阅读,都是"一种无成见的阅读,是一种简简单单的相遇,这种阅读不曾有一丝系统的预谋和理论前提的阴影"①。

"批评的关系",是让·斯塔罗宾斯基的"座右铭"②。"关系"这一概念"应该从运动、从轨迹的意义上去理解"。③

批评从阅读开始。这是一种天真的、包容性的、没有预防的阅读,如乔治·布莱所说的,"两个意识的相遇",在读者,是没有经过任何经验改造过的纯粹意识,在作家,是作品中反映出来的不稳定的意识。文学作品"呈现为一个个别的意识和一个世界之间的、经由语言撮合而建立起来的可变关系系统",对于没有成见的读者来说,它是"一种话语,或者叙述线,或者诗意流,它依照它的斜坡和节奏在开始和结局之间展开",它"比世界的任何事件更能掀动我们"。④ 这是批评家最初以普通读者的身份接触文学作品所发生的情况,他自然也必须随着作品的语词和句子而兴奋或悲伤,他终止了对自身条件和眼前利益的关心而投入作品所建立的世界。这个世界超出了读者本人的经验和知识,在他面前打开了一个全新的天地。如果读者有自己的问题和对问题的解答,他以自己的世界观和人生观对待作品,他或者根本进入不了作品,或者与作品沉瀣一气、不分彼此,其结果是从根本上失去了对作品的批评和判断的能力,成了作品的应声虫,用让·斯塔罗宾斯基的话说,就是

---

① 让·斯塔罗宾斯基:《批评的关系》,法国伽利马出版社,1970年,第13页。
② 同上。
③ 《时代/让·斯塔罗宾斯基》,第161页。
④ 《批评的关系》,第16页。

"意译批评对象的大杂烩"①。读一部作品,看一幅画,就是向一种陌生性敞开,这种陌生性形成或消失都在我们的注视下进行。正如斯塔罗宾斯基所说,我们的注视具有一种"对于被隐藏的东西的激情":"为了一种幻想就丢掉一切!为了生活在一种毁灭性的迷狂中就让人抢走现实的世界!鄙视可见的美而爱不可见的美!"② 一个批评家是在拥有一定的生活经历和阅读经验的情况下接触作品的,他不可能是一张白纸,就是说,他不可能自然地处于一种"天真的、包容性的、没有预防的"状态。乔治·布莱论夏尔·杜波斯,说:"阅读思维完全以退让开始,在淹没它的浪潮面前退让。赞赏即顺从。用杜波斯的话说,赞赏的冲动立刻就使他处于占据着他的力量的控制之下。其结果是,在这一高度赞赏的理解的时刻,这位未来的批评家的职能似乎只是充当触动他的那种思想的保证人,成为以其活动充实了他的那种精神实体的容器。"杜波斯经常使用的词语是"场所":"人只不过是个场所,精神之流从那里经过和穿越……"他说"自己不过是他人生活的容器"等等。杜波斯和他人的思想之间的关系,不是"认同",而是"替代":"杜波斯就这样地接近,继续进行一种其全部路线存在于一个人的内心之中的接近,似乎这个人的思想已经完全地代替了他的思想。"这是"放弃",是"抹去我",是"在精神上认可一种陌生的精神前来居住"。实际上,我一无所有,何言"放弃"?何言"抹去"?乔治·布莱说:"在他的批评思维和呈露在他身上的诗人或艺术家的思想之间所进行的对话是同一种语词。在他的《日记》中,我们自始至终都看到自我与自我的对话,而其形式则是给者与受者之间的对话。"杜波斯是这种人,"他们通过一种常常是痛苦的经

---

① 让·斯塔罗宾斯基:《让-彼埃尔·儒佛,诗人与小说家》,瑞士拉考尼埃出版社,1946年,第17页。

② 《活的眼》,第10页。

验,深知精神只有在它愿意的地方和他愿意的时候才能呼吸",所以他说:"我生于17岁。"① 17岁之前,他是一个没有思想、没有精神的人,他在等待,等待别人的精神来撞击、启发他的精神。这是一种批评家的典型状态,这样的批评家很少见。乔治·布莱指出,还有另一种情况,即批评家主动地让出思想或精神的位置,让另一种思想或精神前来活动,例如一本书或一幅画。夏尔·波德莱尔是这样的批评家,马塞尔·莱蒙也是这样的批评家。乔治·布莱指出,与任凭别人的思想在自己身上"杂乱无章地散布"的夏尔·杜波斯不同,马塞尔·莱蒙"总是无情地排除偶然性的简化意志。人们可以说,批评家在扫除一切、变成泉水即将涌出的空地的同时,给与他所诠释的作者一个自我呈露的机会,这种呈露不再简单地在其生殖力的多种效果中进行,而是在这些效果完成之前就在其生殖力的涌现和发生运作中进行。这样说还不够。通过放弃自己的思想,批评家在自身建立起那种使他得以变成纯粹的他人意识的初始空白,这种内在的空白将以同样的方式,使他能够在自己身上让他人的真实显现出来,并且不再以任何客观的面目显现,而是超越那些充塞着它、占据着它的形式,如同一种裸露的意识呈现于它的对象"。很明显,这是一种"自愿的忘我"。马塞尔·莱蒙说:"通过一种苦行,先是进入一种深层接受的状态,在此状态中,本质对极端很敏感,然后渐渐趋向一种有穿透力的同情。"② 这正是让·斯塔罗宾斯基以普通读者的身份进入批评状态时所发生的情况。他说:"作品在我阅读它之前只不过是个无生命的东西,不过,我们可以随时回到组成这东西的众多客观的符号上面去,因为我知道我将在那里发现阅读那一刹那我的激动和

---

① 《批评意识》,中译本,第56页。
② 同上书,第87页。

感觉的物质保障。我希望理解使我的感情觉醒的那些条件,所以,没有什么东西转向决定了我们感情的那些客观的结构。为此,不应该否定我的激动,而应该将其置入括弧中,坚决地将这一符号系统当作对象来对待,而我直到目前为止,一直无抵抗地、无反省地经受其富有启发性的诱惑。这些符号诱惑了我,它们带有在我身上实现的意义;我远非拒斥诱惑,忘记意义的最初呈现,而是理解之,为了我自己的思想而把它'主题化',而且,只有在将其意义与其语言基础、诱惑与其形式基础紧密地联系起来的条件下,我才有些许成功的希望。"① 普通读者的姿态与批评家的姿态之不同,其关键在于两者之间关系的变化。

与作品无条件的"相遇",已经隐含着一种方法论。关于方法,让·斯塔罗宾斯基有独特而富有启发的看法,暂且留待以后详加论述,现在首先介入的是"批评家与作品的关系变化"。他说:"有了此种关系变化,作品才呈现出不同的面貌,批评意识才被获得,从他律过渡到自律。"② 对一部作品采取批评家的姿态,就预示着两者之间要产生一种新的关系,无论是"俯瞰"的姿态,还是"认同"的姿态。批评家与作品之间的关系不是静止的,僵硬的,一成不变的,而是运动的,灵活的,时时变化的;它们之间互动的关系朝着最终的理解与阐释行进,"逐步地走向知识的整体化,走向可理解的景象的扩展,"③ 同时,在理解与阐释的过程中表达着批评家的思想与个性。从读者走向批评家,意味着从阅读走向批评,即从沉潜一气的阅读走向客观冷静的批评。一种新的"批评的关系"产生了。

让·斯塔罗宾斯基在《运动中的蒙田》的前言中说:"我尽我所能地

---

① 《批评的关系》,第 17 页。
② 同上。
③ 同上书,第 14 页。

倾听米谢尔·德·蒙田;我希望这一运动的初始阶段尽量地与他的运动相一致。但是,从现代的不安出发,我就他的文本向蒙田提出我们时代的问题,我不会试图避免运动中的蒙田同时是蒙田的运动,也不会试图避免观察的思考对于所观察的作品是一个关键或交点。这是一种问讯的阅读的运动,批评家竭力通过诠释来阐明他自己的状况,在其远离与特点之中阐明一个过去的然而还活着的话语。"[1] 从"问讯的阅读"到"观察的思考",就是第一次"批评家与作品的关系变化",这次变化决定了批评行为的有效性。《运动中的蒙田》一书,表明了让·斯塔罗宾斯基的批评从开始到结束的全过程,以及在这个过程中批评和批评对象之间的种种变化。这个过程开始于一个问题,这个问题是斯塔罗宾斯基从一个现代人的角度向蒙田提出的,也是蒙田向自己提出的:一个个人,在一种出于义愤的冲动中,揭露和批判了表象所显示的幻觉,他所获得的经验是什么? 一个人揭露了他周围的诡计和伪装之后又发现了什么? 他是否可以返回自身,达到存在、真理、内在的真实,正是以它们的名义,他才对他已经离开的世界表示不满? 蒙田从经济、政治、社会、文化各个方面揭露和批判了当时的世界,同时他又生活在这个世界上,他通过《随笔集》把他的希望一一付诸考验。蒙田说,词汇和话语"是一种如此庸俗、如此低贱的商品",但是他又在利用词汇和话语进行写作,在字里行间展露着、考验着自己。他将如何对待这个悖论? 人们走出了一个表象,随即又进入了一个新的表象。通过对随笔集七个主题——友谊、死亡、自由、身体、爱情、语言、公共生活——的分析和阐释,让·斯塔罗宾斯基指出:蒙田看到了怀疑弥漫着人们的思想和生活,但是没有任何的意见和看法提供了高于感性生活的保证。蒙田揭露和

---

[1] 让·斯塔罗宾斯基:《运动中的蒙田》,法国伽利马出版社,1982年,第8页。

批判了生活中的表象，但是他又通过怀疑的思考肯定了表象，承认了风俗和习惯的作用。蒙田在表象和实质之间的运动调和了批判和批判对象之间的敌对状态，表明了人类的生存条件仍然可以提供幸福圆满的场所，共同的生活，甚至爱情，可以在习俗中获得欢乐。但是，建立在人类的自负之上的残忍和不宽容则是永远不可接受的。这就是斯塔罗宾斯基的"观察的思考"，他运用历史的、社会的、文化的、精神分析的、文本分析等方法，阐释了表象和实质这一主题在友谊、死亡、自由、身体、爱情、语言、公共生活等方面的种种变化。让·斯塔罗宾斯基看出了蒙田对表象的揭露、对实质的怀疑、进而调和了两者之间的矛盾，运动于感性经验和理性经验即冲突又融合的辩证过程之中，他得出了这样的结论："感性是不可能被抹杀的，它是最初的经验。'逻辑的真理'在18世纪大行其道，但是哲学的语言建立了一种新的范畴——'美学的真理'的范畴——以便赋予自然或艺术给予我们的感官的直接认识一种合法性(当然是低一级的)。关于事物的天性的大权威属于客观的知识和计算的理性，它们开启了一种未来。但是，应该给予这种大行其道的语言所否认的感性认识一种位置。正是在这种有形的真实的哥白尼式的认识不容置疑地确立的时候，文学获得了它在现代所特有的地位：它是'内在经验'的见证，是想象和感情的力量的见证，这种东西是客观的知识所不能掌握的；它是特殊的领域，感情和认识的明显性有权利使'个人的'真理占有优势。因此，当代文明已经习惯于两种语言的存在，两者既是相互排斥的，又是互相补充的：一种是科学的语言，它计算，因对一切固化为'表象'的东西所进行的不疲的质疑而进步；一种是艺术的语言，其根本任务是收集和组织出于我们的感觉的天真表现的最具'独创性'的素材。如果说蒙田的怀疑启发了笛卡儿的'摧毁'的话，那么，他的对于现时的怀疑的回归，他的美学的转化，他的对于描绘自我的日益增长的兴趣,使他成为现代意义上的一位作家(也许是最伟大者之一)。"① 这个结论是让·斯塔罗宾斯基不带成见地阅读了蒙田的《随笔集》、进行了客观的研究之后的"自由的思考"的结果,也就是说,"批评的轨迹展开于(通过同情)接受一切和(通过理解)确定一切之间"②。

批评是"从一种计划向另一种计划的过渡",是"从一种技巧的有效性向另一种技巧的有效性的过渡",这种过渡是服从于"理解和整体性"的要求,它是"批评的轨迹的决定性的原动力",它开始于"语义学的警觉",其表现为"谨慎地确定文本","在其历史语境中确切地定义语词"③等等。所谓"计划"乃是一种"对理解和整体性的苛求",在批评的轨迹的运行中,首先介入的是"批评家与作品之间的关系变化",第一个变化就是从"没有预防的阅读"到"客观的研究",即:"从最初的'眼前的阅读'开始并继续前进,直到遇见一种第二意义。"第二意义,就是从外部对作品进行审视和观照,就是客观的研究的结果。批评家此时离开作品,形成自己的运动轨迹,然而他始终保持着"最初的顺从的回忆"。这就意味着,批评家并非一味地跟着作品亦步亦趋,永远地对作品点头称是,而是沿着自己的路线前进,在某一点上与作品"相遇"。"一束明亮的光就产生于两条轨迹相交的地方"④,这就是说,理解产生于批评和文本的认同之中,接下来的工作是阐释。让·斯塔罗宾斯基说:"作品在我阅读它之前只不过是个无生命的东西,不过,我们可以随意回到组成这东西的众多客观的符号上面去,因为我知道我将在那里发现阅读那一刹那我的激动和感觉的物质保障。我希望理解使我的感

---

① 《运动中的蒙田》,第348—349页。
② 《批评的关系》,第27页。
③ 同上书,第14页。
④ 同上书,第15页。

情觉醒的那些条件,所以没有什么东西阻止我转向决定了我们感情的那些客观的结构。为此,不应该否定我的激动,而应该将其置入括弧中,坚决地将这一符号系统当作对象来对待,而我直到目前为止,一直无抵抗地、无反省地经受其富有启发性的诱惑。这些符号诱惑了我,它们带有在我身上实现的意义;我远非拒斥诱惑,忘记意义的最初呈现,而是理解之,为了我自己的思想而把它'主题化',而且,只有在将意义与其语言基础、诱惑与其形式基础紧密地联系起来的条件下,我才有些许成功的希望。"批评家的成功不能止步于"理解",而要在理解的基础上再进一步,对理解的东西做出阐释,而阐释要靠"客观的研究"。

所谓"客观的研究",指的是对作品的"客观的特性"(例如构成、风格、形象、语义价值等)所进行的内在的研究,即进入作品"内部关系的复杂系统",尽可能准确地辨识其"秩序和规则",同时,没有任何东西阻止批评者转向作品的"客观的结构",因为这些结构决定了他的感情的觉醒,总之,"没有一个细节是无关紧要的,没有一种次要的、局部的成分不对意义的构成起作用"①。斯塔罗宾斯基说:"有意义的应和关系不仅呈现在相同层次的价值(风格的作用、构成的作用、声音的作用)之间,而且呈现在不同层次的价值(结构的作用借助于风格的作用而发现了意料之外的证实,风格的作用则在其声音本质中获得一种显而易见的充实)之间。"这说的是作品的内与外混成一片,难解难分,这一切将使区分作品的"客观"面貌和"主观"面貌变得毫无意义。古典批评主张内容和形式一分为二,形式成为内容的表达方式,并不具有独立的意义;而现代批评则不同,它主张形式和内容的一元论,形式成为"有意味的形式"。"形式并不是'内容'的外衣,它也并非其后藏着一种更为珍

---

① 《批评的关系》,第17页。

贵的现实的诱人的表象。因为思想的现实在于它是显而易见的;文字不是内在经验的可疑的途径,它就是经验本身。"① 斯塔罗宾斯基指出:"作品在我们面前呈现为相互关系的一种独特的结构,这结构由其'形式'来决定,从其不包含的那一方面看,它在表面上是封闭的,然而根据其程度的复杂性,它又使我们觉察到一种组合的无限性,这种无限性是由关联的作用产生的,读者可以预感到一种诱惑,批评角度的连续变化(亦是潜在的无限的)使之显而易见。"什么叫"不包含的那一方面"? 其实就是作品以外的部分,站在这部分看,作品是一个完整的、封闭的、自足的客观存在。但是站在它与外界的关联的角度看,它又是一个变化多端的无限复杂的主观世界。所以,"批评的任务并不离开对作品进行内在的分析,但同时又表现为对局部记录的一种不可完成的总体化,其总和远非分散的,而应是聚为一体的,以使支配着各构成成分之间相互关系的那种结构的统一性清晰可见。"② 作品的内在世界是一个统一的世界,而外在世界虽然分为几大块,例如历史的,社会的,道德的,文化的等等,但其"结构的统一性"却由于相互之间的关系而连为一体,因此也是一个统一的世界。批评的任务在于呈现两个世界,这两个世界是统一的。因此,批评就一方面说是对作品进行内在的分析,同时又是对作品进行总体的概括。

让·斯塔罗宾斯基认为,文学作品既是一个自足的、完整的世界,同时又是一个更大的世界中的世界;它不仅与其他文学作品发生关系,同时也与各种本质上非文学的现实发生关系。这样,"一种历史的层面就进入了文化",文学作品成为一个更大的、它从中产生的世界的"缩微表

---

① 《批评的关系》,第18页。
② 同上书,第18—19页。

现",并显示出一种"时代风格"。这就是说,文学作品的内在规则使它成为一件艺术品,它与外部世界的联系使它成为一种姿态,例如,"《红与黑》既是受到内在形式的应和关系支配的一件艺术品,又是对复辟时代法国社会的一种批判"。这种联系是什么性质?斯塔罗宾斯基说:"我在作品中辨识出的关系在作品之外,但在一个扩大的世界中忠实地相互重复,而作品只是这个世界的一种成分。这时,我将确信作品的内在法则已然向我提供了它在其中产生的那种时代和文化环境的集体法则的象征性缩影。在使作品与其语境相吻合之后,我将看到作品中活跃的有机含义网普遍化了,以至于对作品的辨识使我看到了一种时代风格,反之亦然。"① 这说明作品的内在结构与外在结构之间存在着一种互动、互容的关系,而这种关系间接或直接地受控于一种普遍存在的"时代风格"。"与一部作品的内部相一致的那些因素同时也是一种不一致的承担者。重要的是,我们既要善于读出作品的内在的一致性,而且是在一种作品及其'内容'的扩大了的局面之中,又要善于识别作家所表达的不一致的意义。对于在作品和周围环境之间进行比较的我们来说,作品是一种不一致的一致,是一种不相容的相容,在构成它的物质形式的诸关系的肯定之上又加上一种激起无限的飞跃的否定。"作品内部的关系网络是协调一致的,但是它与社会文化的网络是对立的、批判的,它们不是"同质"的,呈现出一种"拒绝、对抗和不满的方式"。"'内在'批评的任务正是在文本内部、在其'风格'及明确的'主旨'中揭示丑闻对抗嘲讽及冷漠的变化多端的迹象,简言之,揭示当代世界中使天才作品在承接着它的文化背景上具有畸形或例外价值的一切东西。"总之,"在这种情况下,主要的迹象并不来自外部,只有在作品内部才能

---

① 《批评的关系》,第19页。

找到它们,条件是知道如何阅读。"① 理解了作品的内部和外部各种关系的矛盾,也就理解了作品。对于作品赖以呈现的背景来说,作品既是超越的,又是被超越的。

作品与外部世界的关系是在考察其内在结构时被抽象出来的,若要考察这种"存在"的方面,必然要借助哲学、心理学、社会学、文学史等社会科学的知识,这样,"作品作为事件的价值又重新出现,这事件源于一个意识,并通过出版和阅读在其他的意识中完成"。因此,既存在由世界通向作品的道路,也存在由作品通向世界的道路,从这里见出批评对作品的诘问:谁在说话?对谁说话?话是对什么样的人说的?真实的?想象的?集体的?唯一的?还是不在场的?克服了怎样的障碍?通过什么手段?等等。这就是"自由的思考",只有在此时,"作品的全部轨迹"才是可以被察觉的。斯塔罗宾斯基说:"一个人成为这部作品的作者时,就变成了与过去不同的另外一个人,而这本书在进入世界时,就迫使读者改变对自己和对世界的意识。"② 这说明,批评家的思考不再受制于作者本人的生平,他得从作品本身出发理解作者的意识。他又说:"批评性的理解并不以同化不同的事物为目的。如果它不把差异作为差异来理解,如果它不把这种差异扩及自身以及它和作品之间的关系,那么,它将不复为理解。批评的话语在本质上自知相异于它所询问和阐明的作品的话语。它不是作品的延续和回声,更不是其理性化的替代。它在维护它的差异意识(亦即关系意识)的同时,也排除了独白的危险。"③ 这意味着,批评的话语自知相异于作品的话语,它要与之保持适当的距离,方能见出各自的独立性。在相关性和独立性的

---

① 《批评的关系》,第21页。
② 同上书,第23页。
③ 同上书,第24页。

相互纠葛矛盾中,批评的全部轨迹显示出来了。批评不是作品的延伸或回声,它由于维护差异意识而避免了独白的危险。斯塔罗宾斯基说:"批评话语的孤独是一个必须避开的巨大陷阱。批评话语若过分屈从作品,就要分享作品的孤独;它若过分地独立,则要走向一条奇特而孤独的道路,而批评的参照将只是一条偶然的借口,严格地说,这是一种应该排除的借口。倘若崇拜科学的严格,批评话语将自因于和所用方法有关的那些'事实'之中,将原地踏步,固步自封。这些危险中的任何一种都可以被确定为一种关系的丧失,一种差异的丧失。转述,自足的'诗',一丝不苟的罗列,将使批评沦为一种抒情独唱。"[①] 因此,斯塔罗宾斯基说,批评的轨迹是"自发的同情、客观的研究和自由的思考三个阶段的协调运动","这使批评可以同时受益于阅读的直接确实性、'科学'方法的可验证性和解释的合乎情理性"。这就是说,"批评的轨迹展开于(通过同情)接受一切和(通过理解)确定一切之间"[②]。当然,实际的批评过程不会如此简单,三个阶段的划分也不会如此清晰,斯塔罗宾斯基说过:"假使同情真的一开始就存在,那我们可就进了天堂了。"[③]在具体的批评过程中,批评家和批评对象是并肩摸索前进的。

批评的话语的内在规律是与被批评的作品的话语的内在规律紧密地联系在一起的,但是,从"深情的依附性"(同情的阅读)到"关注的独立性"(审视的目光)有一种过渡,过渡中有"差异"存在。批评的存在决定了过渡的完成,而这种完成是反复进行的,一步步接近批评的完整性。斯塔罗宾斯基说:"被承认的差异乃是一切真正的相遇的条件。"[④]

---

① 《批评的关系》,第 27 页。
② 同上。
③ 让·斯塔罗宾斯基与让·鲁多的谈话,载《文学杂志》,1990 年 9 月号。
④ 《批评的关系》,第 28 页。

这说明,差异的存在和被承认是真正的相遇(阅读和批评)的原动力。他做了一个精彩的比喻:"批评家永远是诗这位女王的丈夫,出自这种结合的后代并非王国的继承人。"这意味着,批评与批评对象的共同的后代既非批评,亦非批评对象,它无所继承,是一个独立的存在,即批评成了"作品"。在2001年的新版本中,让·斯塔罗宾斯基改动了过于斩截的口吻,说"出自这种结合的后代并未被排除在王国的继承人之列"[①],"并非"与"并未被排除"之间,口气缓和了,结论并没有变。这种婚姻像一切婚姻一样,有着共同的危险:"不同类型的患神经病的夫妇"。首先,恋爱与恋爱对象格格不入,他"声称被爱的人并非本人,不被看成独立自由的主体,他只不过是爱情的欲望的投射的支撑物,这种投射使他成为另一个人";其次正相反,"爱着的人在魅力及他对爱的对象的绝对顺从中化为乌有";再次,"其爱情不是对人本身,而是对他的周围,他的财产,他的荣耀的祖先等等";这种种"患神经病的夫妇"比喻着种种不真实的批评,或者批评家失去了自我,或者批评家自我膨胀,不是被对方压倒吞噬,就是把对方视为不存在。在批评的"认同"方面,斯塔罗宾斯基与马塞尔·莱蒙和乔治·布莱都有所不同。为了保持批评的完整性,必须把两者的真实联系在一起,始终保持其独立性。斯塔罗宾斯基说:"作品的存在方式和我们的存在方式有着根本的不同,只有当我让作品像一个人一样地生存,它才是一个人;我必须用我的阅读使它活起来,给它一种人的在场和外表。"阅读乃是一部作品的生命的催化剂。"为了爱它,我应该让它复活;为了回答它,我应该让它说话。"这样,批评和作品就都具有了生命,可以像两个人一样,彼此投出注视的

---

① 转引自卡梅罗·科朗杰罗:《让·斯塔罗宾斯基,目光的学习》,瑞士佐埃出版社,2004年,第88页。

目光。

　　理想的批评是什么？让·斯塔罗宾斯基说："为了回答它的全部的愿望，为了成为对作品的一种理解性话语，批评不能局限于可验证的知识的范围之内，它自己应该成为作品，并且遭遇作品的风险。因此，它将带有个人的印记，这个人将是一个经历过科学的技巧和'客观的'知识的苦行的人。批评将是一种重新置于一种新的言语中的关于言语的知识，将是对于诗学事件的分析，而这种分析自己也成为一种事件。因为落进了作品的物质性之中，为了在其结构的细节中、在其形式的存在中、在其内在的联系和外在的关系中探索过作品，批评会更有把握地认出一种行为的痕迹，并会以它自己的方式重复这种行为，而且，在评判这种行为、赋予它扩大了的意思——这种意思产生于它的内在真实、它的外部联系、它的明显的内容和它的隐含的意义——的同时，批评也成为行为，它表达并且传播，以便使一些更为清晰、更独立自主的行为在它所激起的前景中与它相呼应。"批评不再是批评对象的附庸，它完成了自己的暂时的轨迹，它将继续完成，反复地完成，以至于无穷。"一种批评的灵感的力量总是需要的，其出现和结局不可预料。"[①] 理想的批评应该具有独特的个人风格，有丰富的想象力，有严密灵活的方法，有客观的知识和分析，它是关于作品的作品，它是关于文学行为的行为，它的产生是一次诗学的事件。理想的批评永远无法达到，但是它可以一步步地接近，这接近的"一步步"就是批评的轨迹，批评的"余数"的存在决定了批评的轨迹永远是未完成的。

[①] 《批评的关系》，第33页。

（五）

让·斯塔罗宾斯基说："我的批评的轨迹这一概念包括了'阐释的循环'这个概念。我将其视为批评的轨迹的一个特别的情况，特别成功的情况。"① 批评的延伸和往复的运动，其目的在于意义的追寻和阐释，并在不断展开的新的远景中逐渐完成对作品的诘问。诘问乃是阐释，然而对于斯塔罗宾斯基来说，阐释不是批评家对于作品的单向的行为，而是一种双向的、互为对象的往复的运动，即作品向批评家提出一个又一个的问题，在问与答的不断的运动中获得和加深对作品的理解，批评家也通过阐释活动改变着自己。这就是所谓阐释的循环的"两重性"。

"两重性"的意思是，"批评的轨迹"这一概念包含着两个阐释的循环，即在批评的运行中有两个并行的、同时的循环，一个是以阐释行为为中介的从客体（文本）到客体（批评文本）再回到客体（文本）的运动，此为德国人所言之"阐释的循环"，这是客观的循环；一个是经由文本的从主体（批评主体）到主体（作品主体）再回到主体（批评主体）的运动，此为"让·斯塔罗宾斯基的批评理论最著名的特点之一"②，与所谓的日内瓦学派的阅读现象学是一致的，这是主观的循环。

让·斯塔罗宾斯基这样描述德国哲学家所界定的"阐释的循环"："一个从客体到客体的循环，它从一种特殊的、不同的、有意味的情况出发，然后再回到这种同样的情况，但是在其特殊性与意义方面得到了更

---

① 《批评的关系》，第 13 页。
② 《让·斯塔罗宾斯基，目光的学习》，第 79 页。

强有力的合法化。这个循环经过了我的解释性的话语,经过了理性的工作,它们最终强化了客体。……从这个角度看,不再是我的话语同化和吸纳了客体,而是客体呼唤和吸纳了我的话语。"[①] 这就是从施莱尔马赫到海德格尔、斯皮策和伽达默尔等一批德国人所界定的一场思想运动,他们称做"阐释的循环",虽然有古典阐释学到现代阐释学的转变,但是强调阐释的客观性则是不变的。

在德国,恩斯特·施莱尔马赫(1768—1834)首次提出了阐释学的核心问题之一——阐释的循环。在他看来,部分只有通过整体,反过来整体也只有通过部分才能被理解;理解是一个把未知事物与已知事物进行比较的过程,部分必须从整体中获得意义,反之亦然。理解正是在这种从部分到整体、从整体到部分的循环中进行的。施莱尔马赫把这一循环看作理解和阐释得以进行的基本过程,认为在理解过程中,人们在语言和对象方面都有某种"最低限度的事前理解"。正是有了这种"事前理解",阐释者才能进入"阐释的循环",解决理解中存在的问题和困难。真正把阐释学引入哲学并使之成为精神科学的方法论和核心学科的是威尔霍姆·狄尔泰(1833—1911)。狄尔泰反对施莱尔马赫把阐释学看作仅仅是对文本做消极解释的方法,他认为,精神创造的东西只能为精神所理解,精神科学必须具备与自然科学完全不同的、独特的方法。狄尔泰把人的精神生命所创造的文化世界看作一个大文本,试图通过阐释学的方法去解释这个世界。为了弄清经验与知识扩展之间的关系,狄尔泰对施莱尔马赫所使用的"阐释的循环"的概念作了进一步的探讨。在他看来,"阐释的循环"有三个方面的内容:一,整体与部分的关系,即对一种事物总体上的理解必须从对部分的理解出发,而部分

[①] 《批评的关系》,第165页。

又必须从整体中获得自己的意义,换言之,只有理解了整体,才能把握住部分在整体中的意义。例如,对一个文本的理解必须从词和句子出发,而词和句子的意义只有在文本的整体"语境"中才能呈现出来。二,已有的知识和未知的知识之间的关系,这意味着,新的知识的获得必须以已有的知识即经验为出发点和前提,而现有知识或经验的有效性和正确性又必须依赖新的知识来检验。三,人的现实有限的"此在"与在时间和空间上无限的存在的关系。这是指我们对宇宙、世界和人类自身的无限存在的理解和认识必须从具体的人的有限生存出发,而人的现实此在的意义又必须从时间空间上无限的存在来思考和理解。在以上三种关系中,核心问题都涉及已知和已有的经验与更广阔的、未知的和无法全知的意义之间的关系,正是这种更为广阔的背景赋予已知的经验存在以某种意义。

施莱尔马赫和狄尔泰等古典阐释学家追求一种客观主义的理解和阐释,无法突破阐释的循环的封闭圆圈,故陷入了无法解决的矛盾和巨大的困惑。海德格尔试图打破阐释的"循环论证",从而摆脱存在的前理解结构的内在性束缚,但是,他并未解决阐释学这一中心难题,因此在后期抛弃了阐释的循环,甚至离开了阐释学,不再注重此在的结构和状态的分析。而直接从语言的原始直接性入手,竭力想找出一条通达"存在之真"的途径,转向了存在与诗的诗化之境。正是伽达默尔对阐释的循环做了新的解释,指出"理解即传统的运动与阐释者之运动之间的一种游戏",把阐释学的理论向前大大地推进了一步。伽达默尔认为,海德格尔在理解的循环这一难题面前依靠语言的诗意化本质和无意识原生性向存在本身趋近,并不能提供富有说服力的解决办法,因为存在之真的不可描述性造成了存在和理解的悖论。在伽达默尔看来,所谓阐释的循环,其实是转向"此在",即"在世之在"自身的结构,即转向主客体分离的扬弃。阐释的循环所具有的本体论意义,表明了前见、前有、前设和前判断在一切理解中所起的作用,指明了我们在世的基本结构。伽达默尔强调,正因为阐释者具有主观性这一理解不可或缺的"前结构",阐释活动所产生的意义就不可能是纯然客观的,而是生成了带有主体的成见的新的意义。理解是人的存在的本体活动,理解始终包含着成见,理解的过程不会最终完成,而始终是开放的,有所期待的,有所创新的。伽达默尔指出,阐释学经验具有一种"对话"模式,理解就是这一对话发生的事件。对话使问题得以揭示和敞开,使新的理解成为可能。文本是一个"准主体",只有破除了那种僵死的主客体之间的认识关系,我们才能倾听文本向我们诉说的东西。这样,文本好似向理解者提出一个又一个问题,而为了理解和回答文本提出的问题,理解者又必须提出已经回答过的那些问题。通过这种相互的问答,理解者才能不断地超越自己原有的视野。在问与答的对话过程中,文本向理解者敞开,向我们言说,问题问得越多,文本的言说便越丰富。一个问题的答案意味着一个新的问题的产生,文本在这种问与答的无限延续中展现其无限多的可能性,而理解者的视野也不断地扩展和被超越。理解和阐释正是以这种方式不断地突破阐释的循环的封闭的圆圈,不断地扩展和丰富。[①]

伽达默尔试图打破由阐释的循环造成的论证的同义反复,强调了理解者(阐释者)与作品的对话关系,但是,让·斯塔罗宾斯基明确地指出,阐释的循环同时包括两个循环,一个是客观的循环,一个是主观的

[①] 关于德国人"阐释的循环"的论述,取自《二十世纪西方文论研究》(郭宏安、章国锋、王逢振著)第264—284页的内容,章国锋作,中国社会科学出版社,1997年。

第七章　让·斯塔罗宾斯基:批评的轨迹与阐释的循环　275

循环,只有两个循环同时并存,才能避免论证的同义反复。他首先提出并分析了阐释的循环的主观性:我们把一篇作品视为阐释的典范,是因为我们把我们认为合适的理论和概念应用在它的阐释上,我们说着我们希望在作品中听到的话,我们把我们自己的计划或话语加在作品身上,于是,关于作品的阐释变成了我们想就作品说的话。让·斯塔罗宾斯基问道:"我不是布置了一种百依百顺的回声吗? 我不是要我的话语忠诚地回到我的身上吗?"这样就"形成了一个同义反复的圆圈,同样的话语在传播,反射在它自己身上,总是可以通过它的对象为它提供的中继而得到自我证明"。这是一个圆圈,我们必须承认。在这个圆圈中,"我们的解释的话语返回自身,我们的话是起源,也是结束,但是必须通过它的客体才能到达结束,这个客体起着图表的作用(我想起了一束粒子和波所表示的晶体结构)。阐释的话语首先是自身的表述,这难道不是合法的吗? 它自己存在在那儿,根据它的风格、它的秩序和它的可能性表现着自己,被研究的客体对它来说是一个证明其独有的能力和特别的品质的机会,这样,我们的知识(和我们的意识)的言语就在其历史的特殊性和普世的愿望之中来到了世间。当然,解释性的话语并不能像开始时那样结束它的行程:它遇到了障碍、对抗和挑战,尽管它只关心如何减少不同于它自己的措辞的材料,尽管它只有证明它能够化解一切建议给它的东西的野心,它还是需要做一些工作,尽一些同化的努力;这作为他者的客体并没有消失,尽管解释性的话语使它进入了总是同样的、总是一样的一种话语:被解释的客体被当作对象,它不仅仅是某种先在的方法的一种说明和一种运用的例子,它成为一种知识话语的不可或缺的部分,它给予方法论原则以通过实践来完成自我变化的可能性,尽管最后阐释的客体是阐释性话语的一种新成分:它不再是一种待解的谜了,这回它成为一种解谜的工具了。"① 批评家的知识或意识同化了批评对象,直到批评对象成为"阐释性话语的一种新成分",于是,批评家的言语成为阐释性的话语,尽管它在行进的过程中遇到了一些"障碍、对抗和挑战",一个主观的阐释的循环终于完成了。批评家唤醒并赋予作品以生命,与作品的作者进行对话,这正是主观的阐释的循环的功能。

但是,让·斯塔罗宾斯基认为,"一种返回到起源的话语的圆圈……并不足以界定阐释。应该承认,阐释还必须经过第二个圆圈,与前一个圆圈同时并存,但以相反的一点为起源……"。这就是德国人所说的"阐释的循环"②。总之,"任何真正的完整的阐释不仅仅是循环的……而且完成了两个循环。……第一个循环涉及作品,从作品出发,即从文学性出发,然后重新在它身上完成,通过我们就该作品所说的话语,最终使它扩大意义。第二个循环针对阐释者,从他的现在的意图出发,最后在他的身上封闭,在他关于自身的增强或改变了的认识出发,以他致力的和跟随其道路的作品为中介。任何阐释都不可避免地是关于客体的、通过我们可操作的资源的阐释,是通过被阐明的客体的关于我们自己的阐释。"③ 关于作品的循环,关于阐释者的循环,两者同时并存,缺一不可,否则就会陷入阐释的循环的同义反复,这是让·斯塔罗宾斯基反复强调的。在批评者与作品的这两个循环中,批评者的话语不再是追寻一种先在的真理,而是产生了某种"新的存在":"需要阐释的客体,阐释的话语,如果两者是一致的话,那就会联系越来越紧密,以致不能

---

① 《批评的关系》,第 161—162 页。
② 同上书,第 164—165 页。
③ 让·斯塔罗宾斯基:《戏剧评论,阐释,诗》,转引自卡梅罗·科朗杰罗《让·斯塔罗宾斯基,目光的学习》,第 84 页。

分开。它们形成了一种由两种实体构成的新的存在。……表面上的悖论是,正确地阐释的客体证实了它的独立的存在的同时,又成为我们的阐释性话语的一部分,它成为一种工具,我们可以利用它理解其他的客体并与之建立联系。理解原地不动地调动了客体:一旦它们被我们感觉到的意思命名,它们就获得了命名的权力。"① 让·斯塔罗宾斯基认为,一个成功的阐释必须使对象不再成为一个需要阐释的客体,而是一个对我们生存的世界提供解释的工具。也就是说,在阐释和作品之间建立关系,就意味着阐释使作品摆脱了客观存在的物的状态,成为可以回答我们的问讯和向我们提出问题的活的生命。

总之,完整的批评应该兼顾两个阐释的循环,即主观的阐释的循环和客观的阐释的循环,既要通过包容的、综合的话语消除主客之间的差异,又要通过理解(把他人当作他人来理解)来保持距离,这就是说,"阐释的目标同时是最大限度的推论严密和最大限度的个人特点"②。因此,让·斯塔罗宾斯基的批评是一种兼及作品内外并且在作品内外之间穿梭往返永无绝期的运动中的批评。这种批评所以没有终点,乃是因为对作品的理解和阐释没有终点。斯塔罗宾斯基指出,批评是"一个穿越无数循环的不可完结的过程,始终呼唤着批评的注视进入它自己的同时又是它的对象的故事中去。这就是理解的意愿介入其中的此种无尽头的活动的形象。理解,就是首先承认永远理解得不够。理解,就是承认只要没有完全地理解自己,所有的意义就都悬而未决。"③ 这里斯塔罗宾斯基提出了一个阐释学上的重要问题,也就是蒙田作为座右铭

---

① 让·斯塔罗宾斯基:《文学·文本和阐释者》,转引自卡梅罗·科朗杰罗《让·斯塔罗宾斯基,目光的学习》,第90页。
② 《批评的关系》,第166页。
③ 同上书,第79页。

提出的问题:"我知道什么?"此种怀疑论的态度乃是理解和阐释及其深化的动力和基础,也是自由的阐释的先决条件。让·斯塔罗宾斯基承认理解和阐释的极限,他明确指出:"阐释和理解不应该以消解对象为目标。阐释和理解考验对象的抵抗。如果有必要,阐释和理解都应该承有残留的部分,有'余数',阐释话语不能触及,也不能阐明。"现代阐释学的任务乃是思考这种不能被阐明的部分,态度谦逊而不用强,充分考虑到阐释行为的限度。因此,"要求一种完全的理解,就是不去理解。阐释学面对这种不透明性,并非感到满意,但是它不相信一种强制的透明。它接受这种余数有一种意思,余数就是余数,而不急于被归入一种可能使其包含能力臻于极致的解释系统。"① 在斯塔罗宾斯基看来,阐释学"不是指阐释行为本身,而是指实施阐释行为并考虑其限度的思考和计划"。这中间蕴涵着"对方法进行批评"的必要性,这才是"批评精神的最纯粹的展现"②。

(六)

批评家在理解作品的同时,也理解了自己;批评家在阐释作品的同时,也阐释了自己。批评如同作品,暴露了作者也暴露了批评家:"小说家能说多少心里话,批评家就能说多少心里话。"批评以创作为对象,同样是对他人和世界发出询问,批评因此而成为一种创作。既为创作,就有批评的主观性;但是,斯塔罗宾斯基的主观性是一种与外界的客观性

---

① 与雅克·博耐的谈话,见《时代/让·斯塔罗宾斯基》,第19—20页。
② 《批评的关系》,第30页。

紧密联系的主观性。让·斯塔罗宾斯基不惮于提出一种"批评的美",甚至一种"批评美学",他的这种批评美学是一种关系美学,即内在关系和外在关系紧密相联系的美学。让·斯塔罗宾斯基以其批评实践印证了所谓日内瓦学派关于次生文学的崭新的批评观念。

让·斯塔罗宾斯基在《回答一个问题》中说:"人们有时候说我愿意成为一个'意识批评家'(这是萨拉·N.拉瓦尔关于日内瓦学派的一本书的题目)。是的,我愿意,但是我得立即补充说:在一切的意识(我的,或者在我询问的作品中留下痕迹的那个意识)通过一种与周围世界、与他人、与存在的客体的关系而苏醒的情况下,我才愿意,这种关系或是有意的,或是强制的。正是与外界的关系决定了内在性。……如果没有与世界、与他人的关系,主观性就什么也不是。"① 这告诉我们,意识总是意识到什么,意识从来不是空的。有外才有内,内在性从来不是孤立的。主观的批评以世界与他人为对象,否则就是无的放矢,主观性也就在无物之阵中消失了。

对作品的不同的诘问需要不同的方法来回答。批评界一向认为让·斯塔罗宾斯基是一位非常重视方法论的批评家,然而他对批评方法的看法却是极通达、极灵活的,表现出一种罕见的清醒和智慧。

1984年7月,在日内瓦,有采访者问让·斯塔罗宾斯基:"有没有一种'斯塔罗宾斯基方法'?"让·斯塔罗宾斯基回答说:"如果您在方法论热的时候向我提出这个问题,我会向您证明在批评和历史的领域内没有方法可言(在这个说法的科学意义上)。现在方法已经不时髦了,相反,某种武断(每人有他的版本)似乎正在走红,我却要为方法辩护:必须有方法,对于恰当地运用这种方法的人来说,结果是毋庸置疑的,尽

---

① 《运动中的让·斯塔罗宾斯基》,法国尚瓦隆出版社,2001年,第359页。

管相信严格地遵循一种方法事先就有了保证是愚蠢的。如果有方法，
我只能以一个好的使用者的身份适应它；我会使自己消失来服从它，和
其他人一样，在其他人中间，几乎是匿名地使用它。方法越是纯粹，就
越是没有人能自称为创造者。（这种个人的消失有其吸引力；同样的吸
引力可以让你进入宗教，加入一个党派。）如果有一个名字被加在一个
方法上，你就要警惕了：这不是一种方法，而是一种个人的手法。……
当一个名字被提出来，人们所称之为方法的不过是一种个人风格的模
式化的痕迹罢了。我再说一遍我的最初的说法：如果说有方法，那是为
我服务的方法；如果我声称有方法，那就不是一种方法了，因为它已经
变成我的私产，我的东西，我的创造了。当然，一些个人的方法（并非充
分地方法论的）和哲学派别也是一样：它们可以是有魅力的，可以形成
学派，其内容可以被看成是普遍的，因为它们本身在某一时段内被普遍
化了。您可以看到：我出于苛求想给方法一个足够有限的定义，不因没
有制订一个方法而感到羞愧，这是为了促使那些声称服从方法的人承
认，他们没有丝毫的安全，一个真正的方法可以使他们享有的安全。"①
最后，他说："任何真正的方法——我是说，可以放在任何有知识的手
中，有明显的一致的结果——都是一种没有作者的权威。"这就是说，在
方法的有效性中，阐释的个人风格是唯一可能的资源。阐释的风格是
某种"元方法"，也就是说，阐释话语要求方法，运用方法，但是没有任何
方法论的保证。总之，方法只能在有效的领域内得到尊重，所谓方法指
的是语义学的各种规则的总合，这乃是取得文学知识、历史知识等的虽
不充分却是必要的条件。让·斯塔罗宾斯基的回答包含着一种深刻的
方法论哲学。

---

① 《时代/让斯塔罗宾斯基》，第9—10页。

当代文学观念的更新往往表现为文学批评方法的更新,或者以其为先导,这就使得混淆"理论"和"方法"成为一种相当普遍的现象。让·斯塔罗宾斯基首先在两者之间做了明确的区分。他以词源学为根据,把"理论"定义为"针对一种先期探索过的总体的理解性观照,关于一个受制于合理秩序的系统的总看法",而文学批评的"方法",则"时而致力于某些技术手段严格地系统化,时而发展为对批评目的的思考而不必教条地声明选择了什么手段。"① 如此定义方法,既使让·斯塔罗宾斯基避免了夸大方法的作用,又使他能够进一步开发方法的功能。

让·斯塔罗宾斯基认为,方法的有效"根本不取决于是否赋予方法的陈述一种先决的权威和一种理所当然的优先权"。方法的考虑始终伴随着批评的进行,既说明着批评,又获益于批评,方法实际上是在批评工作完成的时候才完全显露出来,而批评家也是在回顾走过的道路时才完全意识到他的方法。因此,"方法不能归结为一种直觉的、根据情况变化的、被唯一的神明所引导的摸索,也不能给予每一部作品它似乎在等待着的专门的答案"。自觉的方法调节着批评的轨迹。尽管"任何好的方法都有其激情的、本能的、心血来潮的部分,有其幸运和恩宠,然而这是不足信的。批评需要更为坚实的调节原则,这些原则引导它而不是束缚它,时时提醒它不偏离目标。"② 这种调节的原则就是批评的方法,即"关于目的的思考和手段的系统化"。然而,批评的方法不是自动的,不是万能的,也不是一成不变的。"任何方法都固定一种适于它运用的计划,任何一种方法都预先决定着(批评的)坐标,要求着对比的诸成分之间的同质、一致的关系"。这就意味着,"对每一种个别的计

---

① 《批评的关系》,第 10 页。
② 同上书,第 12 页。

划而言,都存在着一种更好的方法,方法越严格,就越少变化的因素,其精确性直接地取决于范围的大小"。但是,"任何严格的方法都不能支配不同之间的转换,也就是说,不能支配不同技巧的有效性之间的转换。"① 任何方法都有其特殊的效用,因而都有其局限,都只能适用于某一特定的层面和问题。让·斯塔罗宾斯基以结构主义为例,指出结构主义寻找的是一种制约作品的普遍的逻各斯,因此对相对稳定的对象就很有效,例如原始社会、神话、民间故事等,但是对现代变化无方的作品就不大有效,因为现代作品的出发点都是对现存世界的拒绝,以分裂为特征,作品的语言和环境的语言不属于同一种逻各斯,因此要找出制约所有作品的一致的逻各斯就十分困难。也就是说,理解和阐释现代作品,不能单靠结构主义。因此,"任何方法都不可能从原则上被抛弃,全部的问题在于知道该方法是否适用、专门和足够地完整,知道它囊括阐释对象的总体或者仅仅是一部分,例如存在方式之一种或意义层面之一种。"②

方法是手段,问题才是目的,因此问题决定方法。批评家提出新问题,解决新问题,就需要求助于新方法。但是,"不同的方法是互补的,不是互相排斥的"。形式的,社会学的,精神分析的,结构主义的等等,看起来是一些不相容的方法,实际上是可以并行不悖的,因为"这种种不同的阐释风格(让·斯塔罗宾斯基认为方法就是个人的阐释风格——笔者注)不决定探索的方向,其自身却是决定于先行提出的问题。它们是为了回答一个给定的问题而需要的手段。对批评家来说,重要的是能够增加问题并使之多样化。每一个问题都要求合适的手段。"③ 因

---

① 《批评的关系》,第 13 页。
② 同上书,第 169 页。
③ 《时代/让·斯塔罗宾斯基》,第 18 页。

此,当文学与人文科学诸学科的关系发生了变化,就必然地会有新方法出现,然而这对传统的历史方法来说,只能是一种补充和丰富,而不是一种排斥和取代。让·斯塔罗宾斯基深刻地指出:"在大多数情况下,方法论的恐怖主义不过是缺少文化的一块遮羞布,蒙昧无知的一种伪装罢了:由于和历史及作品没有真正的亲近,人们就幼稚地造出一些粗陋的工具——其科学的姿态往往使人生出幻想——人或书,文化或语言,都得在它面前交出自己的秘密。"① 这当然无助于对作品的理解和阐释。其实,方法不是现成的,不是由"专家"设计好交人使用的,"有时候倒是要自己打制的"②。因此,让·斯塔罗宾斯基主张在批评实践中实行方法的"组合"。是组合,不是"拼合",也不是"综合"。所以不是拼合,是因为不同的方法之间有联系,这种联系决定于批评与批评对象之间关系的变化。所以不是综合,是因为并没有一种新的方法出现。在让·斯塔罗宾斯基的批评中,实证的方法,历史的方法,语义学的方法,社会学的方法,精神分析的方法,结构主义的方法等等,都曾为了回答不同的问题得到过灵活的、有效的运用。他说:"倘若需要界定一种批评的理想,我就提出严格的方法论(与操作方法及其可验证的程序有联系)和自省的随意(不受任何体系的束缚)之间的一种组合。"③

综上所述,作为"日内瓦学派"最年轻的、也是硕果仅存的成员,让·斯塔罗宾斯基的批评观表现出更明显的开放性和综合性。他在其批评著作中致力于探讨和解决批评性理解和阐释的可能性问题。他反对拘泥于某一种理论的批评,但也不赞成各种不同的批评方法的机械拼合。他希望在风格学、精神分析学和社会学之间建立一种组合,使内在性与

---

① 《批评的关系》,第 48 页。
② 《时代/让·斯塔罗宾斯基》,第 18 页。
③ 《批评的关系》,第 31 页。

历史性、绵延性与时间性、内部与外部之间形成一种新的联系。他是"日内瓦学派"中最注重方法论的批评家,也是一位超越了日内瓦学派的意识批评的自由的批评家。

第八章

让·斯塔罗宾斯基论"随笔"

内容提要:"随笔"一语,代表了我们耳熟能详的一种文体,让·斯塔罗宾斯基对其进行了词源学的考证,历史的梳理,词义的辨证,将其定义为"最自由的文体",自由,说的是文体,也说的是精神。随笔既有主观的一面,又有客观的一面;随笔既是内向的,注重内心活动的真实的体验;又是外向的,强调对外在世界的具体的感知;随笔更是综合的始终保持内外之间的联系。随笔具有强烈的主观的色彩和个性的张扬。随笔的作者所以常常感到有回到自身的需要,是因为精神、感觉和身体紧密地联系在一起。在当前人文社会科学的广泛而巨大的存在面前,随笔应该在自由精神的支配下,实现科学和诗的结合、理性和美的结合、个人和世界的结合,总之,随笔应该自己成为一件"作品"。他山之石,可以攻玉,本文作者从让·斯塔罗宾斯基的随笔的定义出发,对中国随笔的现状进行了简单的考察,指出若不破除传统的观念,中国的随笔是不会有大的发展的。

1983年,让·斯塔罗宾斯基获得了欧洲随笔奖,他为此作了一篇文章,题名为《可以定义随笔吗?》[①],对随笔的权利、条件、责任和赌注进行了描述和阐明,提出了"随笔是最自由的文体","其条件和赌注是精

---

① 《时代/让·斯塔罗宾斯基》,第185—196页。

神的自由",大力提倡随笔这种"自由的批评"①。而对于"精神的自由",斯塔罗宾斯基发出了这样的感叹:"这样的用语似乎有点儿夸张,但是当代的历史告诉我们,这是一笔财富,而这笔财富并不为大家共享。"② 看来,精神是否自由,并不是一个不容置疑的事实。

2001 年,瑞士著名翻译家、诗人弗雷德里克·万德莱尔采访了让·斯塔罗宾斯基,他说:"我是把您当作诗人来采访的,因为您的书不是一位冷冰冰的或者枯燥的批评家的作品,而是一位有灵感的作家、一位富于直觉、特别具有'刺激性'的阐释者的作品。"③ 诗人,作家,阐释者,三种身份点明了让·斯塔罗宾斯基的位置;灵感,直觉,刺激性,概括了让·斯塔罗宾斯基的批评的特点,而这正是随笔作为一种文体的本质特征。让·斯塔罗宾斯基不仅定义了随笔,而且是随笔这一体裁的实践者。

随笔,是最自由的,这种自由既是文体的,也是精神的,是自由的精神掌握的文体。

(一)

随笔,在法文中是一个名词(un essai),原义为实验、试验、检验、试用、考验、分析、尝试等,转义为短评、评论、论文、随笔、漫笔、小品文等。为什么原本一个普通的名词会成为一个文体学上的具有特定意义的名称?让·斯塔罗宾斯基采取了通常他最喜欢的做法,从词源学入手,追

---

① 法国《文学杂志》,1983 年 2 月号,第 80 页。
② 《时代/让·斯塔罗宾斯基》,第 194 页。
③ 让·斯塔罗宾斯基:《邀请的诗》,瑞士拉多加纳出版社,2001 年,第 10 页。

溯词的历史,将其来龙去脉一步步揭示出来,为随笔的界定提供了坚实可靠的基础。

让·斯塔罗宾斯基说,un essai 一词,12 世纪就出现在法文词汇中,来源于通俗拉丁语 exagium,有平衡之义,它的动词形式(essayer)则来源于 exagiare,义归称量、权衡等。与之相连的词有 examen,指天平梁上的指针,还有检查、检验、核对等义。但是,examen 还另有一义,即一群、一伙、一帮等,如一群鸟、一群蜜蜂。这些词有一个共同的词源,即动词 exigo,它的意思是:推出、驱赶、排除、抛掷、摒弃、询问、强制、研究、权衡、要求等等。斯塔罗宾斯基不由得发出这样的感慨:"如果今天词汇的核心意思应该出自它们在遥远的过去的含义,那该有多少诱惑啊!"总之,"L'essai 至少是指苛刻的称量,细心的检验,又指冲天而起展翅飞翔的一长串语词。"蒙田(1533—1592)把他的著作取名 Essais,有深意存焉。出于一种"独特的直觉",他在他的徽章上铸有一架天平,同时还镌有那句著名的箴言:"我知道什么?"天平意味着,如果两个盘子一样高,就表明思想处于平衡状态,而那句箴言则代表着检验的行为,核对指针的状态,那句箴言还表明,蒙田对他自己和对他周围的世界采取了普遍怀疑的态度。斯塔罗宾斯基继续追寻词源学的痕迹,结果他发现,作为动词的 essai 有一些与它竞争的词汇,如证实(prouver)、体验(eprouver)等,使 essai 成为"考验"和"寻找证据"的同义词。这是一个语文学上的名正言顺的证明:"最好的哲学是在 essai 的形式下得到表现的。"

这里,我们把 essai 这个词译作"随笔"。

蒙田的《随笔集》(《Essais》)1580 年出版,一卷,1588 年经过补充修订的三卷本出齐。1603 年,约翰·弗洛里奥将《随笔集》译成英文,在英国出版,题目用的就是蒙田的原文,"随笔"一词于是走出了法国,在英国开了花,结了果,延续了下去,当然,在法国它还继续着它自己的行程。培根原写有 10 篇摘记式的短文,1612 年和 1625 年两次增补扩充,收入文章 58 篇,冠以"随笔"之名,遂开一代风气。王佐良先生说:"英国本无随笔,由于培根的示范,始在英国植根,后来写随笔的名家辈出,因而随笔成为英国文学中有特色的体裁之一,对此培根有开创之功。"① 此言得之。1688 年,哲学家洛克发表了《论人类的理解力》,这个"论"字就是用的"essay"(随笔)这个词,该文的文体也不再是蒙田的冲动随意的散文了,而表明了一种著作,"其中谈论的是一种新的思想,对所论问题的独特的阐释"。从此,随笔表明了一种新的"价值",它告诉读者,一种新的视角、一种新的思想是可能的,并展示了一些新的原则。伏尔泰于 1756 年发表了历史著作《论风俗》,1889 年,柏格森将他的哲学著作命名为《论意识的直接材料》,其中的"论"字用的都是"essai"(法语:"随笔"),这说明书的内容是严肃甚至枯燥的,而其文体则都是灵活雅洁、引人入胜的,毫无高头讲章、正襟危坐的酸腐之气。18 世纪的思想家狄德罗说:"我喜欢随笔更甚于论文,在随笔中,作者给我某些几乎是孤立的天才的思想,而在论文中,这些珍贵的萌芽被一大堆老生常谈闷死了。"② 生动灵活与枯燥烦闷,这是我们在随笔与论文的对比中经常见到的现象。在当代的文学批评家中,我们可以找出诺思洛普·弗莱作为例子,这位加拿大批评家 1957 年出版了里程碑式的著作《批评的剖析》,煌煌然三十余万字,他不仅在书名中加上了《四篇随笔》的字样,而且在《论辩式的前言》中开篇即对"随笔"这种形式做了一番解释:"本书由几篇'探索性的随笔'组成——'随笔'(essay)这个词的本

---

① 《大百科全书·外国文学卷》,第 2 卷,王佐良撰,1982 年,第 785 页。
② 狄德罗:《论判断的多样性》,转引自《时代/让·斯塔罗宾斯基》,第 196 页。

义就是试验性或未得出定论的尝试的意思——这几篇随笔试图从宏观的角度探索一下关于文学批评的范围、理论、原则和技巧等种种问题。"① 到此为止,斯塔罗宾斯基已经从词源学上给我们展示了随笔的一些基本素质:在形式上,它可以是"冲动"的,如蒙田,可以是紧凑的,如培根,也可以是绵密的,如洛克、伏尔泰、柏格森;但在内容上,则无一不是严肃深刻的,如蒙田的经验之谈、培根的诛心之论(王佐良语)、洛克、伏尔泰、柏格森的人性之研究;在篇幅上,则可长可短,短则几百字,长可数万、十数万、几十万字,完全视需要而定。随笔不是随便轻率之作,可知矣。

几乎像所有文体一样,随笔有一个发展的过程,而这个过程并非一路凯歌。随笔曾经被轻视过,被小看过,甚至被否定过。随笔被叫做"essai",法文中有一成语叫做"le coup d'essai",意为"试一试","试一下",这一文体的暂时性、随意性、肤浅性等等,原本是题中应有之义,这个词的本义难辞其咎。有人曾经主张将此词汉译为"试笔",恐怕也是出于这种考虑吧。汉语随笔中的"随"字,往往给人率意而为的印象,在这一点上,essai 与它的汉译倒是相当一致的。

随笔作者,或随笔家,是英国人的发明,出在 17 世纪初。这个词刚一出现的时候,是有某种贬义的,与莎士比亚同时的本·琼森(1572?—1637)说过:"不过是随笔家罢了,几句支离破碎的词句而已!"戈蒂耶(1811—1872)说随笔乃是"肤浅之作",蒙田也曾自嘲"只掐掉花朵",言下之意是不及其根。但是,对蒙田的话,切不可作表面的理解,因为他说的话往往是很微妙的,充满了玄机。他不愿意被人看作博学的人,体系的创造者,大量的论文的炮制者,总之,他是个贵族,以能写为耻,至

---

① 诺思洛普·弗莱:《批评的剖析》,陈慧等译,百花文艺出版社,1998 年,第 1 页。

少不以能写为荣。19世纪初年,大学教育发展到一个新的时代,实证主义使文学研究特别是文类研究达到了一个新的高度,对各种文类的标准和特征进行了完善的规定,像随笔这样不受任何限制的文体自然难逃厄运,它为博学者所不齿,或至少不入某些人的眼,它被打入冷宫,连同文体上的光彩和思想的大胆,都同洗澡水一起被泼出去了。让·斯塔罗宾斯基说,"从课堂上看,根据博士论文评审团的评价,随笔家是一个业余爱好者,在非科学的可疑领域中近乎一个印象派的批评家。"当然,随笔可能失去其精神实质,变成报纸上的专栏,论战的抨击性小册子,或者着三不着两的闲谈。但是,专栏也可以成为波德莱尔的"小散文诗",抨击性的小册子可以成为贡斯当的《论征服精神》,闲谈也可以取马拉美的口吻,这不可以一概而论。总之,肤浅,率意,宇宙和苍蝇等量齐观,的确是随笔的胎记,倘若一叶障目,则失了随笔的全貌。写滑了手,率尔操觚,或者忸怩作态,或者假装闲适,或者冒充博雅,或者以不平常心说平常心,或者热衷于小悲欢小摆设,甚至以为放进篮子里的就是菜,那就或浅或深地染上了让·斯塔罗宾斯基所说的"随笔习气"。让·斯塔罗宾斯基说:"某种暧昧毕竟存在。坦率地说,如果有人说我有随笔习气,我会多少感到受了伤害,我觉得这是一种责备……"。

总之,"试一试",蒙田第一次用来称呼一种文学体裁,而这种文学体裁我们今天叫做"随笔"。让·斯塔罗宾斯基于是这样定义随笔:"随笔,既是一种新事物,同时又是一种论文,一种推理,可能是片面的,但是推到了极致,尽管过去它有一种贬义的内涵,例如肤浅、业余等,不过这并不使蒙田感到扫兴。在蒙田那里,随笔囊括了好几个领域:蛮荒和暴烈的外部世界,作为世界和主体的媒介的身体,判断的能力(观察者询问他的知识的充分与不足之处),还有语言,不如说是写作,它承担着不同的研究的任务。这是一种既谦虚谨慎又雄心勃勃的文学体裁,因为谈论自己的蒙田是唯一能够看到事物实质的人。他是他的存在的唯一的专家,他的演练是不可超越的。"①

词源学的考证,历史的梳理,词义的辨证,使我们对"随笔"的身世有了基本的了解,那么,对于它的作为呢?

(二)

我们的根据仍然是让·斯塔罗宾斯基的《可以定义随笔吗?》。

随笔既有主观的一面,又有客观的一面,其工作就在于"建立这两个侧面之间不可分割的关系"。随笔既是内向的,注重内心活动的真实的体验;又是外向的,强调对外在世界的具体感知;更是综合的,始终保持内外之间的联系。

让·斯塔罗宾斯基说,在1580年的版本上,人们看到这样的题目:《宫内侍从、国王骑士团骑士,蒙田的老爷,米谢尔大人之随笔》,"随笔"字很小,占据着第一行,第二行以下是"米谢尔大人"等姓名、爵位和封号,一应俱全,字很大。字体一小一大,对比鲜明,既表示"躲闪",又表示"挑衅"。躲闪,在那个不宽容的时代里,最好不授人以柄,避免过于直接的观点;挑衅,以一人之力,写一己之心,而隐喻天下万物,"谦卑,完全是表面的,不过是炫耀而已"。斯塔罗宾斯基指出,蒙田要让人知道:"一本书哪怕是开放的,哪怕它并不达到任何本质,哪怕它只提供未完成的经验,哪怕它只是一种活动的开始,仍然是值得出版的,因为它与一种存在紧密相连,这就是蒙田的老爷、米谢尔大人的独特的生存。"

---

① 让·斯塔罗宾斯基与安东尼·德·高德玛尔的谈话,载《文学杂志》,1983年2月号。

个人及其人格是重要的,超过了一切宗教的、历史的或者诗的认可,因为这是"第一个正人君子向我们通报他的试验,透露他的状态和他的性情"。蒙田向他的当代人袒露了独特的个人,包括精神和肉体,在他之前从未有人这样做过,这是需要冒很大的风险的,总之,这需要勇气。让个人进入文学,包括他的思想、精神、性情、身体等等,这是现代文学的自觉的开始。

蒙田"试验"的是什么?是什么实在的东西?他如何"试验"?如果我们想要理解随笔的赌注的话,这是我们必须反复提出的问题。不断重复的"企图",反复开始的"称量",既是部分的又是不疲倦的"试一试","这种开始的行为,这种随笔的始动的一面,显然是至关重要的,因为它表明了愉快的精力的丰富性,这种精力永不穷竭"。它应用的场地无穷无尽,它的多样性见证了蒙田的作品和活动,这一切都在随笔这一体裁建立之初让我们准确地看到了"随笔的权利和特权"。

随笔有两个侧面,一为客观的,一为主观的,而"随笔的工作就在于建立这两个侧面之间不可分割的关系"。斯塔罗宾斯基指出,"对于蒙田来说,经验的场地首先是抵抗他的世界:这是世界提供给他、供他掌握的客观事物,这是在他身上发挥作用的命运。"他试验着、称量着这些材料,他的试验和称量更多的是"一种徒手的平衡,一种加工,一种触摸"。蒙田的手永远不闲着,"用手思想"是他的格言,永远要把"沉思"生活和"塑造"生活结合起来。他在吉耶纳地方议会和纳瓦尔国王法院任过职,当过波尔多市市长,他游历过瑞士、德国和意大利,尽管道路难走又不安全,他到过罗马和罗马教廷。他亲身经历过饥荒和瘟疫,他在巴黎蹲过神圣联盟的监狱,他参加过国王的军队,作过战。"这个小个子走路很快,步伐坚定,其精神和肉体都不容易安静,他迎人迎险而上,但是知道如何避免冲动和莽撞。"实际上,这个总是描绘自我的人有着一个多么外向的性情！斯塔罗宾斯基明确地说："蒙田的'我知道什么？'涉及到我们证明信条的真实性和达到隐藏的本质的能力，而不是我们运用保护法的责任，这种保护法赋予每个人、每个团体根据内心信仰的要求赞颂上帝的自由。"他与国王和天主教派站在一起，但是他对本派的过火的行为看得清清楚楚，他并未与新教派别断绝联系，他绝不回避外界加在他身上的责任。对于蒙田的行为，让·斯塔罗宾斯基给予了高度的评价："对于很多今天的知识分子来说，介入就是在抗议书上签名和没有很大危险地上街，他们还没有表现出这样的公正性。"他的随笔，正是用笔完成的行动。

蒙田用他的手、用他的感觉来试验"世界"，他在身体上、在"抓住"的行动中感觉到世界的存在，感觉到世界在"抵抗"他。他感觉到客观的物体，他尤其感觉到他自己的手的作用。让·斯塔罗宾斯基说："自然并不在我们之外，它就在我们身上，它让我们感觉到它，在快乐中，在痛苦中。"蒙田患有肾结石，在病痛发作的时候，他竭力分散自己的注意力，同时又体验面对痛苦的种种反应："我试探最剧烈的痛苦……如果要烧灼或切开，我也愿意体验。"他从马上跌下来，失去了意识，一旦可能，他就观察眩晕的各个阶段，仿佛体验着死亡。他甚至要求人们在他睡眠中突然叫醒他，使他"瞥见"死亡。"对蒙田来说，试验（随笔）是他注视的一道警惕的目光，他盯着疾病的发作，也使他能够用他意识的回声伴随着身体的疾患。"当然，蒙田并没有忘记享受生活，他关爱着世界，他关爱着书籍，他关爱着朋友。让·斯塔罗宾斯基说："他满怀激情倾听着他的身体，其强烈的程度和我们当代人一样，而我们当代人则把宇宙缩小为焦虑和深藏的快乐的最后庇护所。"这正是蒙田和当代人的区别啊！

（三）

　　随笔"具有试验、证明的力量,判断和观察的功能"。随笔的自省的面貌就是随笔的主观的层面,"其中自我意识作为个人的新要求而觉醒,这种要求判断判断的行为,观察观察者的能力"。因此,随笔具有强烈的主观的色彩和个性的张扬。

　　让·斯塔罗宾斯基说:"为了完全满足试验(即谓随笔——笔者注)的要求,试验者必须试验自己。在每一篇针对外在真实或他的身体的随笔中,蒙田都检验着他自己的智力的力量、气势和不足:这就是随笔的自省的一面,主观的侧面,自我意识作为个人的新要求而觉醒,这种要求判断判断的行为,观察观察者的能力。"在《随笔集·致读者》一文中,蒙田简要地描述了他的意图:"读者,这是一本真诚的书。我一上来就要提醒你,我写这本书纯粹是为了我的家庭和我个人,丝毫没有考虑要对你有用,也没想赢得荣誉。这是我力所不能及的。我是为了方便我的亲人和我的朋友才写这部书的:当我不在人世时(这是不久就会发生的事),他们可以从中重温我个性和爱好的某些特征,从而对我的了解更加完整,更加持久。若是为了哗众取宠,我会更好地装饰自己,就会酌字斟句,矫揉造作。我宁愿以一种朴实、自然和平平常常的姿态出现在读者面前,而不作任何人为的努力,因为我描绘的是我自己。我的缺点,我的幼稚的文笔,将以不冒犯公众为原则,活生生地展现在书中。假如我处在据说是仍生活在大自然原始法则下的国度里,自由自在,无拘无束,那我向你保证,我会很乐意把自己完整地、赤裸裸地描绘出来的。因此,读者,我自己是这部书的材料:你不应该把闲暇浪费在一部毫无价值的书上。"① 在这篇前言里，蒙田公开地把个人作为描绘的主题呈现给读者，让读者对一个人的精神和肉体有如在目前的感觉，这在法国文学史上是破天荒第一次，帕斯卡尔(1623—1662)看过此书，不禁大惊失色，将"描绘自己"称为"愚蠢的计划"②。有的学者视"毫无价值"一词为"矫情"，但是把它当作"反讽"，似乎更能体现蒙田的随笔之真实的含义，斯塔罗宾斯基说得好："作者的欲就故推的姿态十分明显：没有什么比要求放弃阅读更能激起阅读的欲望了。"③《随笔集》凡三卷，107篇，长短不一，长可十万言，短则千把字。内容包罗万象，理、事、情俱备，大至社会人生，小则草木鱼虫，远至新大陆，近则小书房，但无处不有"我"在；写法上是随意挥洒，信马由缰，旁征博引，汪洋恣肆，但无处不流露出我的"真性情"。那是一种真正的谈话，娓娓然，侃侃然，俨然一博览群书又谈锋极健的人与你促膝闲话，作竟日谈，有时话是长了点，扯得也远了点，但绝不枯燥，绝不谋财害命般地浪费你的时间。就是在这种如行云流水般的叙述中，蒙田谈自己，谈他人，谈社会，谈历史，谈政治，谈思想，谈宗教，谈教育，谈友谊，谈爱情，谈有关人类的一切，表现出一个关心世事的隐逸之士对人类命运的深刻忧虑和思考。所以，让·斯塔罗宾斯基说："在蒙田的随笔中，内在思考的演练和外在真实的审察是不可分割的。在接触到重大的道德问题、聆听经典作家的警句、面对现时世界的分裂之后，在试图与人沟通他的思索的时候，他才发现他与他的书是共存的，他给予他自己一种间接的表现，这只需要补充和丰富：我自己是这部书的材料。"④ 描述外在的真实突显

---

① 蒙田：《随笔集·致读者》，潘丽珍译，译林出版社，1996年。
② 让·拉古杜尔：《马上的蒙田》，法国瑟伊出版社，1996年，第119页。
③ 让·斯塔罗宾斯基：《运动中的蒙田》，第46页。
④ 《时代/让·斯塔罗宾斯基》，第191—192页。

了内在的思考,一个人的肉体和精神才活生生地表现了出来,如此汇总一个个个人的真实,才能表现出一般人的特征,这是现代文学的总趋向,蒙田用他的《随笔集》开了个头。正如德国学者雨果·弗里德里希(1904—1978)所说:"他(蒙田)同时是随笔的创造者和第一位理论家。"①

(四)

随笔既有趋向自我的内在空间,更有对外在世界的无限兴趣,例如现实世界的纷乱以及解释这种纷乱的杂乱无章的话语。随笔作者之所以常常感到有回到自身的需要,是因为精神、感觉和身体紧密地结合在一起。

蒙田把他的书界定为"生命的试验簿",仿佛他的一生都在不断的问讯中享受、痛苦和快乐;但是,他的一生超越了他本人的存在,关系到他人的生活,他本人和他人是不可分离的。蒙田有这样的命令:"应该通过实现计划而表明态度","我的话和我的信仰是这个统一的身体的组成部分,它们最好的结果是为公众服务,我将此视为先行的条件","并非什么事情都适合于一个高尚的人为他的国王、事业和法律服务","烧死一个活人将使他的推测付出很高的代价"等等,让·斯塔罗宾斯基说,现代人应该记住这些"命令","这是蒙田高声、清晰地说出的关于介入、民众的抵抗和宽容的忠告。这里首要的赌注不是自我肖像的真实,而是公民的义务和人类的责任"。从内省的目光到世界的体验,我们从

---

① 雨果·弗里德里希:《蒙田》,法译本,法国伽利马出版社,1968年,第348页。

中感到蒙田的"声音、脚步和行动",特别是感受到他对"思辨理性之不足的内在经验"。他富有说服力地提出了一个行动的准则,使人人都发自内心的友谊和我们从别人那里、更远一点说,从一切有生命的东西那里得到的友谊达到一致。他发现了把个人的信任、书籍和作者的经验结合在一起的秘密,他根据直接试验的证据鼓励人们走向怜悯、勇敢和合法的、满怀感激地享受生活,否则,他不可能对一代又一代的读者和作家产生如此的魅力。把随笔的客观的侧面和主观的侧面结合在一起,这不是一件自然而然的事情,蒙田也不是一下子就做到的。让·斯塔罗宾斯基认为,至少有三种对世界的关系是通过不断反复的运动来试验的,这三种关系是:被动承受的依附,独立和再度适应的意志,被接受的相互依存和相互帮助。这是一个人和世界及他人之间的关系的三个相互依存又相乎独立的阶段,它们的相互依存才是一个人的完整的存在,否则,这个人的一生将是残缺不全的。精神、感觉和身体的紧密结合是随笔的本质内涵。

(五)

随笔是一种累积的试验,是考验口说的和笔写的语言形式。在蒙田看来,"话有一半是说者的,有一半是听者的。"所以,让·斯塔罗宾斯基说:"写作,对于蒙田来说,就是再试一次,就是带着永远年轻的力量,在永远新鲜直接的冲动中,击中读者的痛处,促使他思考和更加激烈地感受。有时也是突然地抓住他,让他恼怒,激励他进行反驳。"

蒙田不是一个东摘西引的作家,更不是一个人们可以随随便便翻一翻的作家,他的《随笔集》是一部有着自己的结构的著作。在语言的随便和诡计中、在新发现和外来词的交错纠缠中、在大量的、使内容丰富起来的附加物中、在警句的强烈冲击力中、在不连贯的语句中,他的随笔仿佛是离题万里,漫不经心,但是,蒙田的离题是有控制的,它形成了主题的无数的"延伸"。所以,让·斯塔罗宾斯基说:"随笔是最自由的文学体裁。"随笔所遵循的基本原则,或者它的"宪章",其实就是蒙田的两句话:"我探询,我无知。"初读这两句话,颇为不解,为什么不先说"无知"后说"探询"?难道不是由于"无知"才需要"探索"的吗?仔细想一想,方才明白:探询而后仍有不知,复又探询,如此反复不已,这不正是随笔的真意吗?让·斯塔罗宾斯基指出:"唯有自由的人或者摆脱了束缚的人,才能够探索和无知。奴役的制度禁止探索和无知,或者至少迫使这种态度转入地下。这种制度企图到处都建立起一种无懈可击、确信无疑的话语的统治,这与随笔无缘。在这种制度眼里,不肯定,就是怀疑的征兆。"有一些文本可以是报告,可以是刻板的会议记录,可以是原则性的生命,可以是教条的注释,可就不是真正的随笔,因为它不包含随笔可能有的冒险、反抗、不可预料和个人性的成分。精神的自由乃是随笔的"条件",随笔的"赌注",也是随笔的精髓。

　　让·斯塔罗宾斯基认为,批评家的工作是"送给他人的一件礼物"[①],一件秘密的、毫无夸张的礼物,一件接受者有可能倾听批评语言的礼物,一件接近事物存在的、发明他人存在的方式的礼物,这种礼物针对不断地威胁着人类之相互关系的沙漠化而显示出来。卡梅罗·科朗杰罗指出:"选择随笔的形式是与这种意图相协调的。随笔可以给予思想一种更广阔的空间,原来的空间被连接知识领域和方法论的研究的束缚局限住了,因为这种研究事先已经知道思想针对什么,只是呈现

---

① 转引自《让·斯塔罗宾斯基:目光的学习》,第98页。

已经发现的真理。"① 因此,让·斯塔罗宾斯基说:"在蒙田那里,随笔在言语的从容和诡计中,在发现和借用的交错中,在汇集和充实的附加中,在警句的漂亮的冲击中,在不连贯、离题的有控制的散漫中(这一切形成了五花八门的延伸),随笔达到了最高点。"②

(六)

今天的精神气候与蒙田的时代相比,有了天翻地覆的变化,首先是人文社会科学广泛而巨大的存在,占据了几乎所有的精神领域,但是这不应该减弱随笔的"活力",不应该束缚它对"精神秩序和协调的兴趣",而应该使它呈现出"更加自由、更加综合的努力",尽管我们可以对其行为的科学性和对诗学作品的意义把握有所怀疑。问题的关键在于,我们应该以最好的方式利用这些学科,从它们可以向我们提供的东西中获益,为了捍卫它们和我们自己而采取超前的、思考的、自由的态度。总而言之,"从一种选择其对象、创造其语言和方法的自由出发,随笔最好是善于把科学和诗结合起来。它应该同时是对他者语言的理解和它自己的语言的创造,是对传达的意义的倾听和存在于现实深处的意外联系的建立。随笔阅读世界,也让世界阅读自己,它要求同时进行大胆的阐释和冒险。它越是意识到话语的影响力,就越有影响……它因此而有着诸多不可能的苛求,几乎不能完全满足。还是让我们把这些苛求提出来吧,让我们在精神上有一个指导的命令:随笔应该不断地注意

---

① 《让·斯塔罗宾斯基:目光的学习》,第97页。
② 《时代/让·斯塔罗宾斯基》,第193页。

作品和事件对我们的问题所给予的准确回答。它不论何时都不应该背弃对语言的明晰和美的忠诚。最后,此其时矣,随笔应该解开缆绳,试着自己成为一件作品,获得自己的、谦逊的权威。"这是对随笔的最简明也最完整的定义:在精神自由的支配下,科学和诗的结合,理性和美的结合,个人和世界的结合,总之,随笔要成为一件"作品"。让·斯塔罗宾斯基的夫子自道说明了他喜欢什么样的随笔:"我喜欢清澈的东西,我追求简单。批评应该能够做到既严谨又不枯燥,既能满足科学的苛求又无害于清晰。因此,我冒昧地确定我的任务:给予文学随笔、批评、甚至历史一种独立的创造所具有的音乐性和圆满性。"他在回想自己的批评工作时,说了这样一段话:"唯一令人宽慰的是:修改,驱逐暧昧、笨拙、模糊的词、多余的形容词、无用的指示词和枯燥无味的重复。有时修改可以出在新的版本中。还有过多的抽象,过多的以'化'或'性'结尾的词,过多的职业性的表述,尽管我似乎避免了冬烘学究的文笔,这是那么多的被认为精彩的文本的特点。"①

随笔是最自由的批评文体,也是最有可能表达批评之美的文体。让·斯塔罗宾斯基说:"今日的大问题是即时的批评不堪重负,因为批评家的收入常常是很菲薄的。唯有通过电视传播的反响似乎还对出版家有些重要性。至于纯学院的批评,则要保持距离。也许两者之间的余地倒有可图,即教授和作家肯冒某种风险撰写随笔,形成一种自由的批评。"所谓"风险",说的是:教授为之,可能被讥为"不严谨";作家为之,可能被讥为"掉书袋"。因为随笔虽不以征引为能,但讲究持之有故;文笔可清澈可华丽,但必须有新的思想或新的表达。让·斯塔罗宾斯基说:"说句不客气的话,我试图完成一个作家的任务。我认为诗的性质

---

① 斯塔罗宾斯基与让·鲁多的谈话,载《文学杂志》,1990年9月号。

与批评的思考甚至博学并非不可兼容。这是很危险的。也许我处于蒂博代所说的职业的批评(教授的批评)和大师的批评(作家的批评)之间,因此处境危险。我不愿意狂妄自大!蒂博代把这种批评局限于杰出的大师是有道理的,因为他们可以创造杰作,例如雨果谈论威廉·莎士比亚,或更有佳者,波德莱尔谈论艾伦·坡。"① 让·斯塔罗宾斯基不是"狂妄自大",他的批评文字证明了,诗的性质与批评的思考甚至博学是可以兼容的:他一身而二任,既是教授,又是作家,他的批评则是兼有两家之所长:教授的渊博和作家的激情。

(七)

1925年,未名出版社出版了鲁迅译的日人厨川白村的《出了象牙之塔》,中有《Essay》一节,对英国的 Essay 这一文体进行了阐明和描述,略曰:"一拿钢笔,该会写出什么来似的。当这样的时候,最好便是取 essay 的体裁。和小说戏曲诗歌一起,也算是文艺作品之一体的这 essay,并不是议论呀论说呀似的麻烦类的东西。况乎,就是从称为'参考书'的那些别人所作的东西里,随便借光,聚了起来的百家米似的论文之类,则这就大错而特错了。有人译 essay 为'随笔',但也不对。德川时代的随笔之流,大抵是博雅先生的札记,或者玄学家的研究片段那样的东西,不过现今的学徒所谓 Arbeit(德文,论文、著作之义——笔者注)之小者罢了。如果是冬天,便坐在暖炉旁边的椅子上,倘在夏天,则披浴衣,啜苦茗,随随便便,和好友任心谈话,将这些话照样地移在纸上

---

① 《邀请的诗》,第15页。

的东西,就是 essay。兴之所至,也说些以不至于头痛为度的道理罢。也有冷嘲,也有警句罢。既有 humor(滑稽),也有 pathos(感愤)。所谈的题目,天下国家的大事不待言,还有市井的琐事,书籍的批评,相识者的消息,以及自己的过去的追怀,想到什么就纵谈什么,而托于即兴之笔者,是这一类的文章。在 essay,比什么都紧要的要件,就是作者将自己的个人底人格的色彩,浓厚地表现出来。……诗人,学者和创作家,所以要染笔于 essay 者,岂不是因为也如上述的但丁作画,拉斐罗作诗一样,就在表现自己的隐藏着的半面的缘故么?岂不是要行爽利的直接简明的自己表现,则用这体裁最为顺手的缘故么?……那写法,是将作者的思索体验的世界,只暗示于细心的注意深微的读者们。装着随便的涂鸦模样,其实却是用了雕心刻骨的苦心的文章。没有兰勃那样头脑的我们凡人,单是看过一遍,怎么会够到那样的作品的鉴赏呢。……将极其难解的深邃的思想或者感情,毫不费力地用了巧妙的暗示力,咽了下去的 essay,其不合于日本的读者的尊意,就该说是'不为无理'罢。"① 这是对中国的散文随笔的发展影响很大的一段话,但是仔细地想一想,考察一下,却发现这影响有很大的误读的成分。

"随笔"之名,中国古已有之,据《容斋随笔》(中国世界语出版社,1995 年)王步高《序》中说:"以'随笔'为名者,(则)以洪迈《容斋随笔》为最早。"但是,随笔作为独立的文体,则是 20 世纪初年的事了。王步高说:"古代的目录学家没有把笔记作为独立的文体,而将之大多数划在子部的小说类和杂家类。如《容斋随笔》,在《郡斋读书志》中归入'史部杂说类',而《遂初堂书目》、《宋史·艺文志》均将之归为'子部小说

---

① 厨川白村:《苦闷的象征·出了象牙之塔》,鲁迅译,人民文学出版社,1988 年,第 112—117 页。

类',而《文献通考》、《直斋书录解题》、《文渊阁书目》、《四库全书总目》均将之归入'子部杂家类'。"以王说,随笔是列入笔记一类的,这类的看法一直延续到近代,一直到译《出了象牙之塔》时的鲁迅。厨川白村在文中一直沿用英文 essay,而且说:"有人译 essay 为'随笔',但也不对。"笔者查对原书,指为"随笔"者,用的是汉文的"随笔"。译者鲁迅尊重原作者的意图,保留了英文,说明他无意于用汉文的"随笔"译英文的 essay。这是在 1925 年。到了 1933 年,事情起了变化,7 月,茅盾写道:"现在我们也常常看见近乎'小题大做'的文章。不过我以为随笔之类光景是倒过来'大题小做'的。"① 8 月,鲁迅则提到,"散文小品的成功,几乎在小说戏曲和诗歌之上。这之中,自然含着挣扎和战斗,但因为常常取法于英国的随笔(Essay),所以也带一点幽默和雍容;写法也有漂亮和缜密的,……"。② "随笔"这个词是用了,但是还必须加上"英国"的,限制一下。稍后不久,有名方非者,始作长文,专门论述随笔,其名曰:《散文随笔之产生》,文中随笔与小品文并称,曰"随笔或小品文",并指出:"但到今日,新文学的领域扩大了,受到西洋新文学潮流之洗礼,随笔或小品文之在文坛上,先则只占一席位,到现在,却真是'附庸蔚为大国'了。"③ 再后,1933 年 11 月,南强书局出版了《现代名家随笔丛选》,编者阿英在《序记》中说:"我以为,真正优秀的随笔,它的内容必然是接触着,深深地接触着社会生活。当它被送到青年读者之前时,他们能从这里面看到社会生活的真实,能够帮助他们思索,能够认识他们的

---

① 茅盾:《〈速写与随笔〉前记》,载《中国现代散文理论》,第 86 页。
② 鲁迅:《小品文的危机》,作于 1933 年 8 月 7 日,发表于 1933 年 10 月 1 日《现代》第三卷第六期。
③ 方非:《散文随笔之产生》,作于 1933 年 10 月 7 日,发表于《文学》第二卷第一号,载《中国现代散文理论》,俞元桂主编,广西人民出版社,1983 年。

责任,能够鼓动他们为整个社会的发展而努力的热情。这样的文字,才是有血有肉有力量有精神的作品,才是青年读者所需要的能以供给他们学习的作品。只有这样的作品,才有力量把青年读者只注意'青青的天空'的眼拉回人间来。"① 茅盾、鲁迅、方非和阿英的言论可以看作随笔自产生以来第一次被作为独立的文体来看待了,其中包括中外的随笔。然而在此之前,中国虽有随笔之实,却并无随笔之名,虽然有几部著作叫做"随笔",例如《容斋随笔》、《涉史随笔》、《印雪轩随笔》、《两般秋雨庵随笔》等,毕竟还被归入"史部杂说类"、"子部小说类"或"子部杂家类"。从《中国新文学大系·散文一集、二集》的编者周作人、郁达夫的《导言》看,直到1935年,中国文坛上还不见有"随笔"的字样出现,该有"随笔"出现的时候,均代之以散文小品、小品散文或者小品文。从1919年五·四运动到1935年,是新文学运动的辉煌时期,其中散文成绩最大,盘点总结的时候,朱自清说:"现代散文所受的直接的影响,还是外国的影响;……但就散文论散文,这三四年的发展确是绚烂极了:有种种的样式,表现着、批评着、解释着人生的各面,迁流曼衍,日新月异:有中国名士风,有外国绅士风,有隐士,有叛徒,在思想上是如此。或描写,或讽刺,或委屈,或缜密,或劲健,或绮丽,或洗练,或流动,或含蓄,在表现上是如此。"② 周作人说:"现代的散文好像是一条湮没在沙土下的河水,多少年后又在下流被掘了出来,这是一条古河,却又是新的。……这风致是属于中国文学的是那样地旧而又这样地新。""我看见有些纯粹口语体的文章,在受过新式中学教育的学生手里写得细腻流丽,觉得有造成新文体的可能,使小说戏剧有一种新发展,但是在论

---

① 阿英:《〈现代名家随笔丛选〉序记》,载《中国现代散文理论》,第464页。
② 朱自清:《论现代中国的小品散文》,载《中国现代散文理论》,第408页。

文——不,或者不如说小品文,不专说理叙事而以抒情分子为主的,有人称他为絮语过的那种散文上,我想必须有涩味与简单味,这才耐读,所以他(指俞平伯——笔者注)的文词还得变化一点。以口语为基本,在加上欧化语,古文,方言等分子,杂糅调和,适宜地或吝啬地安排起来,有知识与趣味的两重的统制,才可以造出有雅致的俗语文来。……中国新散文的源流我看是公安派与英国的小品文两者所合成……"。①
郁达夫则说:"正因为说到文章,就指散文,所以中国向来没有'散文'这一个名字。(此语不确。陈柱《中国散文史》说:'骈文散文两名,至清而始盛,近年尤甚。求之于古,则唯宋罗大经《鹤林玉露》,引周益公'四六特拘对耳,其立意措辞贵浑融有味,与散文同'之言。自此以前则未之见也。——笔者注)若我的臆断不错的话,则我们现在所用的'散文'两字,还是西方文化东渐后的产品,或者简直是翻译也说不定。……现代的散文之最大特征,是每一个作家的每一篇散文里所表现的个性,比从前的任何散文都来得强。……现代散文的第二征,是它的范围的扩大。……现代散文的第三个特征,是人性,社会性,与大自然的调和。……最后要说到近来才浓厚起来的那种散文上的幽默味了,这当然也是现代散文的特征之一,而且又是极重要的一点。……英国散文的影响于中国,系有两件历史上的事情,做它的根据的;第一,中国所最发达也最有成绩的笔记之类,在性质和趣味上,与英国的 Essay 很有气脉相通的地方,不过少一点在英国散文里极普遍的幽默味而已;第二,中国人的吸收西洋文化,与日本的最初由荷兰文为媒介者不同,大抵是借用英文的力量的,但看欧洲人的来我国者,都以第三国语的英文为普通语,与中国人翻外国人名地名,大半以英语为据的两点,就可以明白;故

---

① 周作人:《中国新文学大系·散文一集·导言》,上海文艺出版社,2003年。

而英国散文的影响，在我们的智识阶级中间，再过十年二十年也决不会消灭的一种根深蒂固的潜势力。……可以想见得英国散文对我们的影响之大且深。至如鲁迅先生所翻的厨川白村氏在《出了象牙之塔》里介绍英国 Essay 的一段文章，更为弄弄文墨的人，大家所读过的妙文……"。① 他还在稍前一些的《清新的小品文字》里说："我总觉得西洋的 Essay 里，往往还脱不了讲理的 Philosophizing 的倾向，不失之太腻，就失之太幽默，没有东方人的小品那么的清丽。……原来小品文字的所以可爱的地方，就在它的细、清、真三点。"② 总之，朱自清、周作人、郁达夫等人认为，现代中国的散文，或小品散文，或散文小品，有两个源头，一是晚明的公安竟陵小品，二是外国例如英国的 essay 的影响。倚轻倚重，自然有所不同。三四十年代，虽然散文、随笔、小品文往往并称，而且以称小品文者居多，如梁遇春、梁实秋、林语堂、叶圣陶、朱自清、朱光潜等人，朱光潜还认为："或许较恰当的译名是'试笔'。"③ 直到 1948 年，他还在一篇文章中谈到蒙田时，把他所写的比随感录略长的文章归为"试笔"一类。④ 但"随笔"毕竟作为一种独立的文体被人提到了。随笔的第二次辉煌是在 20 世纪末，正逢中国社会发生转型的时期，周作人说："小品文是文学发达的极致，他的兴盛必须在王纲结纽的时代。"⑤ 此言不虚。

《容斋随笔》是中国第一部以随笔命名的著作，洪迈的写作大约开始于 1161 年，全书共分五笔，初笔刻于 1184 年，五笔会齐一书，刻于

---

① 郁达夫：《中国新文学大系·散文二集·导言》，上海文艺出版社，2003 年。
② 郁达夫：《清新的小品文字》，载《中国现代散文理论》，第 49 页。
③ 朱光潜：《论小品文》，载《中国现代散文理论》，第 120 页。
④ 朱光潜：《随感录》，载《中国现代散文理论》，第 293 页。
⑤ 周作人：《中国新文学大系·散文一集·导言》。

1212年。洪迈在序中说:"予老志习懒,读书不多,意之所之,随即记录,因其后先,无复诠次,故目之曰随笔。"① 洪迈所谓"随笔",看来是随手记下读书之后的感想,读必记,不读不记,只是不成系统而已。这和蒙田所说"只掐掉花朵"而不及其根,似乎有异曲同工之妙。我们不可以从表面的词句看蒙田的《随笔集》,也不可以以为洪迈"老志习懒"而《容斋随笔》尽是些"披浴衣,啜苦茗,随随便便"的任心之谈。中国古代有文笔之辨,《文心雕龙》有言:"今之常言,有文有笔,以为无韵者笔也,有韵者文也。"清人梁光钊在《文笔考》中说:"沈思翰藻之为文,纪事直达之为笔。其说起于六朝,流衍于唐,而实则本于古。孔子赞《易》有《文言》。其为言也,比偶而有韵,错杂而成章,灿然有文,故文之。孔子作《春秋》,笔则笔。其为书也,以纪事为褒贬,振笔直书,故笔之。文笔之分,当自此始。"所以,动心者为文,启智者为笔,随笔者,随时记录以动心启智也。洪迈以"随笔"命名他的著作,是有着潜意识的根据的。从《容斋随笔》开始,过了七百多年,"随笔"之名才登堂入室,成为独立的文体,看来确是中外两股力量合成的结果,其中中国文学的传统是一个不容忽视的因素。那么,外国的影响又如何呢?

厨川白村论英国随笔,其中中国人最感兴趣的,恐怕是"以不至于头痛为度"的说法,"个人的人格的色彩"还在其次,虽然他说这是"比什么都要紧的要件"。厨川白村所说的"头痛",不知是说的写的人的,还是说的读的人的,总之是和"暖炉"、"安乐椅"、"浴衣"、"苦茗"等不相称的东西。英国人的随笔,我读的不多,已觉得不尽是"即兴之笔"。培根的简洁紧凑中往往藏着"诛心之论",写的人要用心,读的人也要用心,用心则难免头痛。法国人的随笔,我读得稍多,敢肯定少有"即兴之

---

① 洪迈:《容斋随笔自序》,中国世界语出版社,1995年。

笔"。蒙田的率意铺陈中常常伴有伤时之语,写的人要有意,读的人也要有意,有意则必然头痛。这两家的文字,都是看上去"随随便便,和好友任信谈话"一般,实则举重若轻,功夫下在"店铺后间"(蒙田谓人人皆须为自己辟一"店铺后间"),非博览群书、融会贯通、有得于心不办。正如郁达夫所说:"至于个人文体的另一面的说法,就是英国各大散文家所惯用的那一种不拘形式家常闲话似的体裁(informal or familiar essays)的话,看来却似很容易,像是一种不正经的偷懒的写法,其实在这容易的表面下的作者的努力与苦心,批评家又那里能够体会?"① 随笔给人带来思想的快乐,思想着的头焉能不痛?

对于外国随笔,我们看重其个性、幽默与文采,固然无可非议,但对其说理的成分大不以为然,则是造成我们的随笔情浮于词、词胜于理的原因之一。郁达夫说西洋随笔"往往脱不了讲理的 philosophizing 的倾向,不失之太腻,就失之太幽默,没有东方人的小品的那么清丽"。方非的《散文随笔之产生》讲了随笔的五种特性,略为:一、"短小成章,不能太长";二、"题目虽然不大,然而其内容却无所不谈";三、"喜欢描述事物";四、"对于现状虽然不满,然而只取冷嘲热讽的态度,旁敲侧击的方法";五、"叙述、描写、伦理、抒情,只要作者喜欢,那一样都可以;然而事实上,随笔中论理的成分是非常少的"。三四十年代的散文大家对随笔——虽然大部分人还称之为"小品文"——都有所论列,大抵不出"情景兼到,既细且清,而又真切灵活"(郁达夫语)的范围,虽然鲁迅大呼小品文要"挣扎和战斗",但是这种呼叫仿佛旷野中的呼喊,应者不多,而且因其小,只能做"劳作和战斗之前的准备"。这个时期的总的趋向是,强调随笔的篇幅之短小,和对于说理之轻视甚至不屑。对于影响中国随

---

① 郁达夫:《中国新文学大系·散文二集·导言》。

笔至巨或者说是中国现代随笔的源头之一的晚明小品,有人这样总结道:"晚明小品多短小精致的闲谈妙语,谈天,谈地,谈命运,谈交友,谈性向,谈审美,谈修养,是凡人生所遇之事,无论大小,无所不谈,像冬日围炉品茗,像夏日柳下漫步,当行即行,当止辄止,轻松自在。这里没有正襟危坐,没有剑拔弩张,更没有故作高深。有的是一种自我性灵的真实呈现,参透人生的睿智,和性命相守的意趣。因此晚明小品在追求审美品格的本色化、审美表现的性灵化,乃至审美情趣的庄谐并存、雅俗兼揉上自成一家之格。它不求审美效应的直捷,但却经得起时间的磨洗,耐得住读者长时间的咀嚼,'如食橄榄,咽涩无味,而韵在回甘'(张岱语)。"[1] 有了这样的基础,如何能产生理、事、情均衡发展的随笔呢,所谓"集合叙事说理抒情的分子,都浸在自己的性情里,用了适当的手法调理起来"的"言志的散文"?[2]

(八)

《容斋随笔·续笔序》说:"是书先成十六卷,淳熙十四年八月在禁林日,入侍至尊寿皇圣帝清闲之燕,圣语忽云:'近见甚斋随笔。'"迈竦而对曰:'是臣所著《容斋随笔》,无足采者。'上曰:'煞有好议论。'""好议论"是说《容斋随笔》中颇有一些议论朝政、针砭时弊、辨析词义、考证精审、褒贬诗文的见解高明的文字。可见,议论是中国古代随笔的一个传统。可是,为什么在上个世纪初的随笔大潮中这个传统却突然消失而

---

[1] 王恺:《公安与竟陵》,江苏古籍出版社,1996年,第272页。
[2] 周作人:《中国新文学大系·散文一集·导言》。

让位于晚明公安竟陵的"独抒性灵,不拘格套"了呢?

孙席珍在《中国现代散文》中说:"讲到现代中国的散文,周作人先生是第一个不能忘记的人物,我们首先不能不感谢他的提倡的功绩。""他的提倡的功绩"指的是他在1921年曾发表一篇题为《美文》的文章,他"希望大家给新文学开辟出一块新的园地"①。且让我们看看这篇文章。② 文章题为"美文",开篇即说:"外国文学里有一种所谓论文,其中大约可以分作两类。一类是批评的,是学术性的。二记述的,是艺术性的,又称作美文,这里边又可以分出叙事与抒情,但也很多两者夹杂的。"注意,这里说的是"论文",无论是学术性的,还是艺术性的,这两类都不出"论文"的范围,而且又都是在"外国文学"的项下。这说明,周作人所说的"论文",恐怕就是 essay(英文)或 essai(法文),就是"集合叙事说理抒情"于一身的一种体裁,就是后来人们说的"随笔"。接着,他说:"读好的论文如读散文诗,因为他实在是诗与散文中间的桥。"如"散文诗"者,既指美文,又指"学术性"的论文,周作人不说读美文而说读论文,说明他并没有忘记论文的另一半。他还说,有些既不能作为小说又不适于做诗的材料,"便可以用论文式去表他",论文的"条件,同一切文学作品一样,只是真实简明便好",这里仍然说的是论文之批评的一类和它的另一类:美文。文章题为《美文》,曹聚仁说:"他所说的美文,便是后来盛行的小品散文。"③ 致使某些人认定周作人只提倡"美文"一类,而摒弃了另一类批评的、学术性的论文,这一点恐怕周作人本人也不一定很清楚吧。周作人说的是"美文",而读的是"论文",当中有些夹缠,唯一的解释,是发生了某种误解。郁达夫认为,西方随笔若去掉了

---

① 孙席珍:《中国现代散文》,载《中国现代散文理论》,第418页。
② 该文载于《中国现代散文理论》,第3页。
③ 曹聚仁:《我与我的世界》,人民文学出版社,1983年,第378页。

"讲理"的成分,未尝不可以有东方小品的那种"清丽"。看来,中国人对于西方文化并非没有认识,他的弃取完全是一种有意识的选择。我们不能见容于西方随笔的哲理,在当代人的著述中还可以见到,例如季羡林先生在一篇名为《漫谈散文》的文章中就说:"蒙田的随笔确给人以率意而行的印象。我个人以为在思想内容方面,蒙田是极其深刻的,但在艺术性方面,他却是不足法的。与其说蒙田是个散文家,不如说他是个哲学家和思想家。"讲理还是放弃讲理,区别仅在于此,而这种区别决定了今日中国随笔的面貌。中国人对外国随笔的误解恐怕就出在这里:随笔不宜于说理,至多说些"以不至于头痛为度的道理"。惧怕"头痛",惧怕思想,惧怕深刻,追求轻松,追求快捷,追求空灵,这是当前的随笔大多肤浅的原因。

中国人一向把随笔与小品文并称,以为随笔就是小品文,小品文就是随笔,所谓"详者为大品,略者为小品"。可是,蒙田的《随笔集》中,《论自命不凡》近三万字,《论维吉尔的诗》近五万字,《雷蒙·塞邦赞》更长,有十二三万字,更何况还有洛克、伏尔泰、柏格森的长达十几万几十万字的著作,可见,外国的随笔不以字数的多少、篇幅的长短为评判的标准,全看是否有个人的笔调、真挚的情怀、深刻的思想、新颖的角度和独特的表达。当然,在以小论随笔的议论中,也曾有对小不以为然的声音,例如朱光潜、郑伯奇等人。朱光潜在《论小品文》一文中就说:"我并不反对少数人特别嗜好晚明小品文,这是他们的自由。但是我反对这少数人把个人的特殊趣味加以鼓吹宣传,使它成为浪漫一世的风气。……中国文人没有创造类似《红楼梦》、《西厢记》之类的长篇大作,原因固然很多,我以为其中之一就是太看重小品文,他们的精力大部分在小品文中销磨去了,所以不能作较大的企图。现在我们的新兴文艺刚展开翅膀作高飞远举的准备,我们又回到旧风尚去推尊小品文,在区区看来,窃期期以为不可。"此文作于 1936 年 1 月 7 日,正值举国上下欢呼小品文"附庸蔚为大国"之际,可谓空谷足音,振聋发聩,可惜这种声音太微弱了,竟没有引起人们的注意。今天,小品文的说法不大能够听见了,但是随笔是一种短小简单的文字,在人们的头脑中却一仍其旧。一味地求短,一味地求简,这使得中国的随笔在本质上仍然继续着晚明小品的面目,缺乏大的制作。随笔的写作自然是以短、简为主,但是我们多么渴望读到滔滔如江河、充满澎湃之大气的文字啊。

那么,中国有没有"讲理"的"长篇"随笔呢? 也就是说,中国有没有不"以不至于头痛为度"的、不是"短小成章"的随笔呢? 我想,曹聚仁先生的《中国学术思想史随笔》算是一部吧。这部既有史的丰赡准确,又有识的深刻圆融,既有翔实丰富的引证,又浓厚地表现出个人的人格色彩,是一部真正的、现代的随笔,而不单单是题目中标明了"随笔"二字。读这一部书是要费一些脑筋的,费脑筋就要头痛,显然是不"以不至于头痛为度"的。

比较一下让·斯塔罗宾斯基的随笔的定义和我们目前流行的随笔,不难看出两者之间的区别。他山之石,可以攻玉,我们不妨在随笔(特别是文学批评)方面打破中国随笔的"细、清、真",加强其说理的成分,使我们的随笔(文学批评)既清新可读,又坚实可靠,既有个人的色彩,又有论据的翔实,既表达探索的精神,又张开想象的翅膀,总之,既明晰又深刻,既有科学性,又有诗意。让·斯塔罗宾斯基说:"此其时矣,随笔应该解开缆绳,试着自己成为一件作品,获得自己的、谦逊的权威。"[1]言下之意,是说并不是每一篇随笔都是一件"作品",只有那些具有"权

---

[1] 让·斯塔罗宾斯基:《可以定义随笔吗?》,载《时代/让·斯塔罗宾斯基》,第 196 页。

威"的文字才是作品,而这种权威必须是"自己的、谦逊的",就是说,必须是不得之于外的,必须是听命于所论之事物的,必须是具有强烈的个人的色彩的。让·斯塔罗宾斯基对随笔所寄予的希望可谓大矣。

主要参考书目

所列书目,有些只是浏览一过,并未曾征引。

保尔·瓦莱里:《如是集·二》,法国伽利马出版社,1930年。
马克桑斯·迪尚:《拉缪或对真实的兴趣》,法国巴黎新出版社,1948年。
居斯塔夫·朗松:《法国文学史》,法国阿歇特书局,1951年。
让-彼埃尔·里夏尔:《文学与感觉》,法国瑟伊出版社,1954年。
让·吉罗:《风格学》,法国大学出版社,1963年。
罗朗·巴尔特:《批评文集》,法国瑟伊出版社,1964年。
阿尔贝·加缪:《随笔》,法国伽利马出版社,1965年。
莱蒙·毕加尔:《新批评还是新骗术》,法国让-雅克·波威尔出版社,1966年。
让-保尔·韦伯:《新批评和旧批评或驳毕加尔》,法国让-雅克·波威尔出版社,1966年。
阿尔弗莱德·贝尔克托德:《20世纪门槛上的法语瑞士》,瑞士拜约出版社,1966年。
雨果·弗里德里希:《蒙田》,法国伽利马出版社,1968年。
萨拉·N.拉瓦尔:《意识批评家》,美国芝加哥大学出版社,1968年。
列奥·斯皮策:《风格论》,法国伽利马出版社,1970年。
A.崩宗:《新批评和拉辛》,法国尼泽出版社,1970年。
阿尔贝·蒂博代:《批评生理学》,法国尼泽出版社,1971年。
约翰·K.西蒙:《法国现代批评:从瓦莱里到结构主义》,美国哈佛大学出版社,1972年。
阿尔贝·雷奥纳尔:《20世纪法国文学观念的危机》,法国约瑟·科尔蒂出版社,1974年。
罗歇·法约尔:《批评史》,法国阿尔芒·高兰出版社,1978年。

曼弗莱德·葛斯泰格:《法语瑞士新文学史》,瑞士贝尔蒂·加朗出版社,1979年。
居斯塔夫·吕德勒:《文学批评和文学史的技巧》,瑞士斯拉特金出版社,1979年。
加埃唐·毕孔:《阅读的效用》,法国水星出版社,1979年。
《阿尔贝·贝甘与马塞尔·莱蒙,卡尔蒂尼研讨会论文集》,1979年。
《马塞尔·莱蒙与乔治·布莱通信集》,法国约瑟·科尔蒂出版社,1981年。
《时代/让·斯塔罗宾斯基》,法国蓬皮杜中心,1985年。
让-伊夫·塔迪埃:《20世纪的文学批评》,法国贝尔封出版社,1987年。
圣伯夫:《论批评》,法国伽利马出版社,1992年。
罗歇·弗朗西庸:《让·鲁塞或阅读的激情》,瑞士佐埃出版社,1993年。
让·拉古杜尔:《马上的蒙田》,法国瑟伊出版社,1996年。
罗歇·弗朗西庸:《法语瑞士文学史》,瑞士拜约出版社,1997年。
《运动中的让·斯塔罗宾斯基》,法国尚瓦隆出版社,2001年。
卡梅罗·科朗杰罗:《让·斯塔罗宾斯基:注视的训练》,瑞士佐埃出版社,2004年。

《法兰西水星》,法国,1963年7月。
《狄奥根尼》,联合国,1974年,第74期。
《宏观与微观》,罗马,1975年,第1期。
《文学杂志》,1983年2月,1990年9月。
《文学研究》,瑞士,1995年第1期,2003年第1—2期。
《欧罗巴》,法国,2000年5月。
《批评》,法国,2004年8月—9月号。

约瑟夫·祁雅里:《二十世纪法国思潮》,中译本,吴永泉等译,商务印书馆,1979年。
曹聚仁:《我与我的世界》,人民文学出版社,1983年。
余元桂(编):《中国现代散文理论》,广西人民出版社,1983年。
钱锺书:《谈艺录》,中华书局,1984年。
《波德莱尔美学论文选》,中译本,郭宏安译,人民文学出版社,1987年。
卢梭:《漫步遐想录》,中译本,徐继曾译,人民文学出版社,1987年。
罗伯特·R.马格廖拉:《现象学与文学》,中译本,周宁译,春风文艺出版社,1988年。
厨川白村:《苦闷的象征·走出象牙之塔》,中译本,鲁迅译,人民文学出版社,1988年。
昂利·拜尔(编):《居斯塔夫·朗松:方法、批评及文学史》,中译本,徐继曾译,中国社会科学出版社,1992年。
马赛尔·普鲁斯特:《驳圣伯夫》,中译本,王道乾译,百花洲文艺出版社,1992年。
洪迈:《容斋随笔》,中国世界语出版社,1995年。
亚里士多德:《诗学》,中译本,陈中梅译,商务印书馆,1996年。
王恺:《公安与竟陵》,江苏古籍出版社,1996年。
马克·昂热诺等(编):《问题与观点》,中译本,史忠义、田庆生译,百花文艺出版社,2000年。
让·贝西埃等(编):《诗学史》,中译本,史忠义译,百花文艺出版社,2002年。
《中国新文学大系散文一集,二集》,上海文艺出版社,2003年。

马塞尔·莱蒙:

《龙萨对法国诗歌的影响,1550—1585年》,瑞士斯拉特金出版社,1993年。
《从波德莱尔到超现实主义》,法国约瑟·科尔蒂出版社,1982年。
《保尔·瓦莱里和精神的诱惑》,瑞士拉巴考尼埃尔出版社,1946年。
《巴洛克和诗的复兴》,法国约瑟·科尔蒂出版社,1955年。
《让-雅克·卢梭,自我的追寻和退想》,法国约瑟·科尔蒂出版社,1962年。
《真与诗》,瑞士拉巴考尼埃尔出版社,1965年。
《塞南古》,法国约瑟·科尔蒂出版社,1965年。
《存在与言说》,瑞士拉巴考尼埃尔出版社,1970年。
《论雅克·里维埃》,法国约瑟·科尔蒂出版社,1972年。
《盐与灰烬》,法国约瑟·科尔蒂出版社,1976年。

阿尔贝·贝甘:

《浪漫派的心灵与梦》,法国约瑟·科尔蒂出版社,1967年。
《一读再读巴尔扎克》,法国瑟伊出版社,1965年。
《杰拉尔·德·奈瓦尔》,法国约瑟·科尔蒂出版社,1973年。
《创造与命运》,法国瑟伊出版社,1973年。
《创造与命运Ⅱ》,法国瑟伊出版社,1974年。

乔治·布莱:

《人类时间研究,1—4》,法国峭壁出版社,1976年。
《圆的变形》,法国弗拉马里庸出版社,1979年。
《普鲁斯特的空间》,法国伽利马出版社,1982年。
《批评意识》,法国约瑟·科尔蒂出版社,1971年。
《我与我之间》,法国约瑟·科尔蒂出版社,1977年。
《爆炸的诗》,法国大学出版社,1980年。
《不确定的思想,Ⅰ—Ⅲ》,法国大学出版社,1990年。

让·鲁塞：

《法国巴洛克时代的文学》,法国约瑟·科尔蒂出版社,1983年。
《形式与意义》,法国约瑟·科尔蒂出版社,1982年。
《内部和外部》,法国约瑟·科尔蒂出版社,1976年。
《双目相遇》,法国约瑟·科尔蒂出版社,1981年。
《向着巴洛克的最后一瞥》,法国约瑟·科尔蒂出版社,1998年。

让·斯塔罗宾斯基：

《孟德斯鸠》,法国瑟伊出版社,1987年。
《让－雅克·卢梭,透明与障碍》,法国伽利马出版社,1971年。
《活的眼》,法国伽利马出版社,1961年。
《自由的发明,1700—1789》,瑞士斯基拉出版社,1964年。
《街头艺术家的肖像》,瑞士斯基拉出版社,1970年。
《批评的关系》,法国伽利马出版社,1970年。
《1789年,理性的象征》,法国弗拉马里庸出版社,1973年。
《三个复仇女神》,法国伽利马出版社,1974年。
《运动中的蒙田》,法国伽利马出版社,1982年。
《方向盘,作者及其权威》,瑞士人的年龄出版社,1989年。
《镜中的忧郁》,法国朱利亚出版社,1989年。
《恶中的药》,法国伽利马出版社,1989年。
《诗与战争》,瑞士佐埃出版社,1999年。
《邀请的诗》,瑞士拉多加纳出版社,2001年。